U0255412

MINGUO JIANZHU GONGCHENG QIKAN HUIBIAN

民國建築工程
期刊匯編 43

《民國建築工程期刊匯編》編寫組 編

GUANGXI NORMAL UNIVERSITY PRESS
廣西師範大學出版社
·桂林·

第四十三册目录

建築月刊 21491

建築月刊　一九三三年第一卷第十一期 21493

建築月刊　一九三三年第一卷第十二期 21603

建築月刊　一九三四年第二卷第一期 21691

建築月刊　一九三四年第二卷第二期 21837

建築月刊　一九三四年第二卷第三期 21941

建築月刊

THE BUILDER

建築月刊

21494

21496

21497

21498

21499

21502

中華鋸木股份有限公司

上海英租界大馬路外灘十八號

麥加利銀行二樓

電話 一八三〇六號

本公司自運各國硬木如檀木，柚木，茄辣，愛必通，一木特海根「」，新柳安等並備有完造美水汀烘間，新式創車專門製保證各式美術企口板代客包舖製精美花樣新穎如蒙堅固委託技術估價或承索樣品概不取費本公司爲**惟一華人組織**之完備機器鋸木廠鋸製各式建築材料及各種箱子板等

CATHAY BOX & WOOD WORKERS, LTD.

208 Chartered Bank Bldg. 18 The Bund.

Tel. 18306

21504

建築月刊　第一卷第十一期

民國二十二年九月份出版

目錄

插　圖

上海蘇州路建築中之六層堆棧 ……………………… 二

上海閘北造木公司殘影 …………………………… 五

上海閘北商務印書館殘影 ………………………… 六

上海閘北長老會殘影 ……………………………… 七

上海西虹江路德馨坊殘影 ………………………… 八

上海貝當路住宅圖樣及估價 …… 單（續）…… 九—三四

譯　著

改革營造業之我見 …………………… 杜彥耿 …… 三一四

BUILDER
1933
CONTENTS

		Page
Shanghai............	Palmer & Turner	2
Chapei, Shanghai	P. K. Pang	5-8
and Its Estimates ...	Frank L. Chur	9-34
Building Trade......	...N. K. Doo	3-4
....	Bureau of S.B.A.	35-40
....	Y. S. Den	41-42
....	L. Young	43
....		44-53
....	N. K. Doo	54-58
....		59-61
....		63
....		64-68
....		69-70

建築辭典（續）⋯⋯⋯⋯⋯⋯⋯⋯⋯⋯⋯⋯⋯⋯⋯⋯⋯⋯⋯⋯⋯玉　生⋯四一—四二

愛克司光在建築上之應用⋯⋯⋯⋯⋯⋯⋯⋯⋯⋯⋯⋯⋯⋯⋯⋯⋯⋯三五—四〇

冷溶油之研究⋯⋯⋯⋯⋯⋯⋯⋯⋯⋯⋯⋯⋯⋯⋯⋯⋯⋯⋯⋯⋯⋯⋯華⋯⋯⋯四三

工程估價（續）⋯⋯⋯⋯⋯⋯⋯⋯⋯⋯⋯⋯⋯⋯⋯⋯⋯杜彥耿⋯五四—五八

居住問題

嘉善聞氏住宅放大圖樣及　估計單⋯⋯⋯⋯⋯⋯⋯⋯⋯⋯⋯⋯⋯⋯四四—四八

經濟小住宅全套圖樣⋯⋯⋯⋯⋯⋯⋯⋯⋯⋯⋯⋯⋯⋯⋯⋯⋯四九—五三

其　他

問　答⋯⋯⋯⋯⋯⋯⋯⋯⋯⋯⋯⋯⋯⋯⋯⋯⋯⋯⋯⋯⋯⋯⋯⋯五九—六一

編　餘⋯⋯⋯⋯⋯⋯⋯⋯⋯⋯⋯⋯⋯⋯⋯⋯⋯⋯⋯⋯⋯⋯⋯⋯⋯⋯⋯六二

建築材料價目表⋯⋯⋯⋯⋯⋯⋯⋯⋯⋯⋯⋯⋯⋯⋯⋯⋯⋯⋯六四—六八

建築工價表⋯⋯⋯⋯⋯⋯⋯⋯⋯⋯⋯⋯⋯⋯⋯⋯⋯⋯⋯⋯⋯六九—七〇

THE SEPTEMBER LEADING

ILLUSTRATIONS

New Six Storied Godown, Soochow Road,
Black and White Showing the Ruins in
Residences on Auenue Petain, Shanghai

ARTICLES

An Immediate Change is Required in the
Building Terms in English and Chinese...
The Use of X-Rays in Building...............
Cold Applied Bitumen ... .
Residential Houses........................
Building Estimates ....
Architects' and Builders' Inquiry Bureau
Editorials ....
Price List of Building Materials ....
Rate of Wages in Building Work... ....

大中磚瓦公司
金豐牌瓷廠有限公司
聯德興機器公司
華興機器公司
開林油漆公司
有利洋行
飛霜洋行
美和公司
祥泰木行
華豫行
上海大理石公司
大美地板公司
新仁記營造廠
中華鋸木公司
瑞昌銅鐵五金工廠
永華製漆公司
義品磚瓦公司

茂和公司
錦生記營造廠
騏德興電料行
中國銅鐵工廠
元豐公司
光華水泥花方磚廠
三森建築公司
祥順鐵廠
謙信機器公司
比國鋼業聯合社
航空獎券
公勤鐵廠
商業月報
順昌機製石粉廠
世界水泥公司
茂昌炳記銅鐵工廠
會計雜誌
大東鋼窗公司

法大汽車公司
久記營造廠
協隆地產建築公司
蔡仁茂玻璃鋼條號
馥記營造廠
中國造木公司
大來洋行木部
信孚靛孫油漆公司
永兆圓紙廠
益中機器磁電公司
榮德水電公司
榮泰銅鐵翻砂廠
秦記石桶製造廠
桂正昌鐵店
湯秀記營造廠
永固造漆公司
東方鋼窗公司

如欲

徵詢

請函本會服務部

本會服務部為便利同業與讀者起見，特接受徵詢。凡有關建築材料，建築工具，以及運用於營造場之一切最新出品等問題，需由本部解答或効勞者，請填寄後表，當即答辦。（均用函覆，請附覆信郵資；本欄擇尤刊載。）如欲得各種材料貨樣貨價者，本部亦何代向出品廠商索取樣品標本及價目表，轉奉不誤。此項服務，基於本會謀公衆福利之初衷，純係義務性質，不需任可費用，敬希台督為荷。

上海市建築協會服務部
上海南京路大陸商場六樓六二零號

徵　詢　表	
問題：	
姓名	
住址：	

本刊第二卷刷新

徵求讀者改進意見

本刊剏始，倏將一年，謬蒙各方愛護，獎勉有加；讀者遍海內，許爲可望之刊物焉。而令人自愧莩菲，初衷未遂，改之不及，遑論自滿。願持我服務社會之志趣，奮我完成目的之精神，決自第二卷起，盡量刷新。二卷一期，準明歲元旦刊行，擴充篇幅，羅致名作，庶幾與歲更始。茲正規劃進行，嘗思一切建設，端賴羣策羣力，本刊既荷讀者諸君殷殷垂愛，諒不吝頒以南針；倘有改進意見，統祈於十二月十五日前，書面錄示，俾便酌遵，毋任翹企。

建築月刊編輯部 啟

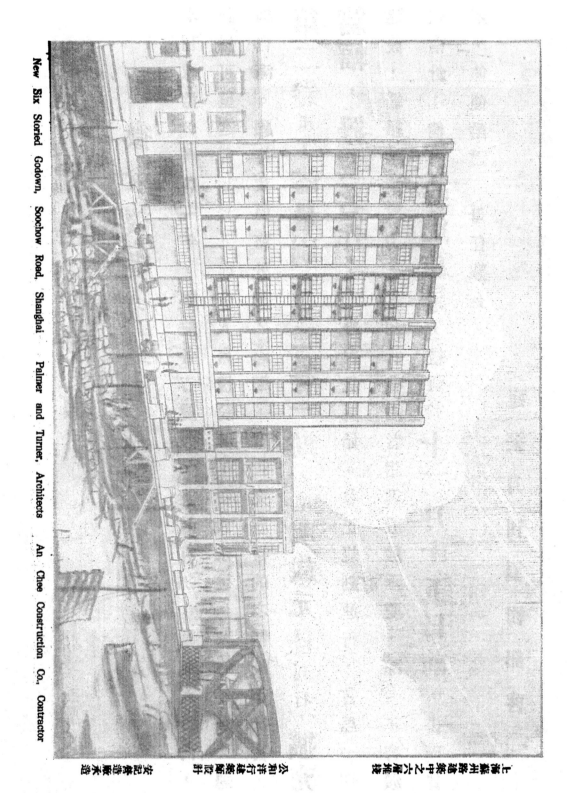

New Six Storied Godown, Soochow Road, Shanghai   Palmer and Turner, Architects   An Chee Construction Co., Contractor

上海蘇州路建築甲之六層棧房

公和洋行建築師設計

安記營造廠承造

改革營造業之我見

杜彥耿

年來營造事業，就表面觀之，似已非常發達，蓋國內各重要大都市，新興建築，月有增建，普通人自將認為改良發展之新氣象也。然究其內裏，則固未可樂觀，營業業挫，與日俱增，較諸往昔，親易週年。因承包工程採用投標方式，營造業者乃相率抑低價格，以作競爭，常有照實價減至一成或二成者，同憶二十年前，估細賬後必加上一成酬佣之例，一差別中，已可覘目前經營之不易矣。基略貢芻蕘，藉作拋磚之獻也。

上原因，營造事業之無相當進展，亦意中事也。

且大都市中之高樓大廈，多屬外人產業，供帝國主義侵略之根據，足為社會之忠，即中國業主之所營，亦分利者居多，如旅館酒店娛樂場所以及公私機關等，其生產機關如工廠之建築等，實鳳毛麟角耳。如此現象，何盆於國家？更何容樂觀？

每年建築工程，單以上海一埠論，約達七千萬元，依建築以生活者什餘萬人，建築所用材料，除粗砂磚石外幾盡外貨。每年漏后，數額顧巨，單就洋松一項而論，輸入上海一埠年約一千九百五十萬元，非亟起自籌，不足以云挽救。而設廠須集合資本，方克抵成，出品須熟悉銷路，始克持久，故宜由營造業者集資舉辦，庶幾於建築材料之用途品質，均有相當認識，於事業之推進，乃輕就熟也。

徵臺鉅資，依目前營造業之狀況，籌集自非易事，根本之策，同業間應遠謀團結，不再競開濫賬，每年盈利，必極可觀，以此盈利創設各種材料製造廠，供給同業之需求。如是，則非惟可積金錢外溢，抑且予大批工人以生計，社會將因而增其活動力，責任固者是之重大也。甚望同業採有效之方法，共圖來茲，姑就管見所及，

一、集資籌設聯合營業所　由營造同業湊集雄資，依公司性質組織，經營地產交通及建築事業，例如於此連上海較僻之處，地價低廉，可出資購買，用以建屋，收取盈利。營造廠有供給料者，折價抵作股本，多少不拘。資本現金除購地外，撥充修築道路，駛行長途汽車，使新村發展，地價增高，然後再將所有房屋地產，自租或出售。公司除從事置產外，並可承包工程，工程所賺舊料，自建出租房屋，廢物利用，成本較輕。如是者若干年，盈利必多，乃可逐漸創設建築材料廠矣。大旨如此，辦法則有待于詳細計議也。

二、培植人才　現之營造人，多係工人之藝徒出身，技術幼稚，亟宜儘先籌設建築學校，招收貧苦子弟，供其衣食居住，授以技藝及學識。此蓋學徒，受一年之訓練後，即可服務工場，晚間仍令之就學，將其白日工作之酬實，作晚間求學之費。四年學成之後，

即爲一批新的木工石工磚瓦工等等工人，智識技術，必優於原有工人，並可利用新器械從事工作。招僱新工人者必多；用新工人與新機械後且必獲利，學校逐漸謀擴充，除增收學徒外，並在校中設木工廠，磚瓦廠與其他建築材料廠。

對上述辦法或有非難者曰，營造廠間嫉妒甚深，欲其聯絡，不亦難乎？余曰，聯合營造廠以創設聯合營業所，固非易事，然鑒於時勢之需永，不得不勉圖從事，試觀各國商業，均已挾其雄資與新式機械，而佔我市場，雖外人營造廠目前尚少，組織猶不及國人所經營，設一旦突有大規模之外國營造廠出現，安得不蒙重大威脅，屆時臨渴掘井，將悔莫能及，故亟須打破困難，作未雨綢繆之計也。例如打樁工程，往昔僅有我國工人從事，現則已有外人利用新式打樁機器架子而奪我營業者矣，設國人不求改良，祇能讓外人佔先。推此例彼，改善不容或緩。初步計劃，應先籌辦聯合營業所，再進而創設建築材料製造廠。不惟營造廠本身之利益，亦中國實業界之重要事業，倘望同業剷除私見，共同合作，使建築界放一異采。

至於培植建築人材，所需經費與聘任教員，固亦屬難事，然祇須聯合營業所而實現，自可迎刃而解，即或不然，學校亦未嘗不可先辦，由現有建築團體主其事，由全體同業集資促其成，並維持其經常費用。俟學生修業期滿，可分派於曾出資之同業，以盡服務之義務。因學校平日教育，兼重學行，此輩學生於服務時，除技術高超外，對於材料之應用，亦能妥爲籌算節省，不若現有工人之任意耗棄材料，損失極大，且於觀瞻上亦較爲整肅也。

Black and white showing the ruins in Chapei, Shanghai

by P. K. Pang

21515

Black and white showing the ruins in Chapei, Shanghai

by P. K. Pang

Black and white showing the ruins in Chapei, Shanghai

by P. K. Pang

攝影批判

黑白

閘北是老會

判 殘 影 於 黑 白

Black and white showing the ruins in Chapei, Shanghai

by P. K. Pang

兩九江路公共租界口轉載坊

上海貝當路住宅圖樣第四種（佑個單見後）

FIRST FLOOR PLAN

GROUND FLOOR PLAN

21519

RED SPANISH TILE ROOF

R. C. SLAB

RED SPANISH TILE ROOF

ROOF PLAN

STUCCO

FRONT ELEVATION

— 10 —

21520

WEST ELEVATION

EAST ELEVATION

21521

SECTION A-A

SECTION B-B

21522

材料估計單

住宅"D和G"

名稱	地位	說明	尺寸			數量	合計	總計
			闊	高或厚	長			
灰漿三和土	底脚	包括掘土	2'-0"	15"	13'-6"	2	68方	
"	"		"	"	18'-0"	2	90 "	
"	"		"	"	3'-0"	2	16 "	
"	"		"	"	2'-6"	2	12 "	
"	"		"	"	6'-0"	2	30 "	
"	"		"	"	6'-6"	2	32 "	
"	"		"	"	7'-0"	2	36 "	
"	"		2'-6"	2'-0"	29'-3"	2	2 92 "	
"	"		"	"	10'-0"	2	1 00 "	
"	"		"	"	14'-0"	2	1 40 "	
"	"		"	"	8'-0"	2	80 "	
"	"		"	"	25'-0"	2	2 50 "	
"	"		"	"	6'-0"	2	60 "	
"	"		"	"	10'-6"	2	1 06 "	
"	"		3'-0"	2'-0"	15'-0"	2	1 80 "	
"	"		"	"	31'-6"	2	3 78 "	
"	"		"	"	12'-6"	2	1 50 "	
"	"		"	"	16'-0"	2	1 92 "	
"	"		3'-3"	2'-0"	28'-9"	2	3 74 "	
"	"		"	"	35'-0"	2	4 56 "	
"	"		"	"	13'-6"	2	1 76 "	
"	"		"	"	18'-0"	4	4 68 "	

21523

材料估計單

住宅 " D 和 G "

名稱	地位	說明	尺　　　　寸			數量	合　計	總　計
			闊	高或厚	長			
灰漿三和土	底　脚		4'-3"	2'-0"	5'-0"	2	86方	
〃	〃		4'-0"	〃	9'-0"	2	1 44"	
〃	〃		4'-6"	〃	7'-0"	2	1 26"	
								40 42方
灰漿三和土	踏步下		2'-0"	6"	5'-0"	4	20方	
〃	滿　堂		9'-0"	〃	9'-6"	2	86"	
〃	〃		9'-6"	〃	16'-0"	2	1 52"	
〃	〃		8'-0"	〃	16'-0"	2	1 28"	
〃	〃		9'-0"	〃	9'-6"	2	86"	
〃	〃		9'-0"	〃	6'-1"	2	54"	
〃	〃		9'-0"	〃	14'-6"	2	1 30"	
〃	〃		9'-0"	〃	5'-0"	2	46"	
〃	〃		14'-0"	〃	16'-0"	2	2 24"	
〃	〃		14'-0"	〃	20'-0"	2	2 80"	
〃	〃		6'-10"	〃	20'-10"	2	1 42"	
								13 48方
水泥三和土	滿　堂		9'-0"	3"	9'-6"	2	42方	
〃	〃		9'-6"	〃	16'-0"	2	76"	
〃	〃		8'-0"	〃	16'-0"	2	64"	
〃	〃		9'-0"	〃	9'-6"	2	42"	
〃	〃		6'-1"	〃	9'-0"	2	28"	
〃	〃		6'-10"	〃	20'-10"	2	72"	

21524

材料估計單

住宅"D和G"

名稱	地位說明	尺寸 闊	高或厚	寸 長	數量	合計	總計
水泥三和土	滿堂	2'-6"	3"	5'-0"		6方	
							3 30方
水泥粉光		9'-0"	—	9'-6"	2	1 72方	
"		9'-6"		16'-0"	2	3 04 "	
"		8'-0"	16'-0"		2	2 56 "	
"		9'-0"	9'-6"		2	1 66 "	
"		14'-6"		21'-0"	2	6 10 "	
"			5'-0"	51'-0"	2	5 10 "	
							20 18方
磨石子	地面及台度	9'-0"		16'-0"	2	2 88方	
"	"	6'-10"		20'-10"	2	2 82 "	
"	"		5'-0"	40'-0"	2	5 00 "	
							10 72方
瑪賽克地面		2'-6"		5'-0"	2	26方	
							26方
瑪賽克樓面	包括夾沙樓板	2'-3"		4'-9"	2	22方	
"		5'-0"		9'-7"	2	96 "	
"		5'-11"		7'-9"	2	92 "	
							2 10方
磁磚台度			5'-0"	15'-0"	2	1 50方	
"			"	14'-0"	2	1 40 "	
"			"	29'-2"	2	2 92 "	

材 料 估 計 單

住宅 "D 和 G"

名　　　稱　地　位　說　明	尺　　　　　寸			數量	合　　計	總　　計
	闊	高或厚	長			
磁 磚 台 度		5'-0"	27'-4"	2	2 74 方	
						8 56 方
1"×4"柳安地板	9'-0"		14'-6"	2	2 62 方	
〃	5'-0"		6'-0"	2	60 〃	
〃	14'-0"		16'-0"	2	4 48 〃	
〃	14'-0"		20'-0"	2	5 60 〃	
						13 30 方
1"×4"洋松樓板	9'-7"		19'-2"	2	3 68 〃	
〃	6'-7"		12'-0"	2	2 30 〃	
〃	13'-10"		16'-0"	2	4 42 〃	
〃	14'-0"		19'-7"	2	5 43 〃	
〃	6'-6"		7'-7"	2	98 〃	
						16 86 方
1"×6"洋松樓板	8'-6"		9'-6"	2	1 62 方	
〃	7'-1"		18'-6"	2	2 61 〃	
						4 24 方
10"磚　　牆　地龍牆	36'-0"	3'-0"		2	2 16 方	
〃　　　底脚至一層		9'-6"	8'-0"	2	1 52 〃	
〃　　　　〃		14'-6"	267'-2"	2	77 50 〃	
〃　　　一層至二層		12'-0"	70'-4"	2	16 88 〃	
〃　　　　〃		8'-6"	60'-6"	2	10 28 〃	
〃　　　　〃		10'-6"	204'-0"	2	42 84 〃	

材料估计单
住宅"D和G"

名称	地位	说明	尺　　　寸			数量	合　计		总　计
			阔	高或厚	长				
10" 砖墙	压簷墙			4'-6"	46'-5"	2	4	18 方	
"	山墙		21'-8"	6'-0"		2	2	60 "	
"	烟囱			7'-6"	20'-0"	2	3	00 "	
									162 96 方
5" 砖墙				12'-0"	16'-9"	2	4	02 方	
				14'-6"	28'-0"	2	6	68 "	
									10 70 方
5" 板墙				8'-6"	18'-6"	2	3	14 方	
"				9'-0"	89'-6"	2	16	12 "	
									19 26 方
双扇洋门						4			
双扇汽车间门						2			
单扇洋门						56			
钢窗	前面	有花饰的	3'-0"	4'-0"		2		24 方尺	
"	"	"	3'-3"	"		4		52 "	
"	"	"		5'-6"		4		72 "	
"	东面	"	1'-9"	4'-0"		8		56 "	
"	后面	"	3'-3"	"		2		26 "	
"	西面	"	1'-9"	"		4		28 "	
"	"	"	6'-3"	5'-0"		2		62 "	
								320 方尺	

21527

材料估計單

住宅"D和G"

名稱	地位	說明	闊	高或厚	長	數量	合計	總計
窗上花鐵柵						26堂	26堂	
								26堂
鋼窗	前面	無花鐵柵的	7'-0"	4'-0"		2	56方尺	
"	東面		1'-9"	4'-0"		6	42 "	
"	前面		3'-3"	"		6	78 "	
"	東面		3'-6"	"		2	28 "	
"	"		3'-0"	"		2	24 "	
"	後面		3'-3"	"		6	78 "	
"	西面		1'-6"	"		4	24 "	
"	"		3'-0"	"		2	24 "	
"	"		6'-3"	"		2	50 "	
								4 04方尺
大扶梯						2乘		
僕人扶梯						2乘		
火爐						2只		
西班牙式瓦屋面			11'-0"		16'-0"	2	3 52方	
"			7'-0"		11'-6"	2	1 62 "	
"			22'-0"		33'-0"	2	14 56 "	
"			2'-0"		55'-0"	2	2 20 "	
								21 86方
平面屋		6皮柏油牛毛毡,上舖	9'-0"		9'-6"	2	1 72方	
"		綠豆沙,下有假平頂	15'-0"		21'-0"	2	6 30 "	

21528

材料估計單

住宅 " D 和 G "

名　　稱	地位說明	尺　　　　寸			數量	合　計	總　計
		潤	高或厚	長			
							8 02
水落及管子				400'			
							40 丈
熟鐵花台					2只		
信　箱					2只		
門　燈					2只		
生鐵出風洞					6只		
生鐵垃圾桶					2只		
鋼骨水泥大料	1 B 8	10"	20"	15'-6"	2	44 方	
"	"	"	"	14'-0"	2	38 "	
"	R B 9	"	12"	11'-2"	4	38 "	
"	"	"	"	15'-2"	2	26 "	
"	R B 10	"	18"	8'-6"	2	22 "	
"	"	"	"	6'-0"	2	16 "	
鋼窗水泥樓板	R S 6	10'-6"	5"	11'-6"	2	1 00 "	
"	1 S 13	11'-6"	5¾"	16'-6"	2	1 82 "	
"	R S 7	8'-6"	4"	10'-6"	2	60 "	
"	"	7'-6"	"	"	2	52 "	
"	"	8'-6"	"	15'-0"	2	86 "	
"	"	8'-0"	"	"	2	80 "	
							7 44 方

21529

工程估價總額單

住宅"D和G"

名稱	說明	數量	單價	金額	總額
灰漿三和土	底脚包括掘土	40 4 2	1 8 0 0	7 2 7 5 6	
〃	滿堂和踏步下	13 4 8	1 6 0 0	2 1 5 6 8	
水泥三和土	滿堂	3 3 0	8 4 0 0	2 7 7 2 0	
水泥粉光	地面及台度	20 1 8	1 0 0 0	2 0 1 8 0	
磨石子	地面及台度	10 7 2	6 0 0 0	6 4 3 2 0	
瑪賽克樓板	包括夾沙樓板	2 1 0	8 3 0 0	1 7 4 3 0	
瑪賽克地板		2 6	6 3 0 0	1 6 3 8	
3"×6"磁磚台度		8 5 6	7 5 0 0	6 4 2 0 0	
1"×4"柳安地板	包括欄柵和踢脚板	13 3 0	9 2 0 0	1 2 2 3 6 0	
1"×4"洋松樓板	包括欄柵,踢脚板和平頂	16 8 6	2 7 0 0	4 5 5 2 2	
1"×6"洋松樓板	〃	4 2 4	2 2 0 0	9 3 2 8	
10"磚牆	包括粉刷和畫鏡線	162 9 6	3 4 0 0	5 5 4 0 6 4	
5"磚牆	〃	10 7 0	2 5 0 0	2 6 7 5 0	
5"雙面板牆	〃	19 2 6	3 0 0 0	5 7 7 8 0	
雙扇洋門		4	3 5 0 0	1 4 0 0 0	
雙扇汽車間門		2	16 5 0 0	3 3 0 0 0	
單扇洋門		5 6	2 9 0 0	1 6 2 4 0 0	
鋼窗		7 2 4	1 5 0	1 0 8 6 0 0	
窗上花鐵柵		2 6	1 6 0 0	4 1 6 0 0	
玻璃		7 2 4	1 5	1 0 8 6 0	
熟鐵花台		2	3 5 0 0	7 0 0 0	
門燈		2	1 5 0 0	3 0 0 0	

上海市建築協會服務部估計

21530

工程估價總額單

住宅 "D 和 G"

名　　稱	說　　明	數　量	單　價	金　　額	總　　枓
水落及管子		400'	450	18000	
大　扶　梯		2	75000	150000	
僕人扶梯		2	52000	104000	
信　　箱		2	5000	10000	
火　　爐		2	8500	17000	
西班牙式紅瓦屋面	包括平頂	2186	15000	327900	
平　屋　面	6皮柏油牛毛毡上鋪綠豆沙下有假平頂	802	5000	40100	
生鐵垃圾桶		2	4500	9000	
生鐵出風洞		6	200	1200	
鋼骨水泥		744	12500	930000	
					2256276

上海市建築協會服務部估計

FIRST FLOOR PLAN

GROUND FLOOR PLAN

21532

21533

EAST ELEVATION

VAST ELEVATION

21534

SECTION B - B

SECTION C-C

SECTION A-A

— 25 —

21535

材料估計單

住宅"E和L"

名　　稱	地　位	說　明	尺　寸			數量	合　計	總　計
			濶	高或厚	長			
灰漿三和土	底　腳	包括掘土	1'-6"	18"	4'-6"	2	20 方	
"	"		2'-0"	18"	11'-0"	2	65 "	
"	"		"	"	11'-6"	2	70 "	
"	"		"	"	14'-6"	2	88 "	
"	"		"	"	19'-0"	2	1 14 "	
"	"		"	"	7'-6"	2	46 "	
"	"		"	"	11'-0"	2	66 "	
"	"		2'-6"	2'-0"	17'-6"	2	1 76 "	
"	"		"	"	15'-0"	2	1 50 "	
"	"		3'-0"	2'-0"	10'-0"	2	1 20 "	
"	"		"	"	14'-0"	2	1 68 "	
"	"		"	"	12'-0"	2	1 44 "	
"	"		"	"	6'-0"	2	72 "	
"	"		3'-6"	2'-0"	15'-0"	2	2 10 "	
"	"		"	"	13'-0"	2	1 82 "	
"	"		"	"	33'-0"	2	4 62 "	
"	"		4'-0"	2'-0"	28'-0"	2	4 48 "	
"	"		"	"	6'-6"	2	1 04 "	
"	"		"	"	8'-6"	2	1 36 "	
								28 42 方
灰漿三和土	滿　堂		9'-0"	6"	16'-0"	2	1 44 方	
"	"		10'-0"	"	10'-0"	2	1 00 "	

— 26 —

材料估價單

住宅 " E 和 L "

名　　稱	地位	說　明	闊	高或厚	長	數量	合　計	總　計
灰漿三和土	滿　堂		6'-0"	6"	8'-6"	2	52 方	
〃	〃		6'-0"	〃	14'-0"	2	82 „	
〃	〃		7'-0"	〃	13'-0"	2	92 „	
〃	〃		6'-0"	〃	9'-6"	2	58 „	
〃	〃		6'-0"	〃	17'-0"	2	1 02 „	
〃	〃		14'-0"	〃	16'-0"	2	2 24 „	
〃	〃		14'-6"	〃	〃	2	2 32 „	
〃	〃		6'-10"	〃	15'-4"	2	1 04 „	
								11 92 方
水泥三和土	滿　堂		9'-0"	3"	16'-0"	2	72 方	
〃	〃		10'-0"	〃	10'-0"	2	50 „	
〃	〃		6'-0"	〃	8'-6"	2	26 „	
〃	〃		〃	〃	14'-0"	2	42 „	
〃	〃		4'-0"	〃	7'-0"	2	14 „	
〃	〃		5'-0"	〃	5'-9"	2	14 „	
〃	〃		6'-10"	〃	15'-4"	2	52 „	
								2 70 方
水泥粉光	地面及台度		9'-0"		16'-0"	2	2 88 方	
〃	〃		6'-0"		8'-6"	2	1 02 „	
〃	〃			5'-0"	50'-0"	2	5 00 „	
								8 90 方
磨 石 子	地面及台度		4'-0"		7'-0"	2	56 方	

21537

材料估計單
住宅"E和L"

名　稱	地位	說　明	尺寸 闊	尺寸 高或厚	尺寸 長	數量	合　計	總　計
磨　石　子	地面及台度		10'-0"		10'-0"	2	2 00 方	
〃	〃		6'-0"		14'-0"	2	1 68 〃	
〃	〃		6'-0"		6'-0"	2	72 〃	
〃	〃		6'-10"		15'-4"	2	2 10 〃	
〃	〃			5'-0"	22'-0"	2	2 20 〃	
〃	〃			〃	40'-0"	2	4 00 〃	
〃	〃			〃	40'-0"	2	4 00 〃	
〃	〃		6'-0"		14'-0"	2	1 68 〃	
								18 74 方
瑪賽克地面			3'-6"		6'-0"	2	42 方	
								42 方
瑪賽克樓面		包括夾沙樓板	6'-0"		9'-6"	2	1 14 方	
〃			6'-6"		10'-0"	2	1 30 〃	
								2 44 方
磁磚台度				5'-0"	19'-0"	2	1 90 方	
〃				〃	31'-0"	2	3 10 〃	
〃				〃	33'-0"	2	3 30 〃	
								8 30 方
1"×4"柳安地板			7'-0"		9'-0"	2	1 26 方	
〃			5'-6"		6'-0"	2	66 〃	
〃			5'-9"		11'-6"	2	1 23 〃	
〃			14'-0"		16'-0"	2	4 48 〃	

21538

材料估計單

住宅"E和L"

名　　稱	地　位	說　明	尺　　　　　寸			數量	合　　計	總　　計
			闊	高或厚	長			
1"×4"柳安地板			14'-6"		16'-0"	2	4 64 方	
								14 36 方
1"×4"洋松樓板			9'-0"		10'-0"	2	1 80 方	
"			7'-0"		13'-0"	2	1 82 "	
"			14'-0"		16'-0"	4	8 96 "	
								12 58 方
1"×4"洋松樓板			6'-0"		9'-6"	2	1 14 方	
"			5'-0"		8'-0"	2	80 "	
"			5'-6"		12'-0"	2	1 32 "	
"			5'-6"		5'-0"	2	56 "	
"			6'-0"		14'-6"	2	1 74 "	
"			7'-0"		10'-6"	2	1 48 "	
"			12'-0"		14'-0"	2	3 36 "	
								10 40 方
10"磚牆	地龍牆			1'-6"	28'-6"	2	86 方	
"	底脚至一層			12'-0"	35'-8"	2	8 56 "	
"	洋　台			18'-6"	23'-2"	2	8 58 "	
"	底脚至一層			15'-6"	204'-0"	2	63 24 "	
"	一層至二層			10'-0"	171'-0"	2	34 20 "	
"	烟　囱			16'-0"	18'-3"	2	5 98 "	
"	山　牆			14'-0"	8'-0"	1	1 12 "	
"	"				14'-0"	1	1 96 "	

材料估計單

住宅"E 和 L"

名　　稱	地　位	說　　明	尺 洞	寸 高或厚	長	數量	合　計		總　計	
10" 磚　牆	山　牆		20'-0"	11'-0"		1	2	20 方		
"	"		25'-0"	14'-0"		1	3	50 "		
"	"		17'-0"	9'-6"		1	1	62 "		
									131 82 方	
5 " 磚　牆				15'-6"	60'-3"	2	18	68 方		
									18 68 方	
5" 板　牆			6'-0"	11'-6"		2	1	38 方		
"			61'-0"	10'-0"		2	12	20 "		
"			22'-0"	10'-0"		2	4	40 "		
"			138'-0"	8'-6"		2	23	46 "		
									41 44 方	
雙扇洋門						6				
雙扇汽車間門						2				
單扇洋門						62				
銅　窗	南　面	有化鐵柵的	3'-3"	5'-0"		2		32 方尺		
"	"		2'-6"	5'-0"		4		50 "		
"	東　面		4'-9"	5'-0"		2		48 "		
"	"		2'-6"	5'-0"		4		50 "		
"	北　面		3'-3"	4'-0"		2		26 "		
"	"		2'-6"	2'-9"		2		14 "		
"	"		3'-3"	3'-0"		2		20 "		

21540

材 料 估 計 單
住宅 "E 和 L"

名稱	地位	說明	尺 寸 闊	高或厚	長	數量	合計	總計
鋼窗	西面		2'-6"	3'-0"		2	16方	
〃	〃		1'-9"	〃		4	22方	
								2 78方
窗上花鐵柵						24堂		
								24堂
鋼窗	南面	無花鐵柵的	3'-3"	4'-6"		2	30方	
〃	〃		2'-6"	4'-6"		4	46 〃	
〃	〃		3'-3"	1'-9"		2	12 〃	
〃	〃		4'-9"	3'-0"		2	28 〃	
〃	東面		4'-6"	4'-6"		2	40 〃	
〃	〃		2'-6"	〃		2	22 〃	
〃	〃		3'-0"	〃		2	28 〃	
〃	〃		3'-0"	4'-0"		2	24 〃	
〃	北面		3'-3"	4'-6"		6	88 〃	
〃	〃		2'-6"	4'-0"		2	20 〃	
〃	西面		〃	4'-6"		4	46 〃	
〃	〃		1'-9"	〃		4	32 〃	
〃	〃		〃	4'-0"		2	14 〃	
								4 30方
大扶梯						2乘		
瓦屋面			14'-0"		21'-0"	2	5 88方	
〃			27'-0"		33'-0"	2	17 82 〃	

21541

材料估計單

住宅"E和L"

名　　稱	地　位	說　　明	尺　　　　　寸			數量	合　　計		總　　計	
			濶	高或厚	長					
瓦　屋　面			7'-0"		21'-6"	2	3	02方		
"			5'-3"		18'-0"	2	1	90 "		
									28	62方
水落及管子				175"		2	3	50尺		
									35	丈
火　　爐						2只				
信　　箱						2只				
生鐵出風洞						12只				
生鐵扱垃桶						2只				
平　屋　頂			14'-0"		6'-0"			84方		
									84	方
鋼骨水泥大料	R B 4		10"	18"	14'-4"	2		10方		
"	1 B 5		"	26"	"	2		52 "		
"	1 B 6		"	28"	6'-0"	2		24 "		
"	R B 7		"	16"	18'-0"	2		40 "		
鋼骨水泥樓板	R S 1		10'-0"	3"	2'-4"	2		12 "		
"	1 S 2		8'-6"	5"	11'-0"	2		78 "		
"	R S 1		7'-0"	3½"	15'-0"	2		62 "		
									3	08方

21542

工程估價總額單

住宅"E和L"

名稱	說明	數量	單價	金額	總額
灰漿三和土	底腳包括掘土	2842	1800	51156	
〃	滿堂和踏步下	1192	1600	19072	
水泥三和土	滿堂	270	8400	22680	
水泥粉光	地面及台度	890	1000	8900	
磨石子	地面及台度	1894	6000	113640	
瑪賽克樓板	包括夾沙樓板	244	8300	202552	
瑪賽克地板		42	6300	2646	
3"×6"磁磚台度		830	7500	62250	
1"×4"柳安地板	包括欄柵及踢腳板	1436	9200	142112	
1"×4"洋松樓板	包括欄柵，踢腳板和平頂	1258	2700	33966	
1"×6"洋松樓板	〃	1040	2200	2288	
10"磚牆	包括粉刷和灰鏡線	13182	3400	448188	
5"磚牆	〃	1868	2500	46700	
5"雙面板牆	〃	4144	3000	124432	
雙扇洋門		6	3500	21000	
雙扇汽車間門		2	16500	33000	
單扇洋門		62	2900	179800	
鋼窗		708	150	106200	
窗上花鐵柵		24	1600	38400	
玻璃		708	15	10620	
水落及管子		350	450	14000	
大扶梯		2	75000	150000	

上海市建築協會服務部估計

21543

工程估價總額單

住宅"E 和 L"

名　　　　稱	說　　　　明	數　量	單　價	金　　額	總　　額
信　箱		2	5000	10000	
火　爐		2	8500	17000	
生鐵出塵洞		12	200	2400	
生鐵垃圾桶		2	4500	9000	
瓦屋面	包括平頂	2862	9500	271890	
平屋面	6度紙油牛毛毡上結綠豆沙下有懸空平頂	168	4000	6720	
鋼骨水泥		308	12500	38500	
					1894812

建築辭典

(七續)

【Hack】 鑿毛。 平整之混凝土面或磚面，欲與他部接合，必先斬鑿使毛，藉使銜接牢固。

【Hair crack】 髮裂，髮縫。 水泥粉刷乾燥後所呈頭之細紋裂縫。

【Half column】 半柱。 自牆面凸出之柱形物。

【Half door】 半門。 係一種嗎嗎式之自關門，僅有半截，如酒已室之門然。

【Half principal】 半人字木。 人字木不至屋脊，在中間中斷者。

【Half round】 半圓線。 半圓狀之線腳。

【Half story】 半層。 在屋頂下闢出之室，室中空氣陽光均由老虎窗透入。

【Half timbered】 木山頭。 用大量木料構成屋架，於每一空框內塗以粉刷；此種房屋，於十六世紀及十七世紀中，盛行於歐洲。屋之下部用磚石組砌，上部用木條構架，中塗粉刷

圖 木山頭

【Hall】 川堂，大廳。 ●任何大廈或廳事為公衆所用者，或為娛樂者，如市政廳，舞場等。 ●中古時代，莊堡或其他大屋中之大起居室，用之為烹飪，同時亦用為餐室。 ●入門或入室必經之處，名為川堂，凡出入各室必經之兩道皆屬之。

Assembly Hall 議場，會場。

Banquet 〃 大宴廳。

City 〃 市政廳。

Concert 〃 奏樂堂。

Dancing 〃 舞場。

21545

Entrance Hall 大門口。

Hypostyle " 多柱室。

Lecture " 講堂。

Music " 奏樂堂。

Town " 市政廳。

『Hall church』教堂。 堂中無一完整之層級，塑像之高麓與齊，大都爲德國尖拱式建築。

『Halving』 開膠接，對合。〔見圖〕

Bevelled halving 斜對合。〔見圖〕

『Hammer』鎯頭，鐵鎚。〔見圖並說明〕

〔附圖說明〕 ①砌牆鎯頭。 ②③機匠用尖頂鎯頭。 機匠用圖頂鎯頭。 ④鐵匠用鎯頭。 機匠用鎯頭。 ⑤鉛皮匠用鎯頭。 裏作小木鎯頭。 ⑦鞋皮匠用鎯頭。 ⑥牛皮鎯頭。 ⑨帽釘鎯頭。 ⑧小鎯頭。 ○者。

Hammer beam 槌梁。 短梁之挑於墻牆作爲大料者。

Hammer dressed 斬鑿。 石面用斧鑿平。

『Hand Mixture』手拌。 小量水泥混凝土不用機拌，用人工手拌者。

『Hand barrow』塌車，小車。

『Hand lift』手搖盤桶。

『Hand rail』扶手。 扶梯欄杆或洋台欄杆上董之扶手。 Swan neck hand rail 鵝頭扶手。

『Handicraftsman』巧匠。

『Handicraft』手細工。

『Hanger』吊鈎，吊鞍。 Joist hanger 三角鐵鞍。〔見圖〕

21546

【Shafting hanger】掛脚。【見圖】

【Hard core】硬磚，碎磚三和土。地面須砌水泥地時，先置碎磚或其他空硬物為底層，水泥地面加裝儀厚使地面硬化。

【Hardenite】鐵犀。

【Hard steel】硬鋼。

【Hardware】建築五金。門鎖，執手，插銷及鉸鏈等金屬物。

【Hardwood】硬木。柚木，柳安，亞克等，所以別於松杉等木者。

【Harmony】調和。

【Harness room】牲口鞍具室。

【Hatch】小門。用門或天棚遮蓋之。

Service hatch 伏食門。廚房浜得利奧餐室間之小門。

Hatch bar 小門閂。闔閉小門之鐵門。

【Hatchel】斧。【見圖】

【Prehistoric column】麥神柱。埃及式支柱之端，鑴刻麥神面像者。

【Haunch】圈腰，拱腰。
Haunch bar 腰鐵。
Haunch stone 圈腰石。

【Hawk】灰板。小方板下裝一捉手。上盛粉刷薑之灰沙。
Hawk boy 做粉刷助手。

【Hay loft】草倉。

【Head】頭，蓋，頂。
Door head 門楣。
Head course 頂磚。
Head mold 摸頭線。
Head room 磁頭。梁或拱等下面之淨高度，足容站立，不致碰頭。自扶梯踏步或扶梯平台至平頂之淨高度。

Head rail 上檻，上楣頭。分隔房間欄板之上面蓋頂木條，用或窗之圈框上面橫臥之框木。

Head sill 天盤。

Head stone 墓碑，奠基石，拱頂石。

Head work 頭像。飾物之一種，狀如動物之首。而於拱頂者。

Sprinkler head 撒水頭。
Water head 水斗。
Window head 窗楣。

「Header」頂頭。

「Header」
False header 假頂磚。
Three-quarter header 七分找。

「Heading bond」頂磚率頭。

「Heading course」頂磚皮。

「Heading joint」頂頭接。

「Healing」屋面盖。

「Hearth」火爐底。

Hearth-bottom 爐底。用磚石舖砌之鑄火爐底。
" broom 爐底帚。掃除爐底灰燼之小帚。
" pit 退灰洞。爐前陷下一洞，以便出灰。
" rug 踏脚氈。爐前踏脚之氈。
" trimmer 伏鑷頭。[見圖]

其他同樣之包餡裝塞此空間。

「Heart wood」鐵木。產於塔斯馬尼亞 Tasmania，質堅硬如鐵。

「Heating」煨房。
Heating appratus 煨房裝置。
Steam heating 蒸氣煨房。

「Hedgerow」株楊籬圍，冬青圍。

「Heel」樣頭，板牆筋根端。
Heel post 門堂子廳，繫柱。
Heel strap 扒頭鐵板。牽繫大料與人字木之鐵板也。

「Helioscene」簾幕，遮陽。

「Hem」鏊螺頭。Tonic 式柱子花帽頭兩邊之鏊螺。

「Hemiglyph」牛豎槽。

「Hen house」鷄棚。

「Hermetic column」象形字柱。

「Herring bone bond」蘆蓆紋率頭。

「Herring bone paving」蘆蓆紋鋬地。

「Hew」斬鑿。

「Hexastyle」六柱式寺。[見圖]

「Hearting」包餡。磚籬中間或石壁中間填以他種材料為餡心，或

" stone 爐底石。

21548

【Hinge】鉸鏈，上下。[見圖]

1. Butt 方鉸。
2. Strap hinge 鐵板鉸。
3. Plate hinge 平板鉸。
4. T hinge 丁字鉸。
5. Gate hinge 外屏鉸。
6. Spring hinge 彈簧鉸。
7. Link hinge 搭攀鉸。
8. Blind hinge 自關鉸。

Screen hinge 屏風鉸鏈。

Spring hinge 彈簧鉸鏈。

【Hip】搶。屋角隆起之脊。[見圖]

Rising hinge 上昇鉸。係鉸之平板上斜。啟門時向上吊，不致與地毯摩觸也。

Back flap hinge 筋摺鉸鏈。百葉窗摺疊藏匿處鉸鏈平伏不突。

Blank hinge 雙面鉸鏈。可以雙面啟閉者。

Blind hinge 自關鉸鏈。百葉窗鉸，百葉窗或類同物因自身之重量關係。啟閉自若者。

Butt and strap hinge, Cross garnet, Cross tail, Cross tailed or garnet hinge 與丁字鉸鏈同。

Double action hinge 雙面鉸鏈。

Dove tail hinge 鳩尾鉸鏈之鐵板較接連處特闊者。

H. hinge 馬鞍鉸。鉸鏈開啟時形如「H」。

Hinge post 裝鉸柱。鉸鏈裝釘其上之柱子。

Loose pin hinge 旋心鉸鏈。

Parliament hinge 長翼鉸。鉸鏈形如丁字。鉸心可活動旋轉者。

【Hipodrome】競技場。

【Hoist】昇降機。上下吊送貨物之吊機。[見圖]

1 蒸氣吊機。
2 電力吊機。

【Hollow】空。

Hollow brick 空心磚。

Hollow moulding 凹線。[見圖]

21549

Hollow newel] 包空扶梯柱。

Hollow wall] 空心牆。

「Hood」撲蓋。

Chimney hood. 煙囱帽子。

Hood moulding 瀉水線。

「Hook」鈎子。

Gutter hook 水落鈎子。

Gate hook 揢門鈎。

Cornice hook 額鈎。

Cabin hook 窗鈎。

「Hoop」箍，環。

Circular hoop 圓箍。

Hoop iron bond 洋鉄皮。

「Horizontal cornice」臥形台口線。

「Horn」角。[見圖]

「Hook」鈎子。

「Horseshoe arch」馬蹄法圈。

「Hospital」醫院。

Isolation hospital 隔離醫院。

「Hotel」旅館。

「Hot air apparatus」溫氣裝置。

「Hot water pipe」熱水管。

「Hot and cold system」冷熱氣裝置。

「Hot air seasoning」熱氣乾材法。

「Hot house」溫室。

「House」房舍。

Apartment house 公寓。

Back house 後屋。

Bath house 浴室。

Bee house 養蜂所。

「Housed string」閣扶梯基。

「Hut」小舍。

Lodged hut 校倉小居。

Rustic hut 陳銹小舍。

「Hydraulic cement」水硬水泥。

「Hydraugraphic office」海道測量局。

「Hydraulic lime」水硬石灰。

「Hypostyle」多柱式。

「Hypostyle hall」多柱廳。

補遺

「Collapsable door」鐵格扯門。

「Dole」播鐵。

（待續）

愛克司光在建築上之應用

玉生譯

近來實用科學的發明中，對於建築上最有供獻的，就是應用愛克司光X-ray去研究建築材料之組織。

愛克司光也是光的一種，它的光波很短，其長度僅及普通波光百分之一。因此，在普通光波下發暗的物體，在愛克司光下卻能被通過。當愛克司光投射到各種物體時，因物體的組織不同，所以被通過的程度發生差別；它在建築上的應用也就有了價值。

用愛克司光去研究建築材料之組織或建築物的結構，可以在不加損壞的條件下，達到研究的目的，這是普通的試驗方法所不能的。

普通方法，只能用物質的標本做試驗，而愛克司光，則能拿被研究的物體本身來，直接予以試驗。試驗的方法，是用愛克司光把所欲研究的物體的影子照於幕上，然後去檢視其有無缺點。除非物質的本身發生變化（如裂縫空心等）或物體的性質不同，幕上發見的影子必爲一致的。鋼�料鋼柱內的氣空或磚瓦等相類似之缺點，都可用愛克司光去試驗。如欲以更簡便的手續，獲得永久的參考，則可用愛克司光來攝成照相。

愛克司光的光度，最新的成功：已可透過鋼版約四吋；若光線更爲強列，則可透過六吋厚的石或磚及厚約十吋的木質。至若普通外科醫生所用的愛克司光，則光力極弱，普通僅可通過薄的物質而

已。倘欲在不損壞被研究的物質條件之下獲得優良成績，及永久的結果，必須應用強的光力與大的乾片；不過費用甚大，但此爲唯一的方法，不能顧及費用的。

愛克司光另外的一種應用，是去試驗物體受外力後的情形。當光波投射到未受任何外力之鋼版，注意所發生之反光時，則見被外射的光，是許多分佈均勻的光點，則可證明鋼版係平時狀態，未受外力。若受了任何外力，則反射光即可發現許多條紋。愛克司光的這種應用，倘在萌芽時期，將來的發展誠屬未可限量。以前用來研究物體受外力變化的光學，僅能施之於透明的物體，如玻璃及化學品等；愛克司光則可適用於任何物質。

研究建築材料受外力後的原子新形態，也可運用愛克司光來試驗。大部分的金屬，受了外力後，其晶體的組織便重行排列，此種變化足使物體較原來柔弱，結果會發生巨大的意外。震動對於晶體的重行排列，有很大的促進力，這不獨對於金屬爲然，對於玻璃或其他物質也有同樣作用。

有若干種很普通的建築材料，其組織情形，很少能知道的，譬如粘土Clay，向來都以由無定形的物質所組成，因爲在倍數極大的顯微鏡下，也不能看出他一定的形體。但在應用愛克司光後，粘土

21551

所含各種不同之一定的結晶體，已完全明瞭；預計不久的將來，可有獲得純粹粘土之更滿意的方法了。將來粘土性質之科學研究與處理方法，得到滿意之解決後，則製造方法，與如何應用粘土，均能迎刃而解，其餘如一般磚瓦和磁磚等的製造方法此也能同樣的加以改善。近數年來，雖已有不少進步，但對於原子在粘土的排列，及製造進行中各階段的排列如何，尚少可靠的知識，因之製造方法的改良，非常遲緩。此外對於洋灰，橡皮以及別的狀似無定形之物質，也有很多人從事研究。希望愛克司光應用後，對於這許多物質之構成智識，有較大的貢獻。

最初之愛克司光，不過是科學家的好奇的玩弄，現在竟會有這樣大的用處，實在是很有趣味的。威廉姆克盧克司（William Crookes）當初在夢想中玩着用不同強度之電光，來透過玻璃管及不同形式之玻璃泡時，他沒有想到正在開闢一條研究科學的途徑，循着前進，可以成為研究日用建築材料研究的方法。就是後來的朗琴 Röntgen 教授初次發現克盧克司管內之光，可以透過幾種不透明的物質，如肉及皮的時候，他也並沒有想到，他會發現一種有用的方法，對於外科醫術及建築材料研究竟有很大的促進力量。

在用鋼料之建築中，均已得電桿代替鉚釘，但不能明白的驗明電桿的無疵，故電桿的廣大運用實受限制。自發明了愛克司光的應用，電桿的是否有疵可以試驗，其用途的推廣與改進，已如上述。

關於愛克司光在建築材料上的應用，已如上述。但建築界運用之者，尚不多觀；且應用的程度，還很幼稚。建築家宜注意愛克司光的應用，藉增建築材料的智識。目前專門的技術人員，有時尚難得滿意之結果，將來的進步，正待我輩的努力啊！

冷溶油之研究

華

以冷溶油（Cold-applied Bitumen）修舖路面，現經試驗已有相當之成功，並證明其優點實較熱體油液為多。各國製造此油者甚衆，據記者所知，以英國勃羅克斯化學工廠（Brookes Chemicals Ltd.）所出品之「可樂」（Koluo）牌最為盛行。此油節省工資既鉅，因係冷液，故無需烘熱之時間，所僱工人自屬較少。雖路面潮濕，祇須保持清潔，則工程亦可照常進行，且施工簡單，不用高價機械，尤屬便利。而唯一優點，則築路工程師可隨時踐踏路面，勘察工程進行，若加注意，不致損及路面也。

此油之特質，可槪略述之如下：

（一）在相當氣候之下，均可使用此油修舖路面。

（二）沙礫碎塊，用此油後，均能凝結團持。

（三）有如避水層之功效（Waterproof coating）。

（四）不受任何氣候情形之侵透。

（五）路面不致起皰（Blister）裂縫情事。

（六）路面不致十分光滑，致行走不便。

（七）含有多量之地瀝青，但仍能流動，不妨礙工作。

（八）深入地內，使地層固結。

（九）載重力大，不受交通影響。

（十）對於魚類及植物之蕃殖，並無影響。

（十一）保持永久，無沉澱之弊。

（十二）富有黏貼性。

可樂冷溶油中，含有百分之六十三至六十五之純粹石油，用以舖澆柏油，水泥，及木方塊舖砌之路面，均頗適宜。此油質地顏佳，富有黏性，能保持至數年之久，故養路費亦能減少至相當程度。路面用煤膠舖築者，亦可澆用此油。

至於施用此油之法，則首先將路面澆灌清潔，不染點塵，然後將油用掃帚平滑舖澆。若遇缺洞，先將洞內之碎石屑清除，將油灌注，一俟齊至洞口，再填入碎屑，用舂搗固。在舖澆此油時，務須求其平勻不齮。普通路面，每加侖之冷溶油約可舖澆三方碼至四方碼。若該路常年修理，則可澆舖五方碼至六方碼云。

西班牙式柱子大樣

平面圖

正面圖

比例八一寸一尺

21554

門圖樣

比例尺·半寸一尺

毛圈檔圖樣

比例尺·半寸——一尺

21555

十寸墙門堂圖樣

五寸墙門堂圖樣

比例尺：三英寸——一英尺

起居室空門堂圖樣

踢腳線大樣

凸綫線大樣

嘉善聞氏住宅工程估價總額單

二層半洋房及門房間

名　　　稱	說　　明	數　量	單　價	金　額	總　額
桐木椿	12'-0"長	28 根	3 00	84 00	
灰漿三和土		17 59 方	13 00	2 28 67	
臘脚牛毛毡	2 皮,雙面柏油	4 23 方	5 50	23 27	
15"混水牆	新三號青磚灰沙砌	10 85 方	30 00	3 25 50	
10"　　"	"	60 87 方	22 00	13 39 14	
5"　　"	"	8 28 方	14 00	1 15 92	
雙面木板牆		7 40 方	22 50	1 66 50	
單面　　"		3 00 方	15 50	46 50	
西班牙式瓦屋面	一皮牛毛毡1"×6"企口板2"×8"洋松桁條	14 04 方	60 00	8 42 40	

上海市建築協會服務部估計

21556

嘉善聞氏住宅工程估價總額單

二層半洋房及門房間

名稱	說明	數量	單價	金額	總額
六皮柏油牛毛氈	上做小石子	3 99 方	1 9 0 0	7 5 8 1	
磨凡石地面	連5"灰漿三和土2"水泥	5 30 方	3 5 0 0	2 0 3 0 0	
磨凡石踏步	12"×6"×7'-6"	3 步	3 0 0	9 0 0	
檀木地板	連毛地板2"×8"×18"4,5'1"×6"企口板,5"灰漿三和土	10 38 方	7 8 0 0	8 0 9 6 4	
1"×4"洋松樓板	2"×10"欄柵18"4-4;剪刀固撐	6 04 方	3 0 0 0	1 8 1 2 0	
〃	3"×12"欄柵18"4-4;剪刀固撐	6 85 方	3 5 0 0	2 3 9 7 5	
馬賽克地面	5"灰漿三和土;2"水泥三和土	38 方	6 5 8 0	2 6 0 3	
〃	隔沙樓板3"×12"18"4-4	63 方	7 5 0 0	5 1 0 0	
磁磚台度	6"×6"白色	2 91 方	6 5 0 0	1 8 9 1 5	
水泥粉刷		84 44 方	7 0 0	5 9 1 0 8	
線脚平頂	紙筋,無平頂筋	23 30 方	5 0 0	1 1 9 0 0	
外牆水泥毛粉刷	連刮抄	39 86 方	1 6 0 0	6 3 7 7 6	
水泥彈地	5"灰漿三和土3"水泥三和土和1"紛光	17 76 方	2 5 0 0	4 4 4 0 0	
鋼骨水泥三和土	1:2:4	4 53 方	1 1 0 0 0	4 9 8 3 0	
水泥窗盤		9 丈	6 0 0	5 4 0 0	
鐵窗	連油漆,裝工,玻璃,紗窗	508 方呎	2 0 0	1 0 1 6 0 0	
柳安洋門	3'-0"×7'-0"(夾板)	10 堂	3 5 0 0	3 5 0 0 0	
〃	2'-6"×7'-0"	7 堂	2 8 0 0	1 9 6 0 0	
柳安火斗		1 只	8 0 0 0	8 0 0 0	
柳安扶梯	3'-0",闊42步連欄杆	1 乘	4 5 0 0 0	4 5 0 0 0	

上海市建築協會服務部估計

21557

嘉善聞氏住宅工程估價總額單

二層半洋房及門房間

名　稱	說　明	數　量	單　價	金　額	總　額
生鐵出風洞	6"×18"	8塊	200	1600	
熟鐵欄杆	3'-0"×5'-0"	2堂	1000	2000	
大鐵門	12'-0"×10'-0"	1堂	42000	42000	
磚牆欄杆	1'-6"高	7丈	600	4260	
白鐵凡水	24號12"	4丈7尺	250	1175	
白鐵水落	24號12"	7丈8尺	250	1950	
白鐵天溝		2丈1尺	300	630	
白鐵管子	3"×4"－26號	7丈5尺	250	1875	
十三號陰溝		4只	200	800	
陰　井		9只	1000	9000	
12"瓦筒	連底脚	4丈2尺	700	2940	
9" ” ”	”	4丈8尺	500	2400	
6"瓦筒	連底脚	11丈6尺	400	4640	
4"瓦筒		10丈2尺	350	3570	
坑　池		1只	28000	28000	
玻璃棚	5'-0"×12'-0"	1只	20000	20000	
浴室器具		1套	4900	4900	
廁所器具		1套	3000	3000	
					112520.2

上海市建築協會服務部估計

21558

經濟小住宅

　　此宅外觀爲不規則式之設計，新穎悅目，不同凡響。一切佈置如窗戶、平台、百葉窗、通氣筒、烟囱、尖端屋脊、郵筒、門燈等，在普通建築中認爲較小節目，而此宅之構造則予以特別重視，務期引人注意。此屋外部面積長爲四十尺半，闊三十八尺。內部則舉凡近代房屋應有之設置，一切具備。寸土尺地，均加利用。起居室有極大之壁爐，窗戶，及書架等。後有一門，直通中央客廳，亦可通至臥室、浴室、及厠所。小廚房中備具近代公寓式之設置。其門可通走廊，經過極短步階，入至地層。而此地層亦可起居憩息，作爲兒童遊嬉之所，此爲與其他房屋不同之點，故在設計時對於步階及光線均特別注意焉。附圖（列後）係該宅全部詳細圖樣，以備讀者參考。

21559

地層平面圖
BASEMENT PLAN

SCALE 1/8" = 1 FOOT

21560

平面圖
FLOOR PLAN

SCALE 1/8"=1 FOOT

21561

SECTION

FRONT ELEVATION
SCALE ⅛ = 1 FOOT

21562

REAR ELEVATION
SCALE ⅛"·1 FOOT

RIGHT SIDE ELEVATION
SCALE ⅛"·1 FOOT

21563

工程辭典

（九續）　杜彦耿

第五節　木作工程（續）

普通洋松　草塲工程。現均購用普通洋松。或稱「廉門」貨。即英文名(Common)之意。購辦數額若鉅。每千尺僅需洋六十二元。此貨瘤節雖多。然用於水泥本壳。無甚妨礙。故凡鋼骨水泥之木壳。均皆採用之。

地板　地板分下空與下實兩種。下空者將地綱棚架於地龍牆上（見甲圖）。下實者地綱棚埋於煤屑水泥或柏油石子之中。下實以灰漿三和土（見乙圖）。茲將該兩種地板之價格。列表於后。

甲　圖

乙　圖

21564

一寸四寸洋松企口地板連工價分析表

工料	闊	厚	長	數量合計	價格結洋	備註洋
洋松欄柵	六寸	二寸	十尺	八根	每千尺洋八十元　洋六•四〇元	淨貨
洋松企口板	四寸	一寸	十尺	二一七尺	每千尺洋九三元　洋一〇•八八元	頭號貨
二寸方釘				一〇　一方	每桶洋十七元　洋〇•三七元	每桶一百磅每磅一二五只
木匠工				八工　一方	五•二〇元　洋二三•八五元	每工以六角半算連擺欄柵光地板做踢腳板

一寸四寸洋松企口地板連工價分析表

工料	闊	厚	長	數量合計	價格結洋	備註
杉木欄柵	四寸	直徑	十尺	三根	每根洋一•一二元　洋三•三六元	連關稅運費等
洋松企口板	四寸	一寸	十尺	二一七尺	每千尺洋九三元　洋一〇•八八元	頭號貨
二寸方釘				一〇　一	每桶洋十七元　洋〇•三七元	每桶一百磅每磅一二五只
木匠工				六工　一方	三•〇元　洋九•〇元	每方工料連飯洋
二寸方釘					洋二•一七元	欄柵光地板做踢腳板每工以六角半算連擺
煤屑水泥	一尺半	四寸	十尺	五條　三三立方尺	四•四•六八元　洋二九•六八元	連水泥煤屑等

板牆

　　屋內分隔房間及汽樓屋頂下之單面板牆。大都係用二寸厚四寸闊之木條作直筋。筋外釘泥幔板條。或釘鋼絲網。亦有於板牆筋中間鑲砌磚壁。而塗泥灰。或舖磁磚。惟此種板牆。宜用於屋之上層。不宜用於下層。蓋下層著地。易受潮濕。木料易於腐壞。茲將板牆每方價格。分別製表如后。

工料	濶厚	長	數量	合計	價格結 洋	備註
板牆筋	四寸 二寸	十尺	八根	五四尺	每千尺洋八〇元	洋 四·三二元	
撐上下檻檔	四寸 二寸	九尺	一根	一九尺	每千尺洋八〇元	洋 一·五二元	
板條子	一寸二分 二分	四尺	四〇〇根	二面	每萬根洋一四〇元	洋 五·六〇元	
二寸半圓釘			八四只	二面	每桶洋九·九元	洋 〇·□元	每桶一〇〇磅
一寸圓釘			一六〇只	一方	每桶洋九·九元	洋 二·六〇元	每磅一二三只
木匠			二	一方	每方包工連飯洋二·六元	洋 一四·二二元	每工以六角半算

工料	濶厚	長	數量	合計	價格結 洋	備註
鋼絲網	十尺	十尺	二面	二方	每方洋一〇·五元	洋 二一·〇〇元	用三磅貨
撐上下檻檔	四寸 二寸	九尺	一根	一九尺	每千尺洋八〇元	洋 一·五二元	
板牆筋	四寸 二寸	十尺	八根	五四尺	每千尺洋八〇元	洋 四·三二元	
二寸半圓釘			八四只	二面	每桶洋七·九元	洋 〇·□元	每桶一〇〇磅 每磅一二三四只
鋼絲網釘			一三八只	一方	每桶洋七·九元	洋 一·〇八元	用二寸半圓釘
木匠工			三工	一方	每方包工連飯洋一·九五元	洋 二八·九二元	每工以六角半算

分間木筋磚牆工價分析表
中鑲五寸磚牆

工料	闊	厚	長	數量	合計	價格結 洋	備註
板牆筋	四寸	二寸	十尺	八根	五四尺	每千尺洋八○元 洋四•三二元	
上下檻櫃	四寸	二寸	九尺	三根	三二尺	每千尺洋八○元 洋二•四八元	用灰砂砌參看本刊第三期工程估價
五寸磚					一方	每方洋一七•九四元 洋一七•九四元	
二寸半圓釘			十尺	一四○只	一方	每桶洋七•九元 洋•○八元	每磅一○○磅
木匠工				一工	一方	每方包工連飯洋一•三○元 洋二六•一二元	每桶一○○只 每工以六角半算

一寸四寸洋松企口樓板平頂工價分析表
欄栅十六寸中到中

工料	闊	厚	長	數量	合計	價格結 洋	備註
洋松欄栅	十寸	二寸	十尺	八根	二三三尺	每千尺洋八○元 洋一○•六六元	
洋松企口板	四寸	一寸	十尺	三五塊	二一七尺	每千尺洋九三元 洋一○•八八元	
洋松剪刀固搭	二寸	一寸半	十尺半	十四根	五尺	每千尺洋八○元 洋•四○元	
板條子			四尺	二○○根	一方	每萬根洋二○○元 洋二•八○元	
二寸方釘	二寸	二分		二八二只	一方	每桶洋一七元 洋•三七元	每桶一○○只
一寸圓釘	一寸	一寸二分		八○○只	一方	每桶洋九•九元 洋•○六元	每磅一二五磅 每磅一○○磅
木匠工				十二工	一方	每方包工連飯洋七•八元 洋三二•九七元	每工以六角半算

分間板墙

分間鋼絲網墙

分間木筋磚墙

21568

問答欄

中華職業學校竺宣智君問：

（一）普通紅磚及火磚。平均每方可受壓力幾何？

（二）貴刊九十期合訂本九十七頁第五條，有「每步高闊遵照175×175×28＝63 之宗律設計」，如何解釋？

服務部答：

（一）依上海市工務局規定，普通磚每方可受壓力四十五磅。至於火磚。平常不作壓力用，蓋其效用在耐火而受灼不裂；如必須用為壓力時，則每方吋作一百十五磅可也。

（二）175×175×28＝63係手民所候櫃，應改為 2×17.5+28＝63，乃遵照「2高 ＋ 闊＝63公分（25"）」之定例所算得。

龔志忠君問：

（一）貴刊九十期合訂本一〇四頁刊載之龍泉碼表，與鄙人抄自友人者有異，茲將不同各碼錄奉，敬希台詧賜示為盼。

貴刊所載	鄙人所得
寸	分
7.0	100
7.5	125
8.0	150
8.5	175
9.0	200
9.5	225
10.0	250
10.5	300
11.0	350
11.5	400
12.0	450
12.5	525
13.0	600
30.5	11300

軍政部軍需署工程處歸德工務所辛其一君問：

服務部答：

（一）每方石子三和土（底腳用）需用石灰漿多少？每方所用石灰漿合水分多少？又每方搗工多少？

（二）每方碎磚三和土（底腳用）需用石灰漿多少？又每方搗工多少？

（三）砌10"及15"磚牆，每方需用石灰漿（一比二）多少？每方所用石灰漿合水分多少？

（四）砌10"及15"磚牆，每方需用水泥漿（一比二）多少？每方所用水泥漿合水分多少？

（五）20'及30'之King Truss每個各需做工（連作成及上屋頂）工多少？

（六）屋面蓋中國瓦或洋瓦，（每方二千瓦片）每方各需蓋工若干？

（七）3'×7'之嵌板門及3'×5'之玻璃窗，每個各需做工多少？

服務部答：

（八）地板（4"企口板）每方須舖工多少？

（九）粉刷內牆用柴泥紙筋石灰三度，每方須粉刷工多少？又其成分各若干？

（十）清水磚牆嵌水泥縫每方需工多少？

（十一）外牆做Stucco每方需工多少？

（十二）油漆地板每方需工多少？需漆多少？

（十三）假大理石壁之做法如何？

（十四）石子及碎磚三和土石灰漿之載重力，各多少？

（一）石子三和土宜用水泥澆擣，若用石灰漿依碎磚三和土澆擣法，則用一分石灰三分沙泥六分石子混合而成。水分在攪拌灰漿時，使灰沙攪成薄漿而易於澆潑為度。每方工費依上海例算，約洋貳元八角至三元。

（二）碎磚三和土與碎石三和土同。

（三）請參閱本刊第一卷第三期第三十九頁工程估價磚牆工程。

（四）仝上。

（五）此項屋面大料，連屋面板椽子格椽釘齊，每方約需十四工至二十工。

（六）屋面蓋瓦每方需二工至四工。

（七）三呎七呎洋門，每堂做工需十二工至二十工。三呎五呎玻璃窗，每堂做工需八工至十工。

（八）地板（4"企口板）每方舖工需四工。

國民政府軍委會委員長南昌行營審核處左應時君問

（一）空心磚牆價格較砌磚牆為高，何以仍須採用？

（二）各種牛毛毡每捲長寬尺寸若何？可舖面積幾方？（以一層計算）住宅屋頂舖幾層為宜？

（三）水泥三和土各料之比例如何計算？每方工料價若干？

（四）灰漿三和土每方材料之比例如何？

（五）建造普通住宅，以上海為標準，平房之每平方面積，價格幾何？二層樓每方價格幾何？三層樓每方價格幾何？

（六）屋頂工程估全部價格幾成？牆壁工程估全部價格幾成？地下基礎佔全部價格幾成？又全部工價與料價比例如何？

（七）普通住宅之各項設計如何？請於月刊上作一具體之設計舉例，如基礎、磚牆、屋頂等計算法，均予詳細之說明。

（九）請注意本刊將登之工程估價粉刷工程。

（十）清水磚牆嵌水泥每二工至三工。

（十一）外牆做Stucco每方需工一工。

（十二）油漆地板，每方工料洋三元。

（十三）假大理石做法，非簡略答覆所能明瞭，容當選刊此種文字。

（十四）石子及碎磚三和土載重力，每一方尺一千七百磅。

21570

服務部答：

（二）空心磚與實磚之構造不同，空心磚之燒製較難，故價格亦高。惟質輕利於造高層，且因中空，能隔炎熱，是以多仍用之。

（三）牛毛氈每捲二百十六呎，闊三呎，可鋪面積兩方。住宅屋頂不宜舖用，因夏天易熱，不適居住。

（四）水泥三和土之比例，最少用一分水泥，三分黃沙，六分石子。普通多用一分水泥，二分黃沙，四分石子。價格請參閱本刊工程估價水泥類。

（五）灰漿三和土之材料，為碎磚一方二五，石灰一担半，沙泥四角，

（六）普通住宅之造價，極難以平方估值，請參閱本刊九十期合訂本所載三住宅之詳細估價。

（七）可參閱上述詳細估價，以分算各部所佔總造價之成數。

本刊擬於工程估價及建築群奧登完後，發表營造舉一文，當自房屋基礎起，逐一詳述。

美術墻磚之效用

西班牙最盛行之屋房裝飾美術墻磚，（即 *Stucco Works*）用以砌澄內外墻壁，其功效既不遜於大理石，且尤為美觀耐久。歐洲各國建築物採用者願多，均獲相當成績。

閑上海大理石公司現正製造此種美術墻磚，延聘西班牙技師從事設計督造，色澤質料無不精美，價格則甚低廉。

該項墻磚之磚面，雖經風雨剝蝕或烈日曝晒，不致損壞，故用以裝飾外墻內室，均極相宜。該公司尚備有其他各種建築裝飾品，以供選購，並可代客設計裝璜云。

▲本會徵集圖書啟事

本會成立之始。即以研究建築學術為宗旨。研究之基礎。端
為蒐集圖書。藉供博探觀摩。故組織建築圖書館。亦嘗列入
本會工作之一。而限於經濟。因循未成。耿耿之心。則無寧
已。酒者。檢集歷年存書。得中西書刊數百本。束之高閣。
殊背羅致之初衷。以致借閱。則嫌掛一而漏萬。爰擬積極籌
劃。必期實現。踴躍捐贈。如割愛可惜。則
學術之人士。除量力增購以圖擴充外。並盼熱心提倡建築
暫行借存亦可。務使建築同人獲得讀書之
機會。功在昌明建築學術。彌深企禱。倘
蒙國內外出版家贈閱有關建築之定期刊物
。亦所歡迎。本會當以本刊奉酬也。此啟。

本刊發行部啟事

本刊每期出版後，均經按期寄發；惟少數自取之定閱諸君，尚
有未曾來取者，本刊殊感手續上之困難。且本刊銷路日增，時
有告罄之虞，定閱諸君如歷久來取時，書已售完，亦屬損失。嗣
後凡自取定戶，希於出版三個月內取去，過期自難照補，倘希
注意為荷。

本刊粗始，晬將一載，現已籌備第二卷的改良工作，除計劃內容的革新充實，印刷的更求美觀外，並擬增加印數，普遍銷行，俾本刊出版以來，顧爲各界贊許，咸認爲尚有參考研究之價值，購者紛至，時感求過於供也。同人既持促進學術之旨，未敢裹步自封，更未敢使愛讀諸君抱向隅之憾，縱多犧牲，決圖奮勉，使逐漸改進，期達粗刊之初衷。同時希望各界不吝指敎！

編完了第十一期，照例把需要向讀者報告的說幾句。

本期插圖，除了上海蘇州路建築中之六層堆棧外，有關畫「刊殘影於黑白」四幅。一二八之役，我閘北精華，付諸暴寇砲火，建築物被燬殆盡，斷垣殘瓦，歷歷猶存，正待我建築業者之建設。這四幅圖畫，用意示殘跡之一斑，用資警惕，而策來茲。

上期刊登了貝當路住宅估價單後，深得讀者滿意，紛函囑爲續刊，本期特劃出大部篇幅，繼續登表是項未完之圖樣及估價單，以滿足讀者得窺全豹之要求。

因爲圖樣佔去了很多篇幅，所以文字僅選載二篇，「愛克司光在建築上之應用」及「冷溶油之研究」。長篇「建築辭典」及「工程估價」仍藏登。此外如黃鐘琳君等之作品，寄到較遲，已移登下期。

冷溶油之研究一文，係應湖北沙市福興營造公司之要求而譯述的，茲爲揭載，或亦多數讀者所歡迎歟。

本會服務部前爲嘉善閩天蓋君設計之住宅一所，已於上期發表其圖樣及承攬章程，本期居住問題欄復刊其放大圖樣及價目單，以供參考。尚有其他材料，不及一一詳述了。

建築材料價目表

本欄所載材料價目，力求正確，惟市價瞬息變動，漲落不一，集稿時與出版時難免出入。讀者如欲知正確之市價者，希隨時來函或來電詢問，本刊當代爲探詢詳告。

磚瓦類

貨名	商號標記	記數量	價目	
空心磚	大中磚瓦公司	12"×12"×10"	每千	二八〇元
空心磚	同前	12"×12"×8"	同前	二三〇元
空心磚	同前	12"×12"×6"	同前	一七〇元
空心磚	同前	12"×12"×4"	同前	一一〇元
空心磚	同前	12"×12"×3"	同前	九〇元
空心磚	同前	9¼"×9¼"×6"	同前	九〇元
空心磚	同前	9¼"×9¼"×4½"	同前	七〇元
空心磚	同前	9¼"×9¼"×3"	同前	五六元
空心磚	同前	4½"×4½"×9¼"	同前	四三元

貨名	商號標記	記數量	價格	
空心磚	大中磚瓦公司	3"×4½"×9¼"	每千	二六〇元
空心磚	同前	2½"×4½"×9¼"	同前	二四〇元
空心磚	同前	2½"×8½"×4¼"	每萬	一四〇元
紅機磚	同前		同前	一三三元
紅機磚	同前	2"×5"×10"	同前	一三三元
紅機磚	同前	2¼"×9"×4¼"	同前	一二六元
紅機磚	同前	2"×9"×4⅜"	同前	一二二元
紅平瓦	同前		每千	七〇元
青平瓦	同前		同前	七七元

21574

（上表）

貨名	商號標記	記	數量	價目
青脊瓦	大中磚瓦公司		每千	一五四元
蘇式灣瓦	同前		同前	四〇元
西班牙筒瓦	同前		同前	五六元
手工大二二	華奧機窰公司	2¼"×5"×10"	每萬	一五〇元
手工小二二	同前	2¼"×4½"×9"	同前	一三〇元
手工二五十	同前	2"×5"×10"	同前	一三五元
機製大二二	同前	2¼"×5"×10"	同前	一六〇元
機製小二二	同前	2¼"×4½"×9"	同前	一四〇元
機製二五十	同前	2"×5"×10"	同前	一四〇元（以上均上海碼頭交貨）
機製洋瓦	同前	12½"×8½"	每千	七四元
六眼空心磚	同前	9¼"×9¼"×6"	同前	七五元
六眼空心磚	同前	12"×12"×8"	同前	三二〇元
六眼空心磚	同前	12"×12"×6"	同前	一六五元
四眼空心磚	同前	12"×12"×4"	同前	一一五元
四眼空心磚	同前	3"×9¼"×4½"	同前	四〇元
三眼空心磚	同前	9¼"×9¼"×4½"	同前	七〇元
三眼空心磚	同前	9¼"×9¼"×3"	同前	五五元
二眼空心磚	同前	4"×9¼"×6"	同前	四五元（以上均作碼交貨）
瓦筒	義合花筒甎筒	十二寸	每只	八角四分

（下表）

貨名	商號標記	記	數量	價目
瓦筒	義	合九寸	每只	六角六分
瓦筒	同前	六寸	同前	五角二分
瓦筒	同前	四寸	同前	三角八分
瓦筒	同前	小十三號	同前	八角
瓦筒	同前	大十三號	同前	一元五角九分
空心磚	振蘇磚瓦公司	9¼"×4½"×2¼"	每方	二四元
白水泥磚花	同前		每方	二六元五角八
青水泥磚花	同前		同前	九十元
同前	同前	9¼"×4½"×3"	每千	七十元
同前	同前	9¼"×9¼"×6"	同前	五十五元
同前	同前	9¼"×9¼"×4½"	同前	四十元
同前	同前	9¼"×4½"×8"	同前	一二五元
同前	同前	12"×12"×4"	同前	一一〇元
同前	同前	12"×12"×6"	同前	四十元
同前	同前	12"×12"×8"	同前	一六五元
同前	同前	12"×12"×8"	同前	二二〇元
紅磚	同前	10"×5"×2¼"	每千	一三元五角
同前	同前	10"×5"×2"	同前	十三元

21575

磚瓦類・木材類（上半）

貨名	商號標記	記	數量	價目
紅磚	振蘇磚瓦公司	9¼"×4½"×2¼"	每千	十二元五角
紅磚	同	9¼"×4½"×2"	每千	十二元
光面紅磚	同前	10"×5"×2¼"	每千	十三元五角
同前	同前	10"×5"×2"	每千	十三元
同前	同前	9¼"×4½"×2"	每千	十二元
同前	同前	9¼"×4½"×2¼"	每千	十二元五角
青平瓦	同前	12½"×8"	每千	七元五
水泥	象山牌		每袋	五元五角半
水泥	泰山牌		每袋	同前
水泥	馬牌		每袋	五元六
洋松（上海市同業公議價目 八尺至三十二尺 再長照加）			每千尺	八十二元
一寸洋松	同前		同前	八十四元
寸光松板	同前		同前	八十五元
半寸洋松板二	同前		同前	六十四元
洋松條子洋	同前		每萬根	一百二十元
四尺松方	同前		每千根	一百○五元
一寸四分洋松企口板	同前		同前	一百十元
一寸六分洋松企口板	同前		同前	一百二十元
一號企口板	同前		同前	一百十元
俄紅松方	同前		同前	六十七元
俄邊麻栗板	同前		同前	一百二十元
光邊麻栗板	同前		同前	一百二十元
毛俄邊麻栗板	同前		同前	一百十元

木材類（下半）

貨名	商號標記	記	數量	價目
一二五·四寸一號洋松企口板（上海市同業公議價目）			每千尺	一百三十元
二五·六寸洋松一號企口板	同前		同前	一百六十元
柚木（頭號）	倫帽牌		同前	六百三十元
柚木（甲種）	龍帽牌		同前	四百五十元
柚木（乙種）	龍帽牌		同前	四百二十元
柚木段	龍牌		同前	三百五十元
硬木	同前		同前	二百元
硬木火介方	同前		同前	一百五十元
九尺坦戶板寸	同前		每千尺	二百元
柳安	同前		每丈	一元四角
紅板	同前		每千尺	一百八十元
抄板	同前		同前	一百○五元
六八皖尺三寸松板	同前		同前	一百二十元
十二尺皖松二寸板	同前		同前	六十元
柳安一二五—一四寸企口板	同前		同前	一百八十五元
柳安企口六寸板	同前		同前	十六元
皖十二寸松板	同前		同前	一百七十五元
二尺一松字印板	同前		同前	六十元
建一丈松足板	同前		每丈	三元三角
建一丈松字印板	同前		同前	五元二角
甌八尺松板寸	同前		同前	四元

21576

木材類

貨名商號	說明	數量	價格
一寸六寸一號松板	上海市同業公會公議價目	每千尺	四十六元
一寸六寸二號松板	同前	同前	四十三元
八尺杭機鋸板	同前	每丈	二元
五分杭松板寸	同前	同前	一元八角
五分甌松板寸	同前	同前	四元五角
九分甌橫松板	同前	同前	五元五角
皖一松丈	同前	同前	三元五角
皖八尺六板寸	同前	同前	四元
白松板	同前	同前	
坦九尺八板分	同前	同前	一元二角
坦九尺五板分	同前	同前	一元
紅八尺六柳板分	同前	同前	二元一角
七尺俄松板	同前	同前	一元九角
八尺俄松板	同前	同前	二元一角

貨名商號標記		數量	價格
B各色漆	同前	同前	三元九角
銀硃調合漆	同前	前 一介侖	十一元
白色調合漆	同前	前 一介侖	五元三角
各色調合漆	同前	前 一介侖	四元四角
白及各色磁漆	同前	前	七元
金粉磁漆	同前	前	十二元
白打磨磁漆	同前	前 半介侖	三元九角

油漆類

貨名商號	說明	數量	價格
上A純鉛漆	開林油漆公司雙斧牌	三千八磅	九元五角
上A純鋅漆	同前	同前	八元五角
A白漆	同前	同前	六元八角
B白漆	同前	同前	五元三角半
K白漆	同前	同前	三元九角
K白漆	同前	同前	二元九角
A各色漆	同前	同前	三元九角

商號	品號	品名	裝量	價格	用途	每介侖能蓋方數
元豐公司	建一	白厚漆	28磅	二元八角	木質打底	三方
	建二	黃厚漆	同前	二元八角	土質打底	三方
	建三	紅厚漆	同前	二元八角	鋼鐵打底	四方
	建四	頂上白厚漆	同前	十一元	蓋面	五方
	建五	燥頭	七磅	一元二角	促·乾	
	建六	淺色魚油	六介侖	十六元六角半	調合厚漆(土)三方(木)六方	
	建七	快燥光油	五介侖	十二元九	同右	
	建八	三煉光油	六介侖	二十元五角	同右	
	建九	發彩油(紅黃藍)	一磅	一元四角半	配色	
	建十	香水	五介侖	八元	調漆	
	建十一	漿狀洋灰釉	二十磅	八元	門面四方	

21577

油　漆　類

商號	商標	貨名	裝量	價格
永華製漆公司	醒獅牌	AA特白厚漆	廿八磅	六元八角
永華製漆公司	醒獅牌	A上白厚漆	廿八磅	五元三角
永華製漆公司	醒獅牌	二號各色厚漆	廿八磅	二元九角
永華製漆公司	醒獅牌	快燥各色磁漆	一介侖	九元
永華製漆公司	醒獅牌	快燥硃磁漆	一介侖	六元六角
永華製漆公司	醒獅牌	快燥金銀磁漆	一介侖	十元七角
永華製漆公司	醒獅牌	汽車凡立水	一介侖	四元六角
永華製漆公司	醒獅牌	清凡立水	五介侖	十五元
永華製漆公司	醒獅牌	黑凡立水	一介侖	三元二角
永華製漆公司	醒獅牌	黑凡立水	一介侖	二元五角
永華製漆公司	醒獅牌	白色調合漆	五介侖	十二元
永華製漆公司	醒獅牌	各色調合漆	一介侖	八元五角
永華製漆公司	醒獅牌	硃紅調合漆	一介侖	四元一角
永華製漆公司	醒獅牌	改良金漆	五介侖	四元九角
永華製漆公司	醒獅牌	改良金漆	一介侖	三元九角
永華製漆公司	醒獅牌	核桃木器漆	五介侖	十八元
永華製漆公司	醒獅牌	核桃木器漆	一介侖	三元九角
永華製漆公司	醒獅牌	硃紅汽車磁漆	一介侖	十二元
永華製漆公司	醒獅牌	各色汽車磁漆	一介侖	九元
永華製漆公司	醒獅牌	淡色魚油	五介侖	時價

商號	品號	品名	裝量	價格	用途	每介侖蓋方數能
元豐公司	建十二	調合洋灰釉	二介侖	十四元	門面地板	五方
同前	建十三	漿狀水粉漆	二十磅	六元	牆壁	三方
同前	建十四	橡黃釉	二介侖	七元五角	門窗地板	五方
同前	建十五	柚木釉	同前	七元五角	同前	五方
同前	建十六	花利釉	同前	七元五角	同前	六方
同前	建十七	上白磁漆	同前	十三元半	同前	五方
同前	建十八	朱紅磁漆	同前	十三元半	防銹	五方
同前	建十九	純黑磁漆	同前	十三元	同前	四方
同前	建二十	紅丹油	五六磅	十九元半	防銹	五方
同前	建二一	鋼窗灰	五六磅	十一元半	防銹	五方
同前	建二二	鋼窗綠	同前	十九元半	同前	五方
同前	建二三	鋼窗李	同前	十一元半	同前	五方
同前	建二四	屋頂紅	同前	十九元半	同前	五方
同前	建二五	上白調合漆	五介侖	三十四元	同前	五方
同前	建二六	上綠調合漆	五介侖	三十四元	同前	五方
同前	建二七	水汀銀漆	二介侖	二十一元	同前	五方
同前	建二八	水汀金漆	二介侖	二十一元	汽管汽爐	五方
同前	建二九	凡宜水（清黑）	五介侖	十七元	光	五方
同前	建三十	各色一層漆種丙	平六磅	十三元九	普通	（土木）三（金）四方

21578

商號商標	貨名	裝量	價格	用途
永圖造漆公司 長城牌	各色磁漆	一介侖	七元	聚於銅鐵及木製器具上
同前	金銀色磁漆	一介侖	十元七角	顏色鮮豔堅韌耐久
同前	同前	半介侖	五元九角	同前
同前	改良廣漆	一介侖	五元九角	有金黃紅木及棕紅色數種最合于木器傢具地板等處
同前	同前	半介侖	二元九角	
同前	同前	五介侖	十八元	
同前	清凡立水	一介侖	三元三角	易乾耐用光亮透明用於木器地板等類可增美麗犧而防腐物
同前	同前	半介侖	一元七角	
同前	同前	五介侖	十六元	
同前	黑凡立水	一介侖	二元五角	
同前	同前	半介侖	一元三角	
同前	同前	五介侖	十二元	
同前	灰防銹漆	一介侖	四元四角	用於鋼鐵器具上最有防銹功效
同前	同前	五六磅	二十二元	
同前	紅防銹漆	一介侖	四元	
同前	同前	五六磅	二十元	
同前	各色調合漆	五六磅	廿元五角	

貨名	商號	數量	價格	備註
圓木油	大陸實業公司	一介侖	三元五角	
同前	同前	五介侖	十七元○九	
同前	同前	四十介侖	一三二元八九	
二二號英白鐵	新仁昌	每箱	六七元五五	每箱廿一張重四二○斤
二四號英白鐵	同前	每箱	六九元○二	每箱廿三張重量同上
二六號英白鐵	同前	每箱	七二元一○	每箱廿五張重量同上
二八號英白鐵	同前	每箱	六三元一四	每箱廿八張重量同上
二二號美白鐵	同前	每箱	六一元六七	每箱廿三張重量同上
二四號美白鐵	同前	每箱	九一元○九	每箱廿五張重量同上
二六號美白鐵	同前	每箱	九三元八六	每箱廿八張重量同上
二八號美白鐵	同前	每箱	一○八元三九	每箱廿三張重量同上
美方釘	同前	每桶	十六元○九	
平頭釘	同前	每桶	十八元一八	
中國貨元釘	同前	每桶	八元八一	
半號牛毛毡	同前	每捲	四元八九	
一號牛毛毡	同前	每捲	六元二九	
二號牛毛毡	同前	每捲	八元七四	
三號牛毛毡	同前	每捲	三元五九	

21579

建築工價表

名稱	數量	價格
清混水十寸牆水泥砌雙面柴泥水沙	每方	洋七元五角
柴混水十寸牆灰沙砌雙面清泥水沙	每方	洋七元
清混水十五寸牆水泥砌雙面柴泥水沙	每方	洋八元五角
清混水十五寸牆灰沙砌雙面柴泥水沙	每方	洋八元
清混水五寸牆水泥砌雙面柴泥水沙	每方	洋六元五角
清混水五寸牆灰沙砌雙面柴泥水沙	每方	洋六元
汰石子	每方	洋九元五角
平頂大料線腳	每方	洋八元五角
秦山面磚	每方	洋八元五角
磁磚及瑪賽克	每方	洋七元
杠笆屋面	每方	洋二元
灰漿三和土(上脚手)	每方	洋十一元
灰漿三和土(落地)	每方	洋十元五角
搁地(五尺以上)	每方	洋六角
搁地(五尺以下)	每方	洋一元
狄鐵(茅宗盛)	每擔	洋五角五分
工字鐵粱鉛絲(仝上)	每噸	洋四十元
搗水泥(普通)	每方	洋三元二角

名稱	商號	數量	價格
搗水泥(工字鐵)		每方	洋四元
二十四號九寸水落管子	范泰興	每丈	一元四角五分
二十四號十二寸水落管子	同前	每丈	一元八角
二十四號十四寸方水管子	同前	每丈	二元五角
二十四號十八寸方水落	同前	每丈	二元九角
二十四號十八寸天斜溝	同前	每丈	二元六角
二十六號九寸水落管子	同前	每丈	一元八角
二十六號十二寸水落管子	同前	每丈	一元一角五分
二十六號十四寸方水落	同前	每丈	一元四角五分
二十六號十二寸水落管子	同前	每丈	一元七角五分
二十六號十八寸方水落	同前	每丈	一元九角五分
二十六號十八寸天斜溝	同前	每丈	一元四角五分
十二寸瓦筒邊水	裘合	每丈	一元
九寸瓦筒擺工	同前	每丈	一元
十二寸瓦筒擺工	同前	每丈	八角
六寸瓦筒擺工	同前	每丈	八角
四寸瓦筒擺工	同前	每丈	六角
粉做水泥地工	同前	每方	三元六角

21580

THE BUILDER
Published Monthly by The Shanghai Builders' Association
620 Continental Emporium, 225 Nanking Road.
Telephone 92009

中華民國二十二年九月份初版

建築月刊

第一卷第十一期

印刷者 新光印書館 上海法租界蒲石路蒲柏院路

電話 九二〇〇九

發行者 上海市建築協會 南京路大陸商場六二〇號

編輯者 上海市建築協會 南京路大陸商場六樓六二〇號

△版權所有 不准轉載▽

投稿簡章

一、本刊所刋各門，皆歡迎投稿。翻譯創作均可，文言白話不拘。須加新式標點符號。譯作附寄原文，如原文不便附寄，應詳細註明原文書名，出版時日地點。

一、一經揭載，贈閱本刊或酌酬現金，撰文每千字一元至五元，譯文每千字半元至三元。重要著作特別優待。投稿人却酬者聽。

一、來稿本刊編輯有權增刪，不願增刪者，須先聲明。

一、來稿概不退還，預先聲明者不在此例，惟須附足寄還之郵費。

一、抄襲之作，取消酬贈。

一、稿寄上海南京路大陸商場六二〇號本刊編輯

錦生記營造廠

通州路二百七十號   電話五二六三○號

本廠專營各項建築工程

以前承包之工程

公和洋行設計……………………上海第五紗廠

哈沙得洋行設計……愚園路八層樓海上大樓

英工部局設計……………………老垃圾橋碼頭

費博洋行設計……………………嘉烈邨微賽廠廠房

哈沙得洋行設計……………………層樓公寓（上圖）

新瑞和洋行設計……斜橋總會室內網球間

現在興建之工程

哈沙得洋行設計………南京路永安公司新屋底脚工程

建興洋行設計………青島東海大飯店工程

21583

21584

21585

21586

21587

21588

研討實業問題的基本要籍

實業界一致推重 商業月報

商業月報於民國十年創刊迄今已十有二年資望深久內容豐富討論實際印刷精良致銷數鉅萬縱橫國內外故爲實業界一致推重認爲討論實業問題刊物中最進步之雜誌解決並推進中國實業問題之唯一資助

實業界現狀解決中國實業問題請讀「商業月報」應立即訂閱

君如欲發展本身業務瞭解國內外

全年十二册　報費國內三元　（郵費在內）
　　　　　　　　　　　國外五元

出版者　上海市商會商業月報社
地址　上海天后宫橋　電話四〇二六號

21589

21590

大東鋼窗公司

發 行 所

上海河南路四百九十五號

電話九二四〇〇

本公司承辦

一切鋼窗鋼

門工程倘蒙

推荐惠顧無

任歡迎

GREAT EASTERN STEEL WINDOW CO.

SHANGHAI MERCANTILE BANK BUILDING, HONAN ROAD

TELEPHONE 92400

21591

久 記 營 造 廠

事務所　上海圓明園路二十三號

電話　二九一七六
　　　一六二七〇

廠設上海南市機廠街二一七號

本廠專造

碼　頭

鐵　道

橋　樑

以及一切大小

鋼骨水泥工程

大上海影戲院

本廠最近承造工程之一

21593

英商

中國造木有限公司

唯一機器製造的木工專家

上海楊樹浦路一四二六號

電話五另六八號　　　　　　　　　　　　"woodworkco" 電報掛號

業廣協理白克先生住宅
李斯特路公寓研究院
海格路公寓「A」「B」及「C」
建業公寓
大華飯店
都城飯店
河濱大廈
漢密爾登大廈（第一部）

已竣工程

WOODWORKCO

進行工程

漢密爾登大廈（第二部）
建業公寓「D」及「E」
業廣建築師法萊才先生住宅
泰特赫斯脱公寓
郇齊路公寓
法商電車公司寫字間
貝當路公寓
北四川路狄斯威路口公寓

總經理

英商祥泰木行有限公司

21596

21598

21599

ASIA STEEL SASH CO.

STEEL WINDOWS, DOORS, PARTITIONS ETC.,

OFFICE: NO. 625 CONTINENTAL EMPORIUM.

NANKING ROAD, SHANGHAI.

TEL. 90650

FACTORY: 609 WARD ROAD.

TEL 50690

事　務　所

上　海　　南　京　路

大　陸　商　場　六　二　五　號

電　話　　九　〇　六　五　〇

製　造　廠

上　海　　華德路迄陽路口

電　話　　五　〇　六　九　〇

THE BUILDER

建築月刊

21604

21605

21607

21608

21609

21610

興業瓷磚股份有限公司

本公司出品精良花色新
穎歷久如新無論私人住
宅公共場所地面牆壁平
頂或扶梯踏步等處一經
舖用常能使君愉快誠爲
大建築上不可多得之必
須材料也

本公司出品之一班

各種美術舖地瓷磚
美術牆磚
防滑踏步磚
羅馬式瓷磚
缸磚

營業所：四川路四一六號
電話：一六〇〇三

THE NATIONAL TILE CO., LTD.

Manufacturer of All Kinds of Floor & Wall Tiles.

416 Szechuen Road, shanghai

Telephone 16003

21612

21613

21614

21615

21616

POMONA PUMPS

「普摩那」電機抽水機

凡裝自流井
而欲求最經
濟之水源請
採用最新式

最新式之
抽水設備
PUMPING WATER
THE MODERN WAY

「普摩那」透平式抽水邦浦。利用機械與水壓原理製成。適得其宜者。

「普摩那」透平邦浦。絕對可靠。費用儉省。而出水量較多。

常年運用。幾無需耗費管理或修理等費。

時間減少。出水量增多。無需裝置價格昂貴之壓氣機等設備。大小邦浦。皆可裝置自動機件。

出水量。每分鐘自十五伽倫至五千伽倫。大小俱備。

抽水機軸。每隔十尺。裝有橡皮軸承。用水潤滑。

。靈便。可靠。

所佔裝置地位極小。

用美國威斯汀好司廠馬達發動之。

滬上各處裝置。成績優良。咸皆讚美。

總經理美商茂和公司

上海 圓明園路廿四號　電話一一三一〇

21617

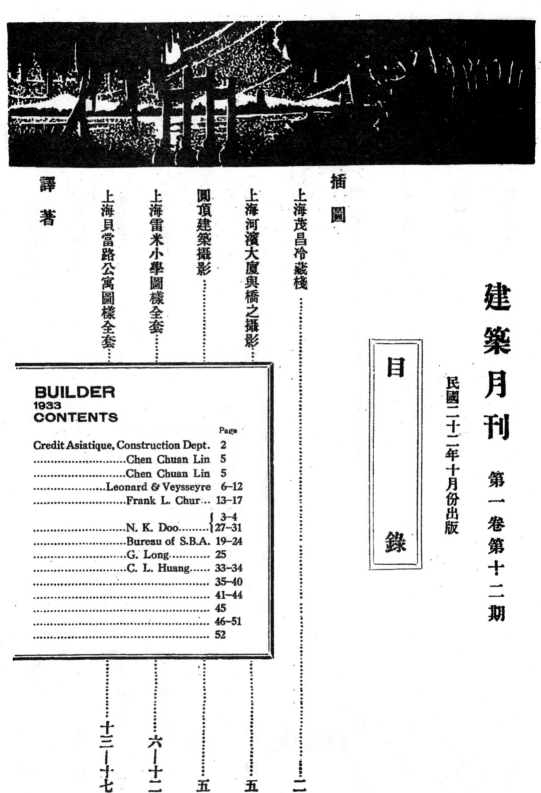

建築月刊　第一卷第十二期

民國二十二年十月份出版

目錄

譯　著

上海貝當路公寓圖樣全套……十三—十七

上海雷米小學圖樣全套……六—十二

圓頂建築攝影………五

上海河濱大廈與橋之攝影…五

插　圖

上海茂昌冷藏棧………二

BUILDER
1933
CONTENTS

		Page
Credit Asiatique, Construction Dept.		2
……………………	Chen Chuan Lin	5
……………………	Chen Chuan Lin	5
……………………	Leonard & Veysseyre	6–12
……………………	Frank L. Chur …	13–17
……………………	N. K. Doo………	{ 3–4 / 27–31
……………………	Bureau of S.B.A.	19–24
……………………	G. Long………	25
……………………	C. L. Huang……	33–34
……………………		35–40
……………………		41–44
……………………		45
……………………		46–51
……………………		52

工程估價（續） .... 杜彥耿 （一）二一—三一四

建築辭典（續） .... 一九—二四

近代影院設計之趨勢 .... 朗琴 .... 二五

建築裝飾與家具設計 .... 黃鍾琳 ...... 二二—三四

居住問題欄

上海貝當路住宅圖樣第六七種 .... 三五—四〇

其 他

問 答 .... 四一—四四

編 餘 .... 四五

建築材料價目表 .... 四六—五一

建築工價表 .... 五二

THE
OCTOBER
LEADING

ILLUSTRATOINS
Mow Chong Cool Storage, Shanghai.......
Embankment Apartments and Bridge......
Dome of Finance...................................
Ecole Remi, Shanghai............................
Apartments on Avenue Petain, Shanghai
ARTICLES
Building Estimates.................................
Building Terms in English and Chinese...
Modern Cinema Planning........................
Modern Deceration And Building............
Residential Houses................................
Architects' and Builders' Inquiry Bureau
Editorials ....
Price List of Building Materials.............
Rate of Wages in Building Work............

大中磚瓦公司
盆豐搪瓷廠有限公司
蔡仁茂玻璃鋼條號
開林油漆公司
華與機器公司
中國石公司
義品磚瓦公司
比國鋼業聯合社
飛雷洋行
高蠡慕術公司
上海大理石公司
馥記營造廠
興業瓷磚公司
上海華豫行
瑞昌銅鐵五金工廠

永華製漆公司
美和公司
中華懋業銀行公司
美惠衛生工程所
會計雜誌
世界水器公司
廣月
茂昌煒記銅墨工廠
順昌機製石粉廠
榮泰舢鐵翻砂廠
商業月報
祥順鐵廠
張德興電料行

謙信機器公司
茂和公司
大來洋行木部

久記營造廠
法大汽車公司
鑑山營造廠
有利洋行
協隆地產建築公司
美商國際紫氣電光公司
光華水泥花方磚廠
湯秀記營造廠
大美地板公司
公勤鐵廠
新仁記營造廠
桂正昌鐵店
永固造漆公司
中國製釘公司

如欲

徵詢

請函本會服務部

本會服務部為便利同業與讀者起見，特接受徵詢。凡有關建築材料，建築工具，以及運用於營造場之一切最新出品等問題，需由本部解答或効勞者，請填寄後表，當卽答辦。（均用函覆，請附覆信郵資；本欄擇尤刊載。）如欲得各種材料貨樣貨價者，本部亦何代向出品廠商索取樣品標本及價目表，轉奉不誤。此項服務，基於本會謀公衆福利之初衷，純係義務性質，不需任何費用，敬希台管為荷。

上海市建築協會服務部

上海南京路大陸商場六樓六二零號

徵詢表

問題：

姓名：

住址：

本刊二卷大革新

二卷一期特大號準二十三年一月出版

徵求續定 歡迎新定戶

本刊出版，倏已經年，讀者遍海內，許爲可望之刊物，仝人未敢妄自菲薄，願持我服務社會之志趣，奮我完成目的之精神，決自作譯述，無不力求充實。并將**二卷一期**刊印**特大號**，**增加篇幅一倍**，準二十三年一月中出版。售價增加至一元，**定閱全年者不加。**如蒙

讀者諸君訂閱，不勝歡迎，請滙款向本刊發行部可也。

第二卷起，盡量刷新，將內容分爲**建築，工程，營造三大部份**，蒐羅中外名作，各種**建築攝影，圖樣**，以及著

建築月刊編輯部啓

MOW CHONG COOL STORAGE — CREDIT ASIATIQUE, CONSTRUCTION DEPARTMENT. ARCHITECTS & ENGINEERS. AN-CHEE CONSTRUCTION CO., CONTRACTORS.

上海茂昌冷藏栈

本公司承造

東亞建業公司設計

安記營造廠承造

— 2 —

第五節　木作工程（續）

（十續）　　杜彥耿

屋頂

　作者對於屋面斜度之量算。曾費去多時的推考。依照普通習慣。自屋頂樓櫳或面樣量算屋面之斜坡。因知二者以屋頂樓櫳。較爲可靠。蓋屋頂樣上可以窺見全部標識。而消耗時間。亦較樓者爲經濟。

　當展視閱樣着手估價時。必先於腦海中存二種印象。即僅爲投標估眼性質與熟欲得標是。倘欲得標。則必細心量算其正確之尺寸。反是則估值稍昂。以節時間。亦無不可。

屋頂坡度表	
流水程度	增加數量
折對流水	42%
1/3 流水	20%
1/4 流水	12%
3/8 流水	25%
5/8 流水	60%
3/4 流水	80%

升勢　屋頂斜度之量算。試述如下。

　一屋之闊度爲二十四尺。屋脊自填頭木或大梁凸起爲十二尺。此謂之對折流水。倘其斜度爲八尺。則謂之三分流水。六尺謂四分流水。以此類推。

　屋頂坡度。無論平斜如何。尺寸之寬度如何。坡度表則均出一律。不稱上下。

　若屋面挑出之尺度一律。自然何種關係。惟因挑出之尺度不一。景算自費酌裁矣。老虎窗或其他突穿屋面之建築物。不能包括於屋面之內。自不待言。正屋面可用一次手繪。量至簷口平齊。或照地盤量至挑口外端。

　其理由爲整個屋面。均有若干斜坡。以按若干面積之平面。若是一百方尺之平面。似屬對折流水。當用一百四十二方尺之屋面蓋之。斯點殊屬重要。營造家必須注意。且此種算法。不致發生意外。

　若屋面平坦並不坡斜者。則一百方尺之面積。無加增四十二方尺坡斜之必要。

　例一

　倘地盤樣上規定尺寸爲四十尺與二十二尺。加一曲角之伸長爲八尺與十六尺。其面積爲一〇〇八方尺。則屋面之斜坡升

—3—

21625

勢。如於外牆之直線起點。如對折流水。屋面之面積。當為一四三
二方尺。三分之一流水為一二一〇方尺。四分之一流水為一一二九
方尺。四分之三流水為一八一五方尺。再加挑出之簷口等項。

例二　試再舉一例。房屋之尺寸為六十尺與二十四尺。對折
流水之坡度。簷頭自外牆面起挑出二尺。山牆亦然。依此則地盤之
平面積為六十四尺與二十八尺。或一，七九二方尺。加上四十二折
七五三方尺。總計二，五四五方尺或二十五方半。依此算法。凡挑
出之簷，山頭及轉角。均包含在屋頂面積內。惟不包括任何屋面上
之突靈物。如老虎窗等等。因此間有二層屋面。如老虎窗牆外更有
簷口。簷頭下猶有屋面。（參閱附圖）

屋面樣

任何坡度之屋面。均可用此式計算。例如：一木匠將曲尺豎起
底與邊之高及濶度。同為十二寸。則其斜度當為十七寸。如高及
濶度同為一百尺。則其斜度當為一百四十二尺。與十七之於十二。
同出一例。十二與十二之斜度之確數為十六・九七。因便搓起見。
故作十七寸。

上圖（屋面樣）所示各節。當能予讀者更明白的指示。該圖係一
普通平整之屋頂。疊山頭於二端。點線之內為二十六尺與三十尺
或七百八十方尺之房屋。但挑出台口二端各二尺。兩旁屋簷亦各挑
出二尺。故由上下觀屋頂平面係三十尺與三十四尺。因之其面積為
一，〇二〇方尺。加對折流水四二折即為一四四八方尺。包含屋面
之總面積。用方根法算得總面積為一，四四二方尺。

茲將屋架之構造。及屋頂每方之造價。列圖表於後焉。

【接入第二十七頁】

21626

EMBANKMENT APARTMENTS AND BRIDGE

Photo by Chen Chuan Lin

DOME OF FINANCE

Photo by Chen Chuan Lin

陳君傳霖，精攝影術，為最近有數之作家，本刊曾發表其作品；茲又得二頁，亟刊之，以饗讀者。上圖為上海蘇州路河濱大廈及河南路橋，下圖為圓頂建築，均可資參考。陳君現允為本刊攝製建築像片，以後當常能飽我讀者眼福也。

ECOLE REMI — LEONARD & VEYSSEYRE, ARCHITECTS — AN-CHEE CONSTRUCTION CO., CONTRACTORS

21628

Ecole Remi — Leonard & Veysseyre, Architects — An-Chee Construction Co., Contractors.

21629

ECHELLE 0.01 P.M.

FACADE SUD

FACADE NORD

21631

ECHELLE 0.01 P.M. FAÇADES
EST

21634

Apartment on Avenue Petain, Shanghai

Frank L. Chur, Architect

21635

FIRST-SECOND-THIRD-FOURTH-FIFTH-SIXTH FLOOR PLANS

FIRST FLOOR PLAN 2 STORY ONLY

FIRST FLOOR PLAN 2 STORY ONLY

上海貝當路第一公寓圖樣之二

21636

FRONT ELEVATION.

上海貝當路公寓圖樣之三

21637

上海貝當路公寓房圖樣之四

21638

21639

▲本會徵集圖書啓事

本會成立之始。即以研究建築學術爲宗旨。研究之基礎。端爲蒐集圖書。藉供博採觀摩。故組織建築圖書館。亦嘗列入本會工作之一。而限於經濟。因循未成。耿耿之心。則無籌已。迺者。檢集歷年存書。得中西書刊數百本。束之高閣。殊背羅致之初衷。以致借閱。則嫌掛一而漏萬。爰擬積極籌劃。必期實現。除量力增購以圖擴充外。並盼熱心提倡建築學術之人士。踴躍捐贈。如割愛可惜。則暫行借存亦可。務使建築同人獲得讀書之機會。功在昌明建築學術。彌深企禱。倘蒙國內外出版家贈閱有關建築之定期刊物。亦所歡迎。本會當以本刊奉酬也。此啓。

本刊發行部啓事

本刊每期出版後，均鹽按期寄發；惟少數自取之定閱諸君，倘有未會來取者，沐刊殊威手續上之困難。且本刊銷路日增，時有告罄之虞，定閱諸君如歷久來取時書已售完，亦屬損失。顧後凡自取定戶，希於出版三個月內取去，逾期自難照補，倘希注意爲荷。

建築辭典

（八續）

【I bar】 工字鐵。

【I beam】 工字梁。

【ice house】
【ice room】 冰室。

【imbrex】 圓筒瓦。

【imbrication】 鱗形。 屋瓦蓋砌之形狀如鱗。

【impost】 墩子。〔見圖〕

【imitation stone】 假石。

【imitation marble】 假雲石。

【impluvium】 受雨天井。〔見圖〕

【inch】 英寸。

【installation】 設備。

【inside lining】 內度頭。內襯。

【inlet】 頭子，引入口。

【instrument room】 器械室。

【Inclined shore】斜坡，眠羊灘。

【Incrustation】裝表飾。因物之外觀簡陋，遂漆塗較優之物質，藉以生色；如粗石之於瑪賽克，木之包以金屬物，磚垣之以雲母石蓋面等等。

【Indentation】齒合形。

【Indented】齒合接。〔見圖〕

【Indented beam】齒合梁。

【India rubber】橡皮。擦除鉛筆綫或墨蹟之物具。

【Industrial structure】工業建築。

【Infirmary】施療院。

【Insulate】音疏鬆・隔絕。凡能隔絕熱炎，冷氣及音浪之物都稱之。

【Inter-axis】軸間・內心。

【Interbiluster】欄杆檔。

【Intercolumn】柱子檔。

【Intercolumniation】分柱法。〔見圖〕

【Intercopula】內圓頂。

【Interdentil】排鬆檔。

【Interdome】內圓頂。圓頂內外壳之中層空間。〔見圖〕

【Interduce】雙拼短板牆筋。

【Interfenestration】窗間。兩窗中間距離之隔檔。

【Interglyph】排檔。

【Interior】裏面。

【Interjoist】擱柵檔。

【Interlaced arcade】蓆紋圈。〔見圖〕

【Intermural】壁間。意國宮閣中每有將拱梯置於壁間者。

【Internal mitre】陰角轉彎。

倒法圈

【Internal orthography】 內面圖。

【Intersecting arcade】 交點列圈。

【Intersecting tracery】 拱頂交點。

【Intersecting vault】 穹頂交點。

【Intertie】 內結。

【Intrados】 裡檔。如溝渠圓筒之內淨高度等。

【Inverted arch】 倒法圈。【見圖】

【Inverted cyma Recta】 胃足線。【見圖】

【Inverted cyma Reversa】 肵脯線。【見圖】

【Ionic order】 伊華尼式表型。

Ionic capital 伊華尼式花帽頭。【見圖】

【Iron】 鐵。

Angle iron 三角鐵。

Cast iron 生鐵。

Channel iron 水落鐵。

Corrugated iron 瓦輪鐵。

Plate iron 鐵板。

Rod iron 鐵條。

Sheet iron 鐵片。

T iron 丁字鐵。

Wrought iron 熟鐵。

Z iron 乙字鐵。

Iron foundry 鐵廠。

Iron wood 鐵木。

【Iron monger】 五金商。

【Irregular coursed rubber】 亂石組。

【Isle】與 Aisle 同。甬道，耳房。

【Isacontic】等響線。

【Isodomum】石牆。每皮石塊，厚度相等，長度亦同，豎直之頭縫均係騎縫。【見圖】

【Isolation hospital】隔離病院。

【Italian tile】意大利瓦。

【Iron work】鐵工。

【Ivory oil】奶色油。

【Jack】起重機。【見圖】

【Jack arch】粗法圈。毛草或臨時用之圈拱。

【Jack rafter】戧椽。屋頂桷脊中之短段椽木。

【Jack rib】圓弯短筋。

【Jack screw】起重螺旋。

【Jack timber】甲克料。短段小料，撐於板驕筋中間，或桷脊中之戧門等。

【Jalonsie】遮窗。【見圖】

【Jamb】堂子樁。門或窗旁之直立框柱。
Jamb lining 度頭板。門旁或其他類似之豎直板框。
Jamb post 督頭柱。門或空堂旁之直立框柱。
Jamb stone 督頭石。門或窗旁之護角石。【見圖】

【Jerkin head】半截山頭。山頭尖端削去旁佐戧脊之屋面。

21644

【Jerkin head roof】牛山頭屋面。屋面之以牛截山頭形成者。

【Jerry builder】粗工。以粗劣之材料構築者。

【Jerry building】陋屋。屋之以粗劣材料造成者。

【Jetty】碼頭，埠頭。

【Jib】吊杆。起重機之臂。

【Joggle】嚙合，鑲合。石或木銜合牢固之接縫處；同柱頭開斜接合斜角撐或天平大料之斷口處。（見 King post 圖）

Job door　隱戶。門與牆面相平，鬃之以漆，或用紙糊幔，使之隱蔽不見。

Joggle beam　拚大料，拚梁。梁之用數木以拚成者。

Joggle piece　正同柱。屋頂大料中央之支柱，亦即 King Post。

Joggle post　正同柱。柱之有肩甲者以資斜角撐之接合。正同柱用數木拚成者。

Joggle truss　獨柱梁。梁之以一柱支撐者。

複接 Joggle
蝶連接 Table Joint
石燕尾接 Slate Bed Joggle
神筍接 Bed Dowel
水坑接 Portland Cement Joggle

【Joiner】小木工，做裝修木工。

【Joint】接縫。

【Joist】擱柵。一種平臥之材料，俾樓板鋪置其上，與平頂之懸貼；前者謂樓板擱柵，後者謂平頂擱柵。樓板擱柵之厚度，至少不得薄於二寸，闊度亦須九寸。

Ceiling joist　平頂擱柵。

Floor joist　樓板擱柵。

Trim joist　千斤擱柵。

【Jube】簾屏。禮拜堂中聖壇前所懸之簾屏。

【Keel】薄口線。圓形線腳之上更起銳利之薄口。

【Kennel】狗舍，溝渠。

『Keramic』陶器。

『Kerb』與"Curb"同。側石。

『Key』鑰匙。

Key hole 鑰匙孔。

Key hole escutcheon 鑰匙銅皮。

Key plan 總圖。

Key plate 鑰匙銅皮。

Key stone 老虎牌，拱心石，懸頂石。法圈中心之拱牌。〔見圖〕

『Kick plate』踢板。門之下端，釘以金屬之薄片，所以防護踢踢也。

『Kiln』烘房，磚窰。

Kiln dry 烘乾。

『Kilometer』基羅米突。一千米突之長度爲一基羅米突，即等於三二八〇‧八英尺或〇‧六二一里。

『King closer』八字角磚，圈磚。長方形之磚，一端裁去一角者。上圈下小筍形之磚，用以砌法圈者。（見圖）

『King post』正同柱。〔見圖〕（見圖）

『King truss』正梁。

『Kiosk』涼亭。裝設富麗之涼亭，初於波斯及土耳其見之；現在各地公園中，均皆散置。

『Kitchen』廚房。

Kitchen range 鐵灶。

Kitchen dresser 廚房櫥。

Kitchen garden 菜圃。

『Knee』扶手彎頭。

『Knob』執手，握手。裝於門上者〔見圖〕。

『Knot』木節瘤，結擊。

『Knulling』彎圓線。

（待續）

21646

近代影院設計之趨勢

朗琴

近代電影院之設計，隨科學而演進。自有聲影片發明後，影界面目為之一新，而觀衆視覺聽覺兩能應用，農越倍增，因此各院對於建築鈎心鬭角，於是影院營業之發達，為廳料中之事。因此各院對於建築鈎心鬭角，於是影院營業之發達，為富麗堂皇，迎合觀衆之心理，此又為必然之結果。英國名建築師列赫氏(Mr. J.R. Leathart)最近在雲佛爾及南約州(Sheffield, South Yorkshire)區之建築師及測量員聯合會，演講近代影院設計之趨勢。將視線聽覺分別加以挖要之闡述。語多精詳，足徵經驗之有素，爰加迻譯，以備參閱。

視線問題

對於影片之生產，雖作科學化之探討，而於視線問題仍無影響，此實影院建築師所常遇之難題。關於視線之控制，有二法則。其一為戲院地面每十尺之平行線，其隆起不能超過一尺，否則除簾幕懸掛顏高外，後列坐位之視線將難以清楚。其二為樓廂之傾斜，不能超過三十五度，此實予雙層院屋以困難之限制。此外關於目力之緊張 (Eye Strain) 問題，亦有二種規定。其一即第一列座位目力之水平與簾幕之頂，其視線之垂直角最高為三十五度。若應用極闊之簾幕後，幕之長度亦須增加約十尺左右，於是前面數列座位，不得不加移去放棄，此在院主所應準備忍受者。若簾幕高度增加，樓廂亦須隨之增高，以期後列座位之觀衆，能得清晰之視線；換言之，戲程度也。

院之高度容積，均隨之俱增矣。故加闊簾幕之應用，尚待諸時日，必須戲院有特殊之設計，始能適合應用也。

聽覺設計

經驗及研究足以證明，若欲免去過度之反響或回聲，對於戲院之容積亦不得不有相當之限制。其數約闊一二〇立方尺深一三〇立方尺為最高度。但實際上此種限制實屬不能應用，因其有極大之樓廂，其高度足以阻止頂排座位所發生之雜香也。有聲影片最初所生之回聲或反響，集於收音室 (Recording Studio) 內，然後再加放大，反射擴送。為欲將聲波重行放送起見，故必須將次重及其他室內回聲減低至最低度。欲達此目的，如將戲院容積減至上述限制，即可奏效。或於幕後用高度播音器，糾正方向，傳送於各座位。（此為最普通之設置）或於院之頂蓋用吸音機(Absorbents)，亦可使聲浪省晰，遠近省聞。或將地面鋪以厚氈，座椅鋪以整襯，亦可奏同一效果。除上述外，有一點須注意者，即平行邊牆之相互反射。扇形之戲院，不論在平面及剖面，均使聲波之趨向有反抗作用，適合吸音機受牆飾或其他旗幟等垂飾物之震動，均使聲波之趨向有不良之影響。扇形之戲院，不論在平面及剖面，均使聲波之趨向有反抗作用，與院之頂腦之闊度，其比例並不過當，適合程度也。

21647

21648

〔接第四頁〕

屋頂剖面圖

屋頂每方價格表

工料	尺 闊	寸 厚	長	數量	合計	價格	結洋	備註
大科人字木等				每方約需	二〇〇尺	每千尺八〇元	一六·〇〇元	此係普通約數如欲詳確當視屋頂起伏之狀而別
桁條	六寸	三寸	十尺	三根	四十五尺	〃　　〃	三·六〇元	
屋面板	一寸	六寸	十尺	二十二塊	一一〇尺	〃　　〃	八·八〇元	
格樣	一寸半	六分	十尺	十根	一〇尺	〃　　〃	·八〇元	
釘							一·五〇元	
木工					一二工	每工包工·六五元	七·八〇元	
牛毛毡		一層 (1 ply)		半捲	半捲	每捲八元	四·〇〇元	牛毛毡種類區多此為兵牌
紅瓦片				一五〇張	一方	每千洋六三元	九·四五元	
蓋瓦工				二工半	一方	每方包工連飯六角	一·五〇元	
鉛絲							·三〇元	
					共計		五三·七五元	

水泥木壳　浇製鋼骨水泥。必用木壳為之視託。亦有用鋼壳者。惟滬上用著絲鈔。木壳工程。亦為草塲木作中之重要部份。木壳所用材料。已如前述。惟每方(即十英尺見方)之木料。平均約需百三百五十尺至四百尺。間有四百尺以外者。須視其大梁之高深與疏密為判。茲將各種木壳圖樣及價格分析列下。

21649

売　木　脚　底

売　木　料　大

21650

地大料木壳子工價分析表

十二尺半長　八尺闊　四尺高

工程	尺　　　寸			數量	合計	價　格	結　洋	備註
	闊	厚	長					
地大料牆板	十二寸	二寸	十一尺	六塊	一三二尺	每千尺洋八〇元	洋一〇·五六元	此係約數欲求詳
〃	〃	〃	七尺十一寸	〃	九四尺	〃　〃	〃七·五二元	確視工程圖樣而
〃	一寸	〃	十一尺	二根	四尺	〃　〃	〃·三二元	佑計之
〃	〃	〃	七尺十寸	一根	三尺	〃　〃	〃·二四元	
撑頭	六寸	三寸	十尺八寸	六根	九六尺	〃　〃	〃七·六九元	
〃	〃	〃	六尺二寸	八根	七四尺	〃　〃	〃五·九二元	
搭頭	四寸	二寸	三尺十一	十四根	三七尺	〃　〃	〃二·九六元	
水泥填頭	〃	四寸	十一寸	十四塊	一·四二立方尺	每方洋六二·四九元	〃·八九元	見第一期第四表
鐵皮			三尺	二十八條	八四尺	每担洋三·五元	〃·六〇元	
三寸元釘							〃一·〇〇元	
木匠工				五工	一方	每方洋·六五元	〃三·二五元	自五工至八工視工程簡易互細爲判
							四〇·九五元	

大料柱子及平台木壳子工價分析表
大料十二寸×二十二寸　　柱子十八寸方

| 工料 | 尺寸 | | | 數量 | 合計 | 價格 | 結洋 | 備註 |
	闊	厚	長					
柱頭板	十二寸	二寸	十尺八寸	二塊	四三尺	每千尺洋八〇元	洋三•四四元	此係約數欲求詳
〃	六寸	〃	〃	〃	二一尺	〃　〃	〃一•六八元	確視工程圖樣而
門子板	十二寸	〃	二尺半	二四塊	一二〇尺	〃　〃	〃九•六〇元	算之
腰箍	四寸	〃	三尺半	一二根	二八尺	〃　〃	〃二•二四元	
台影	〃	〃	一尺半	二根	二尺	〃　〃	〃•一六元	
大料底板	十二寸	〃	九尺半	二塊	三八尺	〃　〃	〃三•〇四元	
大料牆板	〃	〃	〃	四〃	七六尺	〃　〃	〃六•〇八元	
〃	六寸	〃	〃	四	三八尺	〃　〃	〃三•〇四元	
三角條子	二寸	〃	〃	四條	一二尺	〃　〃	〃•九六元	
帽子頭	四寸	〃	三尺	四、塊	八尺	〃　〃	〃•三二元	
斜角撐	〃	〃	二尺	八〃	一〇尺	〃　〃	〃•八〇元	
柱子	四寸	四寸	八尺半	四根	四五尺	〃　〃	〃三•六〇元	
墳頭	一二寸	二寸	二尺	四塊	一六尺	〃　〃	〃一•二八元	
對拔榫	四寸	三寸	一尺		四尺	〃　〃	〃•三二元	
樓板	六寸	一寸	八尺半	十八塊	七七尺	〃四五元	〃三•四七元	
欄柵	〃	三寸	〃	八根	一〇二尺	〃八〇元	〃八•一六元	
台影	四寸	二寸	一尺	十六根	一一尺	〃　〃	〃•八八元	
三寸元釘					一方		〃一•〇〇元	
木匠工				六工	一方	每工包工連飯洋•六五元	三•九〇元	
							五三•九七元	

(續待)

21653

SHANGHAI BUILDERS' ASSOCIATION

A MERRY CHRISTMAS AND A PROSPEROUS NEW YEAR

AH-CHEE CONSTRUCTION CO.

建築裝飾與家具設計

黃鍾琳

在今科學發達的世界，一切都有標準可供參考，但審美力則沒有標準可稽。藝術的所謂美與醜，各人儘可站在主觀的立場去任意發表意見，因為一般人的目光是相差無幾的，故在普通情形之下，對於美的批判亦相近。在藝術方面，和諧是設計的基本，有時一人以為和諧者，在另一人却以為失却了和諧性。可是我們意想中審美之標準為和諧，在組織上之所謂和諧，即在使配合之各零件成為整個性，樂曲之成功，顯於諧音定律，畫家所作繪畫，亦須使設計與色彩相配和諧，在建築上，設計整個房間內部裝飾與佈置家具時，須使各物有相互的關係，如是才可稱為設計完美。

在前節雖把音樂關臺與房間佈置並提，可是其中大有分別，一曲一畫大都由音樂家或畫家一人作成，但在房屋裝飾則不然，建築師工作在先，裝飾者完成於後，如各人做各人的工作而不相顧及，則其結果必致失却和諧性而遭失敗。如欲得滿意結果，建築師與裝飾者非祇合作，並須意見相同，渠等須先明瞭和諧之真義，然後方能使工作確甚和諧。

最近數十年來，新建築物式樣不一，其中家具式樣亦各不同，在中式建築中引用中式傢具，在西洋古式建築中則用相稱之西式家具，在最近現代式建築中，則用新式木器，其中甚都合乎和諧原理

，可是也祇藝術用大成而已，此點亦足表示社會思想之紊亂。我們欲創造適合中國社會之新式建築與家具，須協力研究，以求最後之成功。

家具之形式為裝飾設計之表現，故裝飾者須設計家具，以適合建築裝飾。設計並非祇是組合，更須有特種計劃，畫家先計劃畫之結構，然後畫於布上，其計劃之目的，祇在一圖。建築師與家具設計者所設計之意義較廣，在家具設計中，材料也有花紋，顏色，與纖維組織，理性足影響建築與裝飾設計，材料之物設計即在使此種材料成形。建築師與裝飾者在設計之直視圖上，表出二種尺寸，成一平面形，惟在藝術關畫上，則須表示三種尺寸，成立體形，以顯示其主意。

欲使一件家具與建築裝飾相配，其最便之法為二者用同樣材料。材料之式樣與色澤，影響及物件之彫刻，細潔材料適合精緻雕刻，紋粗的材料不適於細刻。粗紋橡木適用於粗糙另件，如空中天花板為斧斫橡木，地板為普通橡木，如室中裝飾用桃花木之雕刻物，則家具亦須用細紋木材與精細雕刻，桃花心木之雕刻物，與橡木之雕刻物不同，蓋桃花心木纖維組織較為細密。

：：　因為要得到和諧，所以有時牆壁粉飾，採用家具木紋，如是更可表示密切結合。可是如祗牆壁用木紋粉飾，則並不發生任何和諧色彩，在目前，建築物與內部裝飾，常用材料本色，於是更使裝飾時難於產生和諧結果，建築師與裝飾者原本意見不同，於是裝飾者如欲得美滿工作，必須採納建築師之意見，建築師建造房屋與裝飾其內部，當設計木作裝修，板塊，地板，天花板時，亦須顧及家具之佈置，蓋建築師所計劃之房屋，於裝飾完工家具佈置之前，並不能衰示其成功。

GROUND FLOOR PLAN

FIRST FLOOR PLAN

上海貝當路住宅圖樣第六種

邱伯英建築師設計

21657

VEST ELEATION

SOUTH ELEVATION

21658

SECTION A-A

SECTION B-B

21659

GROUND FLOOR PLAN

FIRST FLOOR PLAN

上海貝當路住宅圖樣第七種

邱伯英建築師設計

21660

SOUTH ELEVATION

EAST ELEVATION

21661

SECTION A-A

SECTION B-B

關若澄君問（上海徐家匯海格路）

（一）小住宅建於較濕地帶，有何經濟方法，以避濕氣？

（二）中國南部倘少用煤電氣之廚房，多屬舊式之用柴廚房，未知貴部有何改良設施？貴刊有否新圖樣可發表？

服務部答

（一）以鋪置牛毛毡為最適宜，既可避免濕氣，所費又較為經濟。

（二）容於本刊居住問題欄中刊登新式設計之圖樣？

徐泳青君問（湖北沙市福興營造公司）

（一）馬路中溝道之排水容積，每分鐘之流量如何？

（二）四英吋厚之青石版，能載重若干？可否作馬路中心之溝蓋？

服務部答

（一）據上海工部局測驗廠得，每秒鐘之排水率為二呎半。

（二）青石版每方呎承壓力約三百磅，拉九則極小，不宜作馬路溝蓋，以生鐵所鑄者為佳。

沈純君問（廣東榮昌公記營造廠）

貴刊九十期合訂本刊登之工程估價總額單，各項單

價及金額，為銀洋抑銀兩，又數量何者用平方（一〇〇平方呎）何者用立方（一〇〇立方呎）？

服務部答

工程估價總額單均用銀洋（大洋）計算。又粉刷，磚牆，樓地板等，以平方計算；灰漿三和土，水泥三和土等以立方計算。

杭富祥君問（上海義申記營造廠）

（一）用於電廠內之避酸漆，用法如何？價格若干？

（二）每公噸等於若干磅？

（三）窖室或水箱等水泥工程，使用避水藥之方法如何？每方水泥應用若干避水藥為度？

服務部答

（一）每加侖八元五角，用法與普通漆同。

（二）每公噸等於二二〇五磅。

（三）窖室或水箱等水泥工程，以和入雅禮避水藥百分之四及雅禮快燥精百分之二為度，內部粉刷一：二水泥灰漿，內和雅禮避水藥百分之四。

施守一君問（上海徐家匯蒲東路）

（一）今有一屋架梁，下無平頂，照下列圖表算對否？

今用洋松料，揪力 1000磅，拉力 700磅：算得料之大小如下：

$$S = 1000\left(1 - \frac{l}{60d}\right)$$

$$(1)\ S = 1000\left(1 - \frac{6 \times 12}{60 \times 4}\right)$$

$$S = 1000\left(1 - \frac{72}{240}\right)$$

$$= 1000 \times (1 - 0.3)$$

$$= 1000 \times 0.7 = 700$$

$$\frac{12060}{700} = 17.23\ \text{Sq. in.}$$

用 $4'' \times 6'' = 24$ Sq. in.

$$S = 700\left(1 - \frac{l}{60d}\right)$$

此算式對於 5,6，即拉力方面，是否合用？

QUEEN POST TRUSS

（二）現有一題（見上海地產大全第五十七章第一節計算架梁法），其屋架為二十尺中到中，算式及疑問列下，請為解答。

1. $3600 \times 3.35 = 12060$

2. $3600 \times 2.24 = 8064$

3. $3600 \times 1.12 = 4032$

4. $\quad\quad\quad\quad = 0$

5. $3600 \times 1 = 3600$

6. $3600 \times 3 = 10800$

算式內 3.35，2.24，1.12，1 及 3 等從何處求得？用圖表求出之數較小，是否合用？

— 42 —

(2) $3.35w$ 在 $\dfrac{h}{l} = \dfrac{1}{4}$ 時才適用(參考附表)

$\dfrac{h}{l} = \dfrac{6}{20}$ 彼以 3.35 作係數，實誤。

惟屋架之高爲 6'—0" 君誤作 6'—8" 因之相差甚大。

以 AC 作 member 1

$AD = \dfrac{l}{4}$, $F = $ Member ① 所受力

$CD = \dfrac{h}{2}$

$AC = \sqrt{AD^2 + CD^2}$

$= \sqrt{\dfrac{l^2}{16} + \dfrac{h^2}{4}} = \dfrac{1}{2}\sqrt{\dfrac{l^2}{4} + h}$

自 D 點畫垂線 DH 遇 AC 在 H 點上

$\angle AHD = \angle CHD = $ rt. $\angle$

$\angle HAD = 90° - \angle HDA$

$\angle CDH = 90° - \angle HDA$

$\therefore \angle HAD = \angle CDH = \theta$

$HD = CD \cos\theta$ ⋯⋯⋯①

$HD = AD \sin\theta$ ⋯⋯⋯②

$HD^2 = CD \times AD \times \cos\theta \times \sin\theta$

⋯⋯⋯⋯①×②

有桁條者先算

$$M. M = \dfrac{wl}{4} \times 12.$$

$w = 1800$磅

$M = 32400$ in磅

屋面有斜度，故將 $M \times \dfrac{8}{10} = 25920$磅

今用洋松，d 假定 8" $b = \dfrac{25920 \times 6}{1000 \times 8^2} = 2.43$

未用桁條前 Struss 所需之尺寸

$b = \dfrac{12060}{700 \times 8} = 2.15$, $2.15 + 2.43 = 4.58$

有桁條之人字木用 5"×8"

題內 $M \times \dfrac{8}{10}$，$\dfrac{8}{10}$ 從何得來?與斜度有何關係?

（三）今有一簡單屋架，照下圖計算，似不適宜，未知有何其他公式？求所需之人字木。

$1000\left(1 - \dfrac{7 \times 12}{6 \times 12}\right) = 300$

$\dfrac{700}{300} = 2\dfrac{1}{3}$

服務部答；

（一）對。

（二）有兩點錯誤，如下：

(1) 斜度應爲 $\sqrt{10^2 + 6^2} = $ 11'—8"

21665

$$\therefore \quad DG = \frac{hl}{\sqrt{l^2+4h^2}}$$

Take moment at D

$$\frac{3}{2}w \cdot \frac{l}{2} - w\frac{l}{4} + F\frac{hl}{\sqrt{l^2+4h^2}} = 0$$

$$F = -\frac{wl}{2} \cdot \frac{\sqrt{l^2+4h^2}}{hl} = -\frac{1}{2}w\sqrt{\frac{l^2+4h^2}{h^2}}$$

$$= -\frac{1}{2}w\sqrt{n^2+4} = -\frac{1}{2}w(n^2+4)^{\frac{1}{2}}$$

$$= -\frac{1}{2}wN$$

$$\therefore h = 6'-0''; \quad l = 20'-0''$$

$$w = 3600 磅$$

member① 應受力

$$= -\frac{3}{4}wN = -\frac{3}{4}w\sqrt{n^2+4}$$

$$= -\frac{3}{4}w\sqrt{\left(\frac{20}{6}\right)^2+4} = -\frac{3}{4}w\sqrt{\frac{136}{9}}$$

$$= -\frac{1}{4}w\sqrt{136} = -\frac{1}{4} \times 11\frac{2}{3}w$$

$$= -2.92w = 2.92 \times 3600 = 10,510磅$$

$$S = F\left(1 - \frac{l}{60d}\right)$$

所以用此算式者，因受壓力之木料較長，則不但承受壓力，同時尚須承受相當拉力，故用此公式，以減少其單位應力。至於受拉力之木料，其長短毫無影響。

S 可仍為 700磅/口"，不須減少。

（三）結構物極小，因之所須面積亦小；但設或木料有節，人工不好，木料腐蝕等情，危險殊甚。故面積不宜過小，因結構物極小，無需計算。

更正　牛毛毡每捲二方一角六分，長七十二呎，闊三呎，可舖面積二方，一角六分則作為搭頭。上期誤植每捲二百十六呎，特此更正。

$$\therefore = \frac{h}{2} \times \frac{l}{4} \times \frac{l}{4}\Big/\frac{1}{2}\sqrt{\frac{l^2}{4}+h^2} \times \frac{\frac{h}{2}}{\frac{1}{2}\sqrt{\frac{l^2}{4}+h^2}}$$

$$= \frac{\frac{h^2l^2}{64}}{\frac{1}{16}(l^2+4h^2)} = \frac{h^2l^2}{4(l^2+4h^2)}$$

$$\therefore HD = \frac{hl}{2\sqrt{l^2+4h^2}}$$

Take moment at D

$$\frac{3}{2}W \times AD + F \times HD$$

$$\frac{3}{2}W \cdot \frac{l}{4} + F \cdot \frac{lh}{2\sqrt{l^2+4h^2}}$$

$$F = \frac{-\frac{3}{8}wl}{\frac{hl}{2}}\sqrt{l^2+4h^2} = \frac{-\frac{3}{4}w}{h}\sqrt{l^2+4h^2}$$

$$= \frac{-\frac{3}{4}w}{\sqrt{\frac{h^2}{l^2+4h^2}}} = -\frac{3}{4}w\sqrt{\frac{l^2+4h^2}{h^2}}$$

$$= -\frac{3}{4}w\sqrt{n^2+4}$$

$$= -\frac{3}{4}w(n^2+4)^{\frac{1}{2}} = -\frac{3}{4}wN$$

以 BC 作 Member ②

自 D 點畫垂直線過 AB 在 G 點上

$$\therefore \angle BDG = \angle CAD = \theta$$

$$DG = BD \cos \theta$$

$$DG = AD \sin \theta$$

$$DG^2 = \overline{BD}\,\overline{AD}\cos\theta\sin\theta$$

$$= \frac{\frac{hl}{2} \times \frac{hl}{2}}{\frac{l^2}{4}+h^2} = \frac{h^2l^2}{l^2+4h^2}$$

時光跑的這樣快，計劃創刊的情形如在目前，而漫慢的一年又過去了。回憶這一年中，承海內外讀者參相獎勵，使同人感到非常的興奮。雖則將來能滿足我們的初衷，但本此精神，決盡力謀改進。

第二卷第一期起，有嶄新的計劃，關於內容，將分為建築，工程，營造三門，聘請特約撰述，按期供給文字，圖樣，及攝影等材料。并經規定，取材實際與理論並重，而尤注意於讀者之應用。編排方面，亦擬注意美化新顆。

其他如出版時間，仍定為每月一冊，決不脫期，二十三年度必出滿十二冊。

本刊對於圖樣攝影之製版問題，曾用了不少的心思，最初的幾期非常模糊，非但有損美觀，並且不能盡其實物的美點。經過了好多次的研究與更換製版廠，現在已漸漸得多了。但以後當有更好的成績哩。

二卷一期已開始付印，一面尚在繼續蒐羅材料。凡上海一年來之重要建築，其圖樣與攝影除已在本刊發表過者外，將再有最新式的公寓十所，銀行三所，醫院二

所，和香港青島等將建偉大建築圖樣數十幅，同時發表。一九三三年之代表建築，已包羅無遺。文字方面除建築辭典與工程估價仍續載外，關於建築，工程及營造三門，亦均有名作刊登，并有上海一年來上海建築事業概況暨建築材料商業調查等發表。材料與篇幅增加一倍以上。

至於本期的內容，也約略介紹一番：學校與公寓的建築，比較特殊，而公寓在現代的都市中非常蓬勃，學校建築也是普及教育之基礎，木期特載上海雷米小學及其當路公寓圖樣容多種，這是很新式的兩種建築，可資參考。還有電影在近代，已成為普遍的娛樂，影戲院建築在犬小都市，正如雨後春筍之奧建，故本期譯著欄中，特刊藍郎琴君譯之「近代影院設計之趨勢」一文，對於影院工程，頗多指示。另有「建築裝飾與家具設計」一文，為黃鐘琳君自己去瀏覽罷。別的，請讀者諸君所作，因極切實用，亟選刊之。

上期本刊插圖「蘇州路建築中之六層堆棧」面樣，是本刊根據公和拌行圖樣而繪的；而在繪畫時卻故意僅畫一層義面，而將樓面漏去，所以要這樣的樣故，藉以引起讀者的興趣。並且試驗讀者對於本刊篤促的程度，但事實給我們非常失望，裁止發稿時止，並無接到一封讀者對於該圖指摘的信，編者僅在友朋間聽到一種私議，大家都在詫異公和洋行怎樣繪出這種圖樣。現在特地聽西洋鏡拆穿，想讀者亦未禁啞然失笑哩！

21667

建築材料

建築材料價目表

一、本欄所載材料價目，力求正確，惟市價瞬息變動，漲落不一，集稿時與出版時難免出入。讀者如欲知正確之市價者，希隨時來函或來電詢問，本刊當代為探詢詳告。

磚瓦類

貨名	商號標記	數量	價目
空心磚	大中磚瓦公司	12"×12"×10"	每千	二八〇元
空心磚	同	12"×12"×8"	同前	二二〇元
空心磚	同前	12"×12"×6"	同前	一七〇元
空心磚	同前	12"×12"×4"	同前	一一〇元
空心磚	同前	12"×12"×3"	同前	九〇元
空心磚	同前	9¼"×9¼"×6"	同前	九〇元
空心磚	同前	9¼"×9¼"×4½"	同前	七〇元
空心磚	同前	9¼"×9¼"×3"	同前	五六元
空心磚	同前	4½"×4½"×9¼"	同前	四三元

貨名	商號標記	數量	價格
空心磚	大中磚瓦公司	3"×4½"×9¼"	每千	一二六元
空心磚	同前	2½"×4½"×9¼"	同前	二四元
空心磚	同前	2"×4½"×9¼"	同前	二三元
空心磚	同前	8½"×4⅛"×2½"	每千	一四元
實心磚	同前	10"×4⅞"×2"	同前	一二元二角
實心磚	同前	9"×4⅞"×2"	同前	一一元二角
實心磚	同前	9"×4⅝"×2¼"	同前	一一元六角
紅平瓦	同前		每千	七〇元
青平瓦	同前		同前	七七元

21668

右表（貨名・商號標記・記・數量・價目）

貨名	商號標記	記	數量	價目
蘇式灣瓦	大中磚瓦公司	11"×6½"	每千	一五四元
四班牙筒瓦	同前	16"×5½"	同前	一四〇元
手工大二二	華興機瓦公司	2¼"×5"×10"	每萬	一五〇元
手工小二二	同前	2¼"×4½"×9"	同前	一三〇元
手工二五十	同前	2"×5"×10"	同前	一三五元
機製大二二	同前	2¼"×5"×10"	同前	一六〇元
機製小二二	同前	2¼"×4½"×9"	同前	一四〇元
機製二五十	同前	2"×5"×8½"	每千	七十五元
機製洋瓦	同前	12½"×8½"	同前	七十四元
六眼空心磚	同前	9¼"×9¼"×6"	同前	七十五元
六眼空心磚	同前	12"×12"×8"	同前	二二〇元
四眼空心磚	同前	12"×12"×6"	同前	一六五元
四眼空心磚	同前	12"×12"×4"	同前	一一五元
三眼空心磚	同前	3"×9¼"×4½"	同前	四十元
三眼空心磚	同前	9¼"×9¼"×3"	同前	五五元
二眼空心磚	同前	4"×9¼"×6"	同前	四五元
瓦筒	義合花磚敝	十二寸	每只	八角四分

（註）以上均為上海棧頭交貨

左表（貨名・商號標記・記・數量・價目）

貨名	商號標記	記	數量	價目
空心磚	振蘇磚瓦公司	9¼"×4½"×2¼"	每方	二十四元
瓦筒	同前	合九寸	每只	六角六分
瓦筒	同前	六寸	同前	五角二分
瓦筒	同前	四寸	同前	三角八分
瓦筒	大十三號	同前	同前	八角
瓦筒	小十三號	同前	同前	一元五角四分
白水泥磚花	同前	大	每方	二六元五角八
青水泥磚花	同前	小	同前	二〇元九角八
空心磚	同前	9¼"×4½"×3"	每千	二十七元
六眼空心磚	同前	9¼"×9¼"×4½"×3"	同前	五十五元
六眼空心磚	同前	9¼"×9¼"×6"	同前	七十七元
六眼空心磚	同前	9¼"×9¼"×8"	同前	九十元
四眼空心磚	同前	9¼"×4½"×4"	同前	一二五元
四眼空心磚	同前	12"×12"×4"	同前	四十元
四眼空心磚	同前	12"×12"×6"	同前	一六五元
三眼空心磚	同前	12"×12"×8"	同前	二二〇元
二眼空心磚	紅磚	10"×5"×2¼"	同前	十三元
二眼空心磚	同前	10"×5"×2"	同前	十三元五角

磚瓦類　木材類

貨名商號標記	數量	價目
紅磚　振蘇磚瓦公司　9¼"×4½"×2¼"	每千	十二元五角
紅磚　同前　9¼"×4½"×2"	每千	十二元五角
光面紅磚　同前　10"×5"×2"	每千	十三元五角
同前　同前　9¼"×5"×2¼"	每千	十三元
同前　同前　16"×5"×2"	每千	十三元
同前　同前　9¼"×4½"×2"	每千	十二元
奇平死瓦　同前　12½"×8"	每千	七十五元
水泥　馬牌	每袋	五元六角
水泥　泰山	同前	同前
水泥　象牌	每袋	五元五角半
洋松　會公議價目（再長照加）　八尺至三十二尺	每千尺	八十二元
一寸洋松　同前	同前	八十四元
寸光松板　同前	同前	八十五元
牛寸洋松　同前	同前	六十四元
寸洋光松板二　同前	同前	六十元
松條子洋板　同前	每萬根	一百二十元
四尺洋松板　同前	每千尺	一百〇五元
一寸四寸洋松企口板　同前	同前	一百二十元
一寸六寸洋松企口板一號　同前	同前	一百十元
俄紅松方　同前	同前	六十七元
光俄邊麻栗板　同前	同前	一百二十元
毛俄邊麻栗板　同前	同前	一百十元

貨名商號標記	數量	價目
一二五·四寸一號洋松企口板　上海市同業公會公議價目	每千尺	一百六十元
松一二五·六寸洋松企口板　同前	同前	六百三十元
柚木（頭號）　僧帽牌	同前	六百三十元
柚木（甲種）　龍牌	同前	四百五十元
柚木（乙種）　龍牌	同前	四百二十元
柚木段　龍牌	同前	三百五十元
硬木　同前	同前	二百元
硬木火介方　同前	同前	二百五十元
九尺坦戶板寸　同前	每丈	一元四角
柳安　同前	每丈	二百八十元
柳安　同前	每千尺	二百元
紅板　同前	同前	一百二十元
抄板　同前	同前	一百八十元
十二尺三六八松寸　同前	同前	一百二十元
一二五一四皖安企口板　同前	同前	一百八十五元
六寸柳安企口板　同前	同前	十六元
皖十二尺二松寸　同前	同前	一百七十五元
柳安企口板一四寸　同前	同前	六十元
建二寸松片　同前	每丈	三元三角
一丈松字板印　同前	同前	五元二角
建一丈松板足　同前	同前	四元

21670

木材類

貨名商號	說明	數量	價格
一寸(六寸)一號	上海市同業公會公議價目	每千尺	四六元
一寸(六寸)二號	同前	同前	四十三元
一丈桅松板寸	同前	每丈	二元
八尺桅松板五分	同前	同前	一元八角
五分桅松板足	同前	同前	四元五角
八尺俄松板六分	同前	同前	五元五角
一丈桅松板寸	同前	同前	四元
皖八尺松板六分	同前	同前	三元五角
皖一丈松板寸	同前	同前	四元
白松板	同前	同前	一元二角
九尺八分坍月板	同前	同前	一元
九尺五分坍月板	同前	同前	二元一角
八尺六分紅柳板	同前	同前	二元九角
七尺俄松板	同前	同前	一元九角
八尺俄松板	同前	同前	二元一角

貨名商號標記	數量	價格
B各色漆	同前	三元九角
銀硃調合漆	一介侖	十一元
白色調合漆	同前	五元三角
各色調合漆	同前	四元四角
白及各色磁漆	同前	七元
金粉磁漆	同前	十二元
白打磨磁漆	三介侖	三元九角

油漆類

貨名商號	說明	數量	價格
A純鉾	開林油漆公司 雙斧牌	二千八磅	九元五角
AA白漆 純鉛漆	同前	同前	八元五角
AＬ白漆	同前	同前	六元八角半
A白漆	同前	同前	五元三角
B白漆	同前	同前	三元九角
K白漆	同前	同前	三元九角
KK白漆	同前	同前	二元九角
A各色漆	同前	同前	三元九角

商號	品號	品名	裝量	價格	用途（每介侖數能蓋方數）
元豐公司	建一	白厚漆	28磅	二元八角	木質打底 三方
	建二	黃厚漆	同前	二元八角	土質打底 三方
	建三	紅厚漆	同前	二元八角	鋼鐵打底 四方
	建四	頂止白厚漆	同前	十元	蓋面 五方
	建五	燥頭	七磅	一元二角	促乾
	建六	淺色魚油	六介侖	十六元半	調合厚漆(土)三方(木)六方
	建七	快燥亮油	五介侖	十二元九	同前 右
	建八	三煉光油	六介侖	二十元五	同前 右
	建九	發彩油(紅黃藍)	一磅	一元四角半	配色 右
	建十	香水	五介侖	八元	調漆
	建十一	漿狀洋灰釉	二十磅	八元	門面 四方

21671

商號	商標	貨名	裝量	價格
永華製漆公司	醒獅牌	AA特白厚漆	廿八磅	六元八角
永華製漆公司	醒獅牌	A上白厚漆	廿八磅	五元三角
永華製漆公司	醒獅牌	二號各色厚漆	廿八磅	二元九角
永華製漆公司	醒獅牌	快燥金銀磁漆	一介侖	九元
永華製漆公司	醒獅牌	快燥各色磁漆	一介侖	六元六角
永華製漆公司	醒獅牌	快燥硃磦磁漆	一介侖	十元七角
永華製漆公司	醒獅牌	汽車凡立水	一介侖	四元六角
永華製漆公司	醒獅牌	清凡立水	一介侖	三元二角
永華製漆公司	醒獅牌	清凡立水	五介侖	十五元
永華製漆公司	醒獅牌	黑凡立水	一介侖	二元五角
永華製漆公司	醒獅牌	黑凡立水	五介侖	十二元
永華製漆公司	醒獅牌	硃紅調合漆	一介侖	八元五角
永華製漆公司	醒獅牌	白色調合漆	一介侖	四元九角
永華製漆公司	醒獅牌	各色調合漆	一介侖	四元二角
永華製漆公司	醒獅牌	改良金漆	一介侖	三元九角
永華製漆公司	醒獅牌	改良金漆	五介侖	十八元
永華製漆公司	醒獅牌	核桃木器漆	一介侖	三元九角
永華製漆公司	醒獅牌	核桃木器漆	五介侖	十八元
永華製漆公司	醒獅牌	硃紅汽車磁漆	一介侖	十二元
永華製漆公司	醒獅牌	各色汽車磁漆	一介侖	九元
永華製漆公司	醒獅牌	淡色魚油	五介侖	時價

商號	品號	品名	裝量	價格	用途	每介侖能蓋方數
元豐公司	建十二	調合洋灰釉	二介侖	十四元	門面地板	五方
同前	建十三	漿狀水粉漆	廿磅	六元	牆壁	三方
同前	建十四	橡黃釉	二介侖	七元五角	門窗地板	五方
同前	建十五	柚木釉	同前	七元五角	同前	五方
同前	建十六	花利釉	同前	七元五角	同前	五方
同前	建十七	上白磁漆	同前	十三元半	蓋面	六方
同前	建十八	朱紅磁漆	同前	廿三元半	防銹	五方
同前	建十九	純黑磁漆	同前	十三元	同前	五方
同前	建二十	紅丹油	五六磅	十九元半	防銹	四方
同前	建廿一	鋼窗灰	同前	十一元半	防銹	五方
同前	建廿二	鋼窗綠	同前	十九元半	同前	五方
同前	建廿三	鋼窗紅	同前	廿一元	同前	五方
同前	建廿四	屋頂紅	同前	十九元	同前	五方
同前	建廿五	上白調合漆	五介侖	三十四元	蓋面	三方
同前	建廿六	上綠調合漆	同前	三十四元	同前	五方
同前	建廿七	水汀銀漆	二介侖	二十一元	同前	五方
同前	建廿八	水汀金漆	同前	二十一元	汽管汽爐	五方
同前	建廿九	凡宜水（清黑）	五介侖	十七元	罩光	五方
同前	建三十	各色一層漆種丙	平六磅	十三元九	普通	（土木）三方（金）四方

21672

油漆類

永固公司造　長城牌

商號	商標	貨名	裝量	價格	用途
永固公司造	長城牌	各色碰漆	一介侖	七元	粘於銅鐵及木製器具上顏色鮮豔堅韌耐久
同前	同前	同前	半介侖	三元六角	同前
同前	同前	金銀色碰漆	一介侖	五元六角	同前
同前	同前	同前	半介侖	二元九角	同前
同前	同前	改良廣漆	一介侖	五元九角	有金黃紅色及棕紅木器傢俱最合歡迎種于木板等地處
同前	同前	同前	半介侖	三元	同前
同前	同前	同前	五介侖	十八元	同前
同前	同前	清凡立水	一介侖	三元三角	易乾耐用於傢具光亮透明地板
同前	同前	同前	半介侖	一元七角	同前
同前	同前	同前	五介侖	十六元	同前
同前	同前	黑凡立水	一介侖	二元	用於木器等可增觀而防腐
同前	同前	同前	半介侖	一元	同前
同前	同前	同前	五介侖	十二元	同前
同前	同前	灰防銹漆	五六磅	二十二元	用於鋼鐵器具上最有防銹之功效
同前	同前	同前	一介侖	四元四角	同前
同前	同前	紅防銹漆	五六磅	二十元	同前
同前	同前	同前	一介侖	四元	同前
同前	同前	各色調合漆	五六磅	廿元五角	同前

大陸貿業公司

貨名	商號	數量	價格	備註
固木油	大陸貿業公司	一介侖	三元五角	同前
同前	同前	五介侖	十七元九角	同前
同前	同前	四十介侖	一二二元九角	同上
二二號英白鐵	新仁昌	每箱	六七元五五	每箱卅一張重四二〇斤
二四號英白鐵	同前	每箱	六九元〇二	每箱卅五張重量同上
二六號英白鐵	同前	每箱	七二元一〇	每箱卅三張重量同上
二二號英瓦鐵	同前	每箱	六一元六七	每箱卅一張重量同上
二四號英瓦鐵	同前	每箱	六三元一四	每箱卅五張重量同上
二六號英瓦鐵	同前	每箱	六九元〇二	每箱卅三張重量同上
二八號英瓦鐵	同前	每箱	七四元〇九	每箱卅八張重量同上
二二號美白鐵	同前	每箱	九一元〇四	每箱廿一張重量同上
二四號美白鐵	同前	每箱	九九元八六	每箱廿五張重量同上
二六號美白鐵	同前	每箱	一〇八元三九	每箱廿三張重量同上
二八號美白鐵	同前	每箱	一〇八元三九	每箱卅八張重量同上
中國貨元釘	同前	每桶	八元八一	
平頭釘	同前	每桶	十六元〇九	
美方釘	同前	每桶	十八元一八	
半號牛毛毡	同前	每捲	四元八九	
一號牛毛毡	同前	每捲	六元二九	
二號牛毛毡	同前	每捲	八元七四	
三號牛毛毡	同前	每捲	三元五九	

建築工價表

名稱	數量	價格
清混水十寸牆水泥砌雙面柴泥水沙	每方	洋七元五角
清混水十寸牆灰沙砌雙面清泥水沙	每方	洋七元
柴混水十寸牆灰沙砌雙面清泥水沙	每方	洋八元
清混水十五寸牆水泥砌雙面柴泥水沙	每方	洋八元五角
清混水十五寸牆灰沙砌雙面柴泥水沙	每方	洋八元
清混水五寸牆水泥砌雙面柴泥水沙	每方	洋六元五角
清混水五寸牆灰沙砌雙面柴泥水沙	每方	洋六元
汰石子	每方	洋九元五角
平頂大料線脚	每方	洋八元五角
滿山面磚	每方	洋八元五角
磁磚及瑪賽克	每方	洋七元
缸瓦屋面	每方	洋二元
灰漿三和土（上脚手）		洋十一元
灰漿三和土（落地）	每方	洋十一元五角
攤地（五尺以上）	每方	洋六角
攤地（五尺以下）	每方	洋一元
漿碱（茅宗盛）	每擔	洋五角五分
工字鐵泵鉛絲（全上）	每噸	洋四十元
撬水泥（普通）	每方	洋三元二角

名稱	商號	數量	價格
撬水泥（工字鐵）	范泰興	每方	洋四元
二十四號九寸水落管子	范泰興	每丈	一元四角五分
二十四號十二寸水落管子	同前	每丈	一元八角
二十四號十四寸方管子	同前	每丈	二元五角
二十四號十八寸方水落	同前	每丈	二元九角
二十四號十八寸天斜溝	同前	每丈	二元六角
二十四號十二寸還水	同前	每丈	一元八角
二十六號九寸水落管子	同前	每丈	一元一角五分
二十六號十二寸水落管子	同前	每丈	一元四角五分
二十六號十四寸方管子	同前	每丈	一元七角五分
二十六號十八寸方水落	同前	每丈	二元一角
二十六號十八寸天斜溝	同前	每丈	一元九角五分
二十六號十二寸還水	同前	每丈	一元四角五分
十二寸瓦筒擺工	義合	每丈	一元二角五分
九寸瓦筒擺工	同前	每丈	一元
六寸瓦筒擺工	同前	每丈	八角
四寸瓦筒擺工	同前	每丈	六角
粉傲水泥地工	同前	每方	三元六角

21674

THE BUILDER

Published Monthly by The Shanghai Builders' Association

620 Continental Emporium, 225 Nanking Road.
Telephone 92009

中華民國二十二年十月份初版

建築月刊

第一卷第十二期

印刷者　新光印書館　上海法租界聖母院路辣斐德里三十一號

電話　九一〇〇九

發行者　上海市建築協會　南京路大陸商場六樓六二〇號

編輯者　上海市建築協會　南京路大陸商場六樓六二〇號

△版權所有　不准轉載▽

投稿簡章

一、本刊所列各門，皆歡迎投稿。翻譯創作均可。

一、文言白話不拘。須加新式標點符號。譯作附寄原文，如原文不便附寄，應詳細註明原文書名，出版時日地點。

一、一經揭載，贈閱本刊或酌酬現金，撰文每千字一元至五元；譯文每千字半元至三元。重要著作特別優待。投稿人却酬者聽。

一、來稿本刊編輯有權增刪，不願增刪者，須先聲明。

一、來稿概不退還，預先聲明者不在此例，惟須附足寄還之郵費。

一、抄襲之作，取消酬贈。

一、稿寄上海南京路大陸商場六二〇號本刊編輯部。

"一日辛勤之後"

晚餐既畢，對爐坐安樂椅中，囘憶日間之經歷，籌劃明天之工作；更進而設計將來之幸福的享用，與味盎然。神往於烟繚絲繞之中，腦際湧起構置新屋之思潮。思潮推進，希望「理想」趨於「實現」：下星期，下個月，或者是明年。

欲實現理想，需要良好之指助；良助其何在？是惟『建築月刊』。有精美之圖樣，專門之文字，能告你如何佈置與知友細酌談心之客房，如何陳設與愛妻起居休憩之雅室；且能指示建築需用材料，與夫房屋之內部位置外部裝飾等等之智識。『建築月刊』誠讀者之建築良顧問，『一日辛勤後』之良伴侶。伊將獻君以智識的食糧，贈君以精神的愉快。——伊亦期君爲好友。如君歡迎，伊將按月趨前拜訪也。

21677

21678

21679

21680

21681

CITROËN

Wheelbase 167"

21684

21686

現代建築物之必需裝置

鍍鋅金鐵絲之網羅工程

21687

21688

21689

中國製釘股份有限公司

地址：上海海寧路福字路六五〇號

電話 五〇六六九號　中文電報掛號 二四九九

科學化元釘之優點

釘頭　厚圓　整齊切合
釘身　牢　不益　深可屈脫
釘尖　不　蓋身　堅挺不脫
釘著　不攜大　不鏽　易入鉄

釘！釘！釘！只有中國產釘，其名叫釘前做元釘！釘現在中國也有釘啦！若用過本公司科學化元釘做批評，必說此釘比洋釘好出品，品，諸君來元釘品，中國唯一的製釘公司謹啟！

釘是建築上底必要品。從前外國沒有好出品釘，過本公司科學化元釘，滿意不！完美城！中國製釘公司底責任啟！

怎我歡喜色？我們迎你歡用誠用實過是達用到料的本公司完美出城？中國唯一的製釘公司責任啟！

THE CHINA WIRE PRODUCTS CO.

ADD: 650 FUNING ROAD SHANGHAI, CHINA.
TEL. 50669.　CABLE ADD. "CHINAWIRE" SHANGHAI.

21690

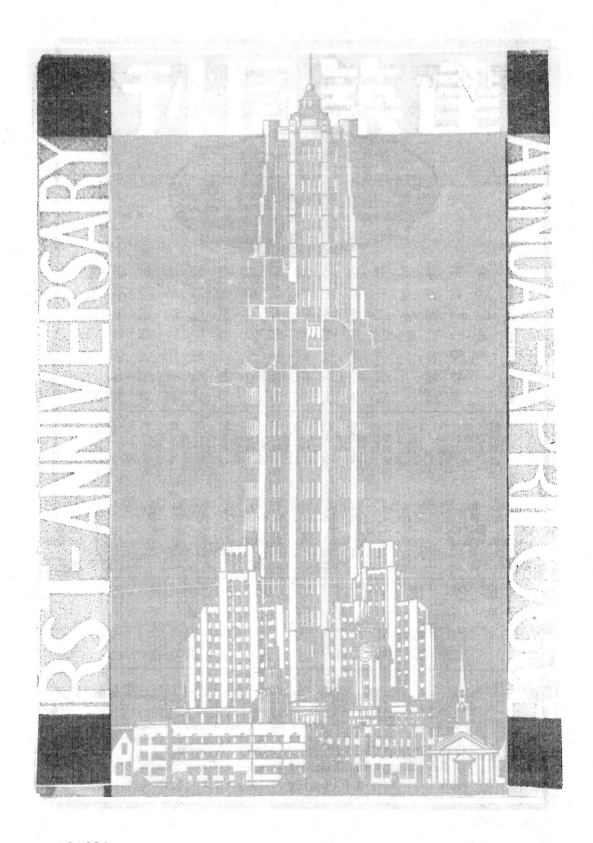

21691

大中機製磚瓦股份有限公司

製造廠浦東南匯縣下沙鎮

本公司因鑒於建築事業日新月異材料選擇尤關重要特聘專門技師購置德國最新式機器精製各種青紅磚瓦及空心磚等品質堅韌色澤鮮明自應銷以來已蒙各界推爲上乘樂予採購茲略舉一二以資參攷其他惠顧諸君因限於篇幅不克一一備載諸希鑒諒是幸

大中磚瓦公司附啟

曾經購用 敝公司 出品各戶台衔 列后

本埠

建築	承造
工部局巡捕房平涼路	新孫記承造
國立中央實驗館和與公司承造	
四行儲蓄會英京大馬路	陶馥記承造
臺業銀行北京路	趙新泰承造
南京飯店山西路	新金記號祥承造
開成造酸公司	王鋭記號承造
麵粉交易所北京路	惠記與承造
四海銀行北京路	元和與記承造
軍工路	陶馨記承造
業廣公司	吳仁記承造

外埠

建築	承造
法教堂勞神父路	吳仁記承造
七層公寓霞飛路	吳仁記承造
中央飯店南京路	新金記承造
金陵大學南京	利源公司建築承造
航空學校杭州	新金記號康承造

所出各品 儲有大批 現貨以備 各界採用 如蒙定製 各色異樣 磚瓦亦可 照辦備有 樣品如蒙 索閱卽當 送奉

駐滬批發所

英租界牛莊路德興里四號　電話九〇三一一

DAH CHUNG TILE & BRICK MAN'F WORKS.

Sales Dept. 4 Tuh Shing Lee, Newchwang Road, Shanghai.

TELEPHONE 90311

21692

21693

21695

21698

21699

21700

21701

21703

上海市建築協會附設
私立正基建築工業補習學校招生

民國十九年秋創立 ○ 上海市教育局登記

宗旨 本校利用業餘時間以啓示實踐之教授方法灌輸入學者以切於解決生活之建築學識為宗旨

編制 本校參酌學制暫設高級初級兩部每部各三年修業年限共六年

年級 本屆招考初級一二三年級及高級一二年級各級插班生

程度 凡投考初級部者須在高級小學畢業初級中學肄業或具同等學力者
凡投考高級部者須在初級中學畢業高級中學理工科肄業或具同等學力者

報名 即日起每日上午九時至下午六時親至南京路大陸商場六樓六二○號上海市建築協會內本校辦事處填寫報名單隨付手續費一圓（錄取與否概不發還）
呈繳畢業證書或成績單等領取應考證憑證於指定日期入場應試

考科 入學試驗之科目 國文 英文 算術（初一） 代數（初二） 幾何（初三） 自然科學
（初二三）投考高級一二年級者酌量本校程度加試高等數學及其他建築工程學
科（考試時筆墨由各生自備）

考期 二月四日（星期日）上午九時起在牯嶺路長沙路口十八號本校舉行

揭曉 應考各生錄取與否由本校直接通告之

校址 牯嶺路長沙路口十八號

附告 （一）函索本校詳細章程須開具地址附郵四分寄大陸商場建築協會內本校辦事處空函恕不答覆
（二）本校授課時間為每日下午七時至九時
（三）本屆招考插班生各級名額不多於必要時得截止報名不另通知之

中華民國二十三年一月　日　校長　湯景賢

21705

21706

久 記 營 造 廠

本專棧碼鐵橋以一大鋼水工
廠造房頭道樑及切小骨泥程

事務所：上海圓明園路二十三號

廠設：上海南市機廠街二一七號

電話 {
一九一七六
二二〇二五
}

SPECIALISTS IN

GODOWN, HARBOR, RAILWAY, BRIDGE, REINFORCED

CONCRETE AND GENERAL CONSTRUCTION WORKS.

THE KOW KEE CONSTRUCTION CO.

Town office: 23 Yuen Ming Yuen Road.

Factory: 217 Machinery Street, Nantao.

TELEPHONE {
19176
22025
}

21708

POMONA
PUMPS

電機抽水機

「普摩那」

凡裝自流井

而欲求最輕

濟之水源請

採用最新式

最新式之

備設水抽
PUMPING
WATER
THE MODERN WAY

「普摩那」透平式抽水邦浦。利用機械與水壓原理製成。適得其宜者。

「普摩那」透平邦浦。絕對可靠。費用儉省。而出水量較多。

常年運用。幾無需耗費管理或修理等費。

時間減少。出水量增多。無需裝置價格昂貴之壓氣機等設備。大小邦浦。皆可裝置自動機件。

出水量。每分鐘自十五伽倫至五千伽倫。大小俱備。

抽水機軸。每隔十尺。裝有橡皮軸承。用水潤滑。

靈便。可靠。

所佔裝置地位極小。

用美國威斯汀好司廠馬達發動之。

滬上各處裝置。成績優良。咸皆贊美。

總經理美商茂和公司

上海 圓明園路廿四號 電話一一三〇一

21709

本廠承造工程（正在進行中之一）

迅　速

經　濟

堅　固

泰　來　營　造　廠

上　海　博　物　院　路　十　九　號

電　話　一　七　二　六　九

21711

建築月刊 第二卷第一號 新年特大號

民國二十三年一月份出版

目錄

插圖

上海中國通商銀行新屋
凌霄（漢彌爾登大廈）
上海萬國儲蓄會新建之大公寓
上海貝當路新建之公寓
上海同力球場添造新屋
上海邁而西愛路新式八層公寓
上海法租界擬建之公寓
上海法租界將建之新巡捕房
青島最新式之旅館
上海貝當路畔最新式之公寓
英國惠勃爾慧皇家影戲院圖樣全套
香港匯豐銀行總行新屋
上海百老匯大廈
上海療養院圖樣全套
上海斜橋衖巨廈圖樣全套
上海環龍路建築中之公寓圖樣全套
上海工部局極司斐而路公園園亭圖
上海跑馬總會新屋
華懋地產公司發展計劃

譯著

建築辭典（續）⋯⋯⋯⋯⋯⋯四〇—五〇
國民政府建築顧問茂飛建築師小傳⋯⋯⋯⋯⋯⋯五一
美國之道路建設⋯⋯⋯⋯⋯⋯揚靈⋯⋯⋯⋯⋯⋯五二

籌設建築銀行緣起……………………………………………………殷信之……五三—五五

水泥儲藏於空氣中之影響………………………………………………琳………五六

克勞氏連架計算法………………………………………………林同棪……五七—六四

氣候溫度對於水泥，灰泥與混凝土三者之影響……………黃鍾琳……六五—六八

住　宅

　（別具風格之二住宅）

　（虹橋路上一茅廬）……………………………………………………………六九

　上海大西路李氏住宅之二模型及平面圖………………………………七〇—七一

工程估價（續）……………………………………………………期琴……七二—七三

罰款與賠款之研究……………………………………………………杜彥耿……七八—八一

二十二年度上海英租界營造概況………………………………………………七四—七五

二十二年度上海法租界營造概況………………………………………………七六—七七

建築材料

二十二年度之國產水泥…………………………………………………談鋒……八二

二十二年度國產建築材料調查表………………………………………鋒………八三

建築材料價目表…………………………………………………………………八四—八九

會　務……………………………………………………………………………九〇—九一

編　餘……………………………………………………………………………九二

THE BUILDER

Vol. 2 No. 1   January 1934

LEADING CONTENTS

ILLUSTRATIONS

	Page
New Building for the Commercial Bank of China	2
Hamilton House	3
Picardie Apartments, Shanghai	4
Cavendish Court	5
Extension to the Hai-Alai Building, Shanghai	6
New Eight-Storey Apartment House	7
Proposed Apartment Building in the French Concession	8
Large Police Station in the French Concession	9
An Up-to-date Hotel in Tsingtao	10
A Modern Apartment House on Avenue Petain	10
The Regal Cinema, Wimbledon	11–13
The Hongkong & Shanghai Banking Corporation New Building in Hongkong	15
Broadway Mansions, Shanghai	16
Shanghai Sanitarium	17–22
A Residence	23–30
An Apartment	31–33
A Pavilion, Jessfield Park	34–35
Grandiose Development Scheme for the Cathay Estate	36–37
The New Shanghai Race Club	38–39

ARTICLES

		Page
Building Terms in English & Chinese	Bureau of S.B.A	40–50
Mr. Henry Murphy and His Biography		51
Highway Construction in U.S.A.		52
Suggestion for Organizing a "Bank of Construction"	S. T. In	53–55
The Influence of Depositing Cement under the Air		56
Hardy Cross Method of Moment Distribution	D. Y. Lin	57–64
Temperature and Cement, Mortar, Reinforced Concrete Influence and its relations	C. L. Huang	65–68
Residential Houses		69–71
The Penalty Clause in Contracts	L. Young	72–73
Building Constructions in the International Settlement in Shanghai during 1933		64–75
Building Constructions in the French Concession in Shanghai during 1933		76–77
Building Estimates	N. K. Doo	78–81
Native Cement in 1933	F. Dan	82
A Research of Building Materials during 1933		83
Current Prices of Building Materials		84–89
S.B.A. News		90–91
Editorials		92

21714

大中磚瓦公司
英商茂隆有限公司
新成鋼管製造公司
開林油漆公司
比國鋼業聯合社
上海大理石公司
泰康行
瑞和磚瓦廠
康益洋行
華豫行
達昌建築公司
中國造木公司
祥泰木行
大來洋行木部
新申營造廠
正基建築工業補習學校
固敏洋行
張德興電料行
元豐公司
瑞昌銅鐵五金工廠
久記營造廠

茂和公司
義品磚瓦公司
泰來營造廠
徐得記營造廠
中國銅鐵工廠
盆中電記機器瓷電公司
榮泰鋼鐵翻砂廠
世界木器公司
茂昌烟記銅鐵工廠
美和公司
潘築記營造廠
張裕泰建築事務所
上海光華水泥花方磚廠
代月公司
商業月報
源昌建築公司
友聯建築公司
復興新營造廠
昌生營造廠
三森建築公司

大美地板公司
吳仁記營造廠
洽興建築公司
協隆地產建築公司
會計雜誌
新仁記營造廠
公勤鐵廠
魯創營造廠
謙信機器公司
順昌爐製石材廠
清峯工程公司
余洪記營造廠
法大汽車公司
馥記營造廠
新仁昌五金號
昌升建築公司
桂正昌鐵店
永固造漆公司
英商吉星洋行

21715

如欲

徵詢

請函本會服務部

本會服務部為便利同業與讀者起見，特接受徵詢。凡有關建築材料，建築工具，以及運用於營造場之一切最新出品等問題，需由本部解答或効勞者，請填寄後表，當即答辦。（均用函覆，請附覆信郵資；本欄擇尤刊載。）如欲得各種材料貨樣貨價者，本部亦何代向出品廠商索取樣品標本及價目表，轉奉不誤。此項服務，基於本會謀公衆福利之初衷，純係義務性質，不需任可費用，敬希台詧為荷。

上海市建築協會服務部

上海南京路大陸商場六樓六二零號

徵	詢	表
問題：		
姓名：		
住址：		

上海中國通商銀行新屋。位於福州路及江西路之角。現正在進行打樁工程。將來造成後。底層及夾層全供銀行營業處所之用。全屋計十八層。頂尖離地面高二百二十三呎。江西路之側翼比較為低。故用鋼骨水泥建築。餘均用鋼架。設計者為新瑞和洋行。

上海中國通商銀行新屋

NEW BUILDING FOR THE COMMERCIAL BANK OF CHINA.

Davies, Brooke & Gran
Architects.

21718

凌霄

上海漢彌爾登大廈

陳傳霖攝

HAMILTON HOUSE.

21719

PICARDIE APARTMENT, SHANGHAI

Messrs Minutti & Co., Architects.

上海萬國儲蓄會新建之偉大公寓

此屋位於貝當路及亞林路之角。現正建築中。落成
後將名為 "Picardie"（係一法國最繁華之省名）。屋高
二百尺。除辦公處所外。並有八十七處公寓。自二
室至八室不等。一切裝置設備。均屬最新穎之近代
化。設計者為法商營造公司。

—— 4 ——

CAVENDISH COURT   PALMER & TURNER, ARCHITECTS.

上海貝當路新建之公寓

公和洋行設計

21721

EXTENSION TO THE HAI—ALAI BUILDING, SHANGHAI.

上海回力球場添造新屋

上圖爲計劃添造中亞爾培路回力球場之壯觀。設計
者法商營造公司。圖示大門入口處。並有上海最新
式偉大舒適之酒吧間。圓徑六十尺。

— 6 —

NEW EIGHT-STOREY APARTMENT HOUSE.　　　　　W. LIVIN, ARCHITECT.

新式八層公寓

此屋在建築中。位於邁爾西愛路及環龍路之角。
全寓有店舖十六間。住室七十處。每室自一間至
四間不等。一切設備。均屬近代式樣。並有無綫
電裝置。供客隨時使用。建築師為列文氏。

21723

上海法租界擬建之公寓

聯合建築公司海傑克建築師設計

PROPOSED APARTMENT BUILDING IN HE FRENCH CONCESSION, SHANGHAI.

Designed by H. T. Hajek, B A., of the Universal Building & Engineering Co.

21724

LARGE POLICE STATION FOR FRENCH CONCESSION.

上海法租界將建之新巡捕房

上海法租界當局已擇定現在法工部局之北，愛多亞
路相近，建築一大規模之捕房。上圖即爲新屋之圖
樣。預計可駐住四百人，並有公寓二十間，以備有
眷室之服務員居住。新屋之入口處在公館馬路。

—9—

AN UP-TO-DATE HOTEL FOR TSINGTAO.

Davies, Brooke & Gran, Architects.

圖係堆行建築中之青島最新式旅館。名稱"海濱大厦"(Edgewater Mansions)。由上海新瑞和洋行設計。完成後全屋有八十八臥室。每間各有浴室及遊廊。此旅館之特點。即爲備有極大之蓄水塔。足供數日之用。屋前築有堤岸。以供旅客游泳或划船之戲。

THE MODERN APARTMENT HOUSE ON AVENUE PETAIN, SHANGHAI.

Palmer & Turner, Architects.

THE REGAL CINEMA, WIMBLEDON.

皇家影戲院，英國，惠勃爾登。

英國皇家影戲院 大廳

THE REGAL CINEMA, WIMBLEDON.　　　　THE AUDITORIUM

英國皇家影戲院入口處

THE REGAL CINEMA, WIMBLEDON.　　　　THE ENTRANCE HALL

英國皇家影戲院　剖面圖

SECTION.

regal & wimbledon.

stalls plan

THE REGAL CINEMA, WIMBLEDON.

MR. ROBERT CROMIE. F.R.I.B.A., Architect.

平面圖

— 13 —

香港匯豐總行新屋

香港匯豐銀行總行新屋，由上海公和洋行設計，即將興工建築。

該屋為近代最新式之銀行建築，除辦公處所外，另有寫字間出租，及西籍職員宿舍，網球場等。新屋位置之佳，在香港允推第一。除原有地址外，加添市政廳廳址之一部，皇家戲院，及華德雷街（Wardley Street）等，故連前舊址，門面計濶二四七尺六寸。新屋之軸心將集中於維多利亞紀念碑。因皇后大道之地平較福賜路（Des Voeux Road）略高數尺，故其底層則建為爐子間，夾浦，及流通空氣設備等。主要銀行辦公廳面對皇后大道，庫房保管室等則在福賜路；其他管理處如總經理室經理室，總賬室等，則面對 Statue Square。主要銀行辦公廳長計二一五尺，濶百尺，高二七尺，兩邊俱有夾層。一層至四層用以出租，因地段既佳，光線空氣尤屬合宜，故已有預定者。再上層為職員宿舍，附有餐食堂一處。餘層為高級已婚職員宿舍，及總經理宿舍等。另有一層，則專供職員公餘消遣之用。

此屋設計係用樸質莊嚴之直線形體，極少裝飾。外層全用花岡石砌築。其高度自福賜路至屋頂之塔，計為二二〇尺。兩翼之設計使用木料極少。主要銀行辦公廳部份，所有設計與佈置，均做照加拿大、美國、倫敦、及歐洲各國最新式之銀行建築。底層夾層及上層，俱用氣候調節機，不受外界任何影響。現暫借市政廳舊址之一部，作為臨時辦公處，俟原有行址拆卸時，再行遷移。設計此屋者為公和洋行威爾遜君(Mr. G. L. Wilson)。上海匯豐銀行屋設計，亦出威君之手。至於工程管理及監督等，則由勞甘 (Mr. M. H. Logan)及恩普 (Mr. L. W. Amps)兩君擔任。勞恩兩君俱由英國特聘而來，對於工程經驗，頗稱宏富云。

則務使兩傍之屋對於空氣光線，並不發生阻礙。屋用鋼骨建築，

21730

THE HONGKONG & SHANGHAI BANKING CORPORATION
NEW BUILDING IN HONGKONG

Palmer & Turner, Architects

BROADWAY MANSIONS, SHANGHAI.

上海百老滙大廈

不久將來，蘇州河畔又有一矗立之巨廈出現，此即
進行建築中之百老滙大廈。屋為上海英商業廣公司
所有，承造者為本會委員竺泉通君所主持之新仁記
營造廠。

21732

Ground Floor Plan

Shanghai Sanitarium.——Chang, Ede & Partners, Architects.——An-Chee Construction Co., Contractors.

First Floor Plan

Shanghai Sanitarium.——Chang, Ede & Partners. Architects,——An-Chee Construction Co., Contractors.

Second Floor Plan

Shanghai Sanitarium.——Chang, Ede & Partners, Architects,——An-Chee Construction Co,, Contractors.

—— 19 ——

21735

正 面 圖

FRONT ELEVATION

上海療養院　　啓明建築師設計　　安記營造廠承造

后 面 图

REAR ELEVATION

上 海 療 養 院

啟 明 建 築 師 設 計

安 記 營 造 廠 承 造

Section And Side Elevation

剖面圖 2-2

側面圖

GROUND FLOOR PLAN

A Residence.—— Mr. L. E. Hudec, Architect；Chong Sun, General Contractor.

21739

PRST FLOOR PLAN

A Residence.—Mr. L. E. Hudec, Architect.—Chiong Sun General Contractor.

上海新樂臣路霍雷二層平面

鄔達克建築師設計

協盛建築公司承建

21740

SECOND FLOOR PLAN

A Residence.——Mr. L. E. Hudec, Architect.——Chong Sun General Contractor.

THIRD FLOOR PLAN

SERVANTS QUARTER Roof Plan

21741

NORTH ELEVATION

WEST ELEVATION

A Residence.——Mr. L. E. Hudec, Architect.——Chong Sun, General Contractor.

SOUTH ELEVATION

EAST ELEVATION

上海斜橋術且廈立體圖

鄔達克建築師設計

昌生營造廠承造

A Residence. ——Mr. L. E. Hudec, Architect.——Chong Sun, General Contractor.

A Residence.——Mr. L. E. Hudec, Architect.——Chong Sun, General Contractor.

A Residence.——Mr. L. E. Hudec, Architect.—— Chong Sun, General Contractor.

SECTION A-A

上海斜橋巨籟達路洋房剖面圖

邬達克建築師謀

周生記營造廠承造

21745

21746

上海環龍路建築中之公寓平面圖

永安地產公司設計

安記營造廠承造

GROUND FLOOR PLAN

ROUTE VALLON

An Apartment.—Credit Asiatique Construction Dept. Architects.—An-Chee Construction Co., Contractors.

TYPICAL FLOOR PLAN
[1st TO 4th FLOORS]

An Apartment.—Credit Asiatique Construction Dept. Architects.—An-Chee Construction Co., Contractors.

21748

An Apartment.——Credit Asiatique Construction Dept. Architects.——An-Chee Construction Co., Contractors.

SECTION A-A

ELEVATION FACING TO ROUTE VALLON

上海環龍路公寓立體圖及剖面圖

21749

GROUND FLOOR PLAN

A Pavilion, Jessfield Park.

21750

FRONT ELEVATION

正　面　圖

BACK ELEVATION

後　面　圖

SECTION A.A.

剖　面　圖

SIDE ELEVATION

側　面　圖

A Pavilion, Jessfield Park.

21751

新建跑馬總會售票閣領彩處之壯觀　　　　　　馬海洋行建築師設計

上海跑馬總會新屋

本埠馬霍路跑馬總會新屋，（圖樣已載本刊第一卷第九十期合訂本）自動工改建以來，僱用水木工匠，數近千人，施工迅速，已告完成。此項改建新看台，所佔面積計長三六〇尺，闊一五〇尺，地位包括舊有會員俱樂部及來賓看台之全部。新屋底層為會員及來賓之舊票處領彩處二大間，各長一五〇尺，闊一〇〇尺。夾層為會員之滾球場。一樓為會員俱樂部，計有咖啡室一處，長一〇〇尺，闊四二尺，外有走廊，長一五〇尺，闊二四尺。並有紙牌室，閱報室，及彈子房等，來賓小食堂在一樓之南部，外有走廊，前即為斜倚之看台。二樓及三樓有會員包廂三十處。前面走廊直接對望跑馬場地。頂層則為職員住室等。各處佈置設計，均為最近代之俱樂部式樣。鐘樓位於屋之北端，高一六〇尺。鐘之四面直徑計十尺，故在遠處即可望見指針。屋之外面砌以交織之紅磚，間飾石塊，極為壯觀。承造者為本會會員余洪記，建築師為馬海洋行云。

21752

鹿馬總會新屋富麗舒適之餐室　　　　　　　馬海洋行建築師設計

大門入口處及升樓之大扶梯

華懋地產公司偉大發展計劃

上列鳥瞰圖係示華懋地產公司之發展計劃，於最近數年中卽將促其實現。地段南臨霞飛路，西爲邁爾西愛路；北向蒲石路。是圖係從西南面法國總會觀看，左中心之大廈卽係華懋房子。圖之右面爲巍然矗立引人注目之大廈，卽在進行建築中之峻嶺寄廬是也。此廈高凡二十一層，內外俱用避火材料建築，舉凡近世最新式之公寓裝飾及佈置，無不備具。外觀新穎，內部裝置使居此者感感舒適，足副新公寓之標式，並使與已完成之華懋房子相諧和。此屋主要各層，佈置均各不同，別具色調，以免枯燥單純，屋頂並有花園及洋臺，以便居停者得以縱觀全市景物。各層方向朝南，故陽光空氣，十分充足。每層除最新式及綜錯不同之設計外，並裝置無線電設備。全層計劃不用長廊，備有高速度電梯，俾便居住者搭乘，直至寓所。每層毗鄰均有侍役，以供呼喚。底層全部闢爲技擊室，備全寓住客之運動。屋之北面並有廣大汽車間，以供車輛停憩。屋前街沿向後退進，非爲平行狀。此舉不但能增進建築上之美觀，並使屋前留有餘地，以壯瞻觀，而切實用。此屋底層並有各式商店，面臨街道；背有巨大玻門，直通峻嶺寄廬之花園。上層包括三室或四室之公寓，租價低廉，雖未竣工，而訂租者已紛至沓來矣。

在峻嶺寄廬及華懋房子兩者之間，並擬建築其他房屋，其式樣尚未取決。但此圖足見業主欲將整個地段，將公寓，旅舍，花園，商店等平均分配，務使各個建築之四週有寬綽之隙地，及觸目之花園也。

若從工程方面言，此種建築在本埠尚屬創見。每座建築並不裝置鍋爐間，以免除厭惡視線之煙囪，僅任峻嶺寄廬設一總鍋爐房，用管直通各處。此鍋爐房有鍋四隻，每隻能容一千二百萬之B.T.U.(英國熱度單位)其巨大可見一班矣。同時並與法商電氣公司接洽就緒，將全部電氣設置經由一方棚間，再從地底轉接各處，使室內無從瞥見電線。

現在本埠人口日益增多，擁擠程度，與時俱進，不久將來，恐有人滿之患，寸地千金，居住問題殊屬不易解決。此圖設計俱見業主及建築師等謀將來，未雨綢繆，能將地產善為利用，切合時代需要，足徵識見之遠大。而其建築四周之環境，能留有隙地及花園，以謀居住者之幸福，更屬不可多得。建築師係為本埠公和洋行，承造圖之右面峻嶺寄廬者，為本會執委王岳峯，湯景賢，盧松華，會員陳嘉芝所組織之新蓀記營造廠。特為介紹如此。

21755

『Label』 出緣。門窗左右及頂上凸出之塑形或滴水石。〔見圖〕

橋，每格約十二寸或十二寸以下，用木製，鐵製或繩製。

『Label course』 賦磚。法圈上端所蓋之滴水線。

『Labour』 工役。無高深學識，恃勞力以充工役，故自別於土木工程師，營造人等。

『Laboratory』 化驗室。

『Labyrinth』 迷宮，迷陣。

『Laced beam』 格子梁。

『Laconicum』 熱浴室。室中燃燒熱氣，藉資洗浴；此室之熱度較 "Caldarium" 尤熱。

『Lacquer』 髹漆。

『Lacunar』 陷平頂。平頂或簷口底框格之落陷者。

『Ladder』 梯子。用以攀援上登。普通二旁兩直杆中間，橫置格

『Ladies' toilet』 女洗盥室。

『Lag』 脚。爐子脚，鐵窗之鐵脚等。

『Lagging』 撐脚。當石工在放置法圈石時，圈下所撐之狹條。

『Lake dwelling』 水居。湖中疊椿，椿屋於椿巔，瑞士紀元前有此住屋。〔見圖〕

『Lamasery』 喇嘛廟。〔見圖〕

21756

『Lamp』燈。

『Lancet』尖頭窗。尖頂之窗或法圈，或尖頂之玻璃配於尖頂之窗者。

Triple lancet window 三尖頂連壞窗。〔見圖〕

『Lane』里弄。一條狹澄之走道，兩邊以籬色、牆垣或其他建築物爲之界圍者。此項里弄每見於臺布喧嚷之區。

『Lantern』提燈。〔見圖〕

『Lantern』燈籠幢。隆起於屋面之塔，或於建築物上加起之物，下端開啓，俾光線射入屋內。一種豎直天窗；小塔或亭建於圓頂之巔者。

『Lap』重叠，接搭。摺叠蓋覆，如布之蓋於另一布上；物之一部蓋置另一物上，或匿其下。漢德森著「樂園集」第一四五頁云：「玻璃接搭之處，至多不過二分；若接搭過多，雨水易於滲進；接搭之間，設因冰凍，玻璃即被冰碎。」

『Larder』貯藏室。相近廚房儲藏食物之室。

『Larmier』平臥滴水線。平直之滴水線脚，使雨水自牆面淌下滴去之束腰線。

『Larry』薄灰沙，薄漿，長柄鋤。

『Lat』表柱。印度宗教之杆柱，七鑴佛經，亦有燃點燈光者。

『Land』地。

『Landing』梯臺，扶梯平台。在扶梯之一端或扶梯轉彎處之平台。

Half pace landing 半梯台。上樓與下樓之梯步，在梯台之間一邊際者。〔見圖〕

『Landlord』房東，業主。

41

最古之表柱為阿沙袈王所建。〔見圖〕

上圖為花崗石裝柱，高五十二尺，建於淨寺 Jain Temple 之前，在印度默達彼得來，相近孟加羅。

『Latch』 關鍵。使門關住不用鑰匙下鍵，蓋全恃門自身重量或彈簧之功；啓門時必將鍵鑰按起，俾使離開鈎摘。〔見圖〕

1. 橱門鍵
2. 彈簧大門插鎖
3. 與 4. 手指鍵
5. 搓門鍵
6. 大門鍵
7. 大門鍵之裏門。

Night latch 彈簧鎖。門上所裝之鎖，在外必用鑰匙開啓，在內僅須用手旋轉門鈕便開。〔見圖〕

『Lath』 板條子，泥幔條子。薄而狹之木條，釘於屋椽之上，鈎摘屋瓦或梁上，以便泥粉之塗施。用以釘於板條子相仿。

Metal lath 鋼絲網。 效用與板條子相仿。

『Lattice』 滿天星。 在積水潮濕之處，地下密鋪方格之木板踏腳。

Lattice beam
Lattice girder 〕 格子梁。〔見圖〕

Lattice window 格子窗托。 大塊玻璃窗後面托襯疏孔多格之木板者。〔見圖〕

『Latrine』 廁所。

『Lauan』 柳安。裝修木材之一種，產於斐列濱，色紅質堅。

『Laundry』 洗衣作。

『Lavatory』 盥洗所，廁所。此中設有衞生抽水馬桶，尿斗，洗手盆等，如旅舍，辦公房，學校等，都有此裝置。

『Lawn』 草地。

21758

【Lay】 舖放，舖置。

【Layer】 層。一層厚度之物，鋪於任何物體之上，如一層泥土或·一層石層是。

【Lead】 青鉛。

【Leaf】 葉，扇。建築裝飾中之葉形飾物。門或窗之扇致，如雙屬者曰 "double leaves"。

【Leak】 漏。者屋面漏雨，地坑進水等。

【Lectern】 經台。閱讀經書之臺，用木製銅製或其他材料。臺上置放經書，歌誦於禮拜堂中。〔見圖〕

【Lecture hall】 講堂。

【Ledge】 平面，上平面。台口線或窗盤之上端平面。平面之上可擱置物件如擱板之面。高低綫最接近之一面。腰線。椅子棚檔。

Ledged and braced door 直拚斜角撐門。

Ledge door 實拚板門。門之用平板實拚於框檔中間者。〔見圖〕

【Ledger】 棺坑蓋破，脚手牽綱。

【Ledgment】 上口方板。錫脚線等上口之方地。〔見圖〕

【Ledgment】 實體圖表。一紙圖表，顯示一切建築物實體之面部，有如連續不斷之線脚自平面凸出。

【Ledgment】 組合腰線。多種線脚組合之束腰線層。

【Ledgment table】 卓越勒脚。勒脚之卓越顯然部份。

【Length】 長度。自此端至另一端之距離。

【Level】 平。

First floor level 二層樓板面。

Ground floor level 地板面。

Ground level 地平面。

Spirit level 水銀平尺。〔見圖〕

Surveyors' level 測量平準儀。〔見圖〕

21759

『Leveling』平準。平準地面置平準儀於一端，測望另一標點之拔
尺。

『Leveling-rod』平準拔尺。可以活動抽拔之平準拔尺，上備
紅白相間之標記，俾自平準儀測望記讀。〔見圖〕

1. 妻拉台爾斐
2. 紐約
3. 波士頓

『Lewis』倒摘筍。〔見圖〕

a, a, 鳩尾筍
b, 中鍵
c, c, 梢子

『Library』圖書館，藏書樓。

『Lich gate』墓門。

『Lich house』殯舍。

『Lierne rib』枝肋。竆隆中交錯之枝肋。

『Lift』升降機。

『Light』光，亮。
Borrowed light 印窗。
Electric light 電燈，電亮。
Fan-light 腰頭窗。

『Light house』燈塔。〔見圖〕
Foot light 足光。舞台口之足光。
Gas light 瓦斯燈，煤氣燈。

1. 燈塔之以鋼骨水泥搆造者，在美之舊金山。
2. 水泥構造之燈塔，在英之億台斯東 Eddystone Rock, England.

『Lightning Conductor』避雷針。

『Lime』石灰。
Lime mortar 灰沙。砌牆用之灰沙，係用石灰與沙泥混合者。

『Lime stone』石灰石。

『Lime wash』刷白石灰。

『Limit of Elasticity』彈性限度。

『Limit of Proportionality』比例限度。

『Linen closet』布櫥。樹中專放被單，台毯等布匹。

『Linen panel』浜子度頭。窗或門兩旁拖蓋鑲角之木框板。

『Linoleum』油氈。

『Linseed oil』魚油，胡麻油。調製油漆之主要材料。

『Lintel』過梁。跨越門或窗空之橫梁。

『Living room』起居室。

21760

『Load』 荷重，載重。載重有靜載重（Dead load）與活載重（live load）之別。建築物之本身重量最為靜載重，活動之貨堆置於建築物上為活載重，如火車之經過橋樑。

Assumed load　假定載重。

Breaking load　破壞載重。

Dead load　靜載重。

Live load　活載重。

Safe load　安全載重。

『Lobby』　川堂。

『Lock』　鎖。

Dead lock　死鎖。〔見圖〕

Mortise lock　插鎖。

Master keyed lock　同匙鎖。

Rim lock　霍鎖。

Upright lock　豎直鎖。

『Lodge』　小舍。

『Loft』　汽樓。棧房或其他建築屋面下所闢之室，用以製作或商業之霤者。

『Log』　樹肐，大木料，方子。

Log cabin　木房。

『Loggia』　走廊。意大利建築：㊀屋之上層有遮掩之走廊，屋柱擺列一旁或多旁通透空氣。㊁巨大美觀之窗欄，普通每見突出牆面形成橋築之一特殊點。

『Longitudinal Section』　長斷剖面。

『Loop, loop hole』　狹眼，狹窗。狹小之洞眼或窗，古建築之堡壘中最多。

『Looking glass』　鏡子玻璃。

『Loose pin hinge』　抽心鉸鏈。

『Lotus』荷花樣，蓮花飾。

『Louver』　硬百葉。〔見圖〕

Louver board　硬百葉板。

Louver window　硬百葉窗。

『Lozenge』　菱形。

Lozenge moulding　菱形線脚。腦門式 Normen 菱形組成之線脚。

『Lucarue』屋窗。

『Lumber』　木料。

21761

『Lunch room』小食堂，午膳室。

『Lunette』弦月窗。

『Machicolation』暗守望台。自沿口挑出隙地，前堵以牆，闢小窗以資遠望守敵。〔見圖〕

『Main building』大房子。屋之前部，包括起居室，餐室，川堂，書房，臥室，浴室者。後部包括廚房浜得利，汽車間，傭人室等者，曰 Servants quarter 小房子。

『Main beam』大樑。

『Mallet』木槌。〔見圖〕

『Main house』醱酵廠。

『Malthoid roofing』牛毛毡屋面。

『Manhole』天窗。地面留空，從此空洞通至爐房，池，溝渠或其他類似之處，所以便於清潔，修理及檢視也。〔見圖〕

『Magazine』火藥庫。

『Mahomedan Architecture』回教建築。

『Mahogany』桃花心木。花紋美觀，質堅色紅，可作木器傢具。產於美之西印地安者，曰 Spanish mahogany。產於中美者曰 Honduras m. 或 bay-wood。產於墨西哥者曰 Mexican m. 用他種木材做紅色之泡立水，亦名默哈格耐色。

『Maid's room』女傭室。

『Mail chute』滑郵筒。

『Mainhole cover』天窗蓋。〔見圖〕

『Main drain』大陰溝。

『Main Entrance』大門。

『Mansard roof』欄圍屋頂。係法國建築師所發明，屋面四周窗口圍以欄牆，屋面之坡度極平，俗稱法國屋面。[見圖]

『Market』小菜場，市場。[見圖]

『Martello tower』防禦塔。用石壘砌之圓形塔，尋常二層高，可禦彈火。此種防守塔於十六世紀，創建於意大利海岸一帶，藉以防海盜；後英格蘭與愛爾蘭亦倣製，以防拿破崙之侵略。[見圖]

『Mason』磚石工。構造房屋堆砌磚石之工人。承包磚石工程者。

『Masonry』磚石工藝。

『Master builder』建築師。

『Master key』主鑰。同一鑰匙可開其他各門鎖。

『Mastic』補填料。鋼窗上下及兩旁空槽中灌注之粘性材料，以防雨水之滲入。其他補填空隙防禦雨水等之材料。

『Match boarding』和諧板，鑲合板。

『Matched joint』接合縫。

『Material』材料。Building material 建築材料。

『Mansion』邸宅，公館。大而美之居宅。

『Mantel piece』火斗架子。貼壁火爐面之木架，亦有用石製者。[見圖]

『Mantel shelf』火斗面子。火斗架子挑出之面，可置臺鐘及飾物古玩等物。

『Maple』梅不爾。與 Mahogany 相類之木，惟色較淡。

『Marble』大理石，雲石。石之含有鈣炭酸，而紋色美觀，作房屋中之裝飾或彫鐫。

『Margin』邊緣。[見圖]

21763

抗火材料。

『Mausoleum』紀念堂。〔見圖〕

『Measuring』量算,測算。

『Mediseval Architecture』中世建築。

『Metal』金屬。

『Metal lath』鋼絲網。

『Medicine box』藥箱。浴室中置於牆內者。

『Melt』熔烊。以火熔烊固體使成流質。

『Metre』公尺,米達尺。用米達制測量距離。

『Method』方法。

『Metope』排檔。在陶立克建英式中,排灤檔中之花板。〔見 Mutule 圖〕

『Mezzanine』擱層,暗層。

『Middle』中間。

『Middle style』中梃。

『Military Architecture』軍事建築。

『Mill construction』工業建築。

『Mint』造幣廠。

『Minute』分。

『Mitre』陽角轉彎。〔見圖〕

『Mitre box』合(音鴿)角箱。〔見圖〕

『Model』模型。

『Modern Architecture』現代建築。

『Moment』能率。

Bend moment 彎能率。

Negative moment 反能率。

Positive moment 正能率。

Resisting moment 應能率。

『Mica』石英。花岡石中精亮之點粒,有黑白二色。

『Mirror』鏡子,鏡子玻璃,銀光片。

21764

『Mix』拌合。以數種材料和合者，如水泥黃沙與石子拌合之混凝土；石灰與沙泥拌合之砌牆灰沙等是。

『Mixer』拌機，諧拌者。拌三和土之機或匠。

『Moisture』汽水。新完成之牆面，逢天雨或潮濕之氣候時，汽水隱隱自牆面淌下。

『Mould』壳子，型範。水泥工程容受水泥之木壳子。澆鑄生鐵等之型範。

『Moulder』做壳子匠，範匠。鐵壳子匠之機械。〔見圖〕

『Moulding』線脚。〔見圖〕

Moulding bed 線脚床。割製雲石線脚之機。

Moulding Machine 線脚車。刨製木線脚之機。

『Monastery』僧房。

『Monument』紀念建築物。

『Monkey-wrench』活絡攀頭。〔見圖〕

『Morning room』晨餐室。

『Mortar』灰沙。
Cement mortar 水泥灰沙。
Lime mortar 石灰灰沙。

『Mosaic』瑪賽克，碎錦磚。

『Mortiseng machine』鑿眼車。〔見圖〕

『Mosquito Screen』蚊蟲窗。

『Mud』泥。

— 49 —

【Muddy】 泥凝。

【Muffled glass】 雲霧片，雲霧玻璃。玻璃之不透明者，如冰雪片，冰梅片，冰浪片等。

【Mullion】 中挺。分隔玻窗及任何豎直之框柱。

【Municipal building】 市政辦事廳。

【Mural arch】 附壁法圈。

【Mural column】 附壁柱子。

【Mural painting】 壁畫。

【Museum】 博物院。

【Music hall】 音樂廳。

【Mutule】 簑頭。陶立克式台口下簷仰頂粘貼圓餅於簑頭成飾。

【見圖】

A. 簑頭
B. 圓飾
C. 排檔
D. 方板
E. 排齒

（待續）

茂飛建築師小傳

國民政府建築顧問茂飛建築師　(Mr. Henry K. Murphy)，美國紐海文籍。(New Haven, Connecticut) 一八九九年畢業於耶魯大學，得學士位。一九〇〇年至紐約，經五年之訓練，自一九〇四年起，在業務上卽顧動活。一九〇八年與台那君(Richard Henry Dana係名詩人 Longfellow之孫) 合夥組織公司，先後凡十二年。業務範圍先僅及於紐約及新英格蘭，繼及於近東及遠東。故在一九一四年茂氏曾游歷東方；今番涖滬，已屬第八次矣。一九二〇年，因但氏專致力於紐約附近之業務，故脫離公司，另由馬奇與漢倫二氏(Mc-Gill and Hamlin) 加入，與茂氏合作。至一九二三年，馬漢二氏退出，乃由茂氏單獨經營。

茂氏在美，以設計殖民地式建築(Colonial Architecture) 著稱。其代表作如 Loomis Institute, Windsor兒童學校，(均在 Connecticut) 及耶魯大學教授飛爾浦氏(Prof. William L. Phelps)之住宅，(在紐海文)曾由美國建築師公會，還認為唯一殖民地式建築，在舊金山世界市場 San Francisco Worlds' Fair) 公開陳列。

因茂氏在業務上之成功，於一九一三年由耶魯大學贈以藝術學士(B. F. A.)學位，以示激勵。

茂氏在國民政府建築顧問任內，曾將南京作初步之首都設計，安置各院部會，以壯瞻觀。並受蔣委員長之聘，設計南京紫金山陣亡將士墓。該項工程業已完工，並於上年七月九日正式落成，蓋亦紀念由廣東出發北伐之七週紀念也！茂氏此外並担任廣東嶺南大學校董，及北平之中美文化經濟協會保管委員等職云。

21767

美國之道路建設

揚靈

美國政府前爲利用道路建築，救濟失業工人起見，曾於一九三三年會計年度，準備鉅款二二六，〇〇〇，〇〇〇元，從事大規模之道路建設。據公路局報告，截至上年六月三十日止，應付與四十八州及夏威夷之路欵，計爲一二六，三六九，〇〇〇元。在上述二二六，〇〇〇，〇〇〇元鉅款中，內一〇六，〇〇〇，〇〇〇元係爲普通經費，其餘一二〇，〇〇〇，〇〇〇元則爲急救基金，用以救濟國內失業工人，從事道路建築。據公路局云，此款將由政府在預徵五年間之補助金中減除，撥還財政部云。

在此二萬餘萬元中，紐約州計已撥六，六一八，二三八元，尚餘六九一，〇〇〇元普通經費未付。紐傑賽州連普通經費及急救基金，共得二，三五六，七三三元。康奈蒂克州（Connecticut）已派得四九五，三八四元。倘餘二二二，六二二元之普通經費，及三五〇，八〇一元之急救基金未派。據公路局報告，一九三二年會計年度，曾以一四四，七二〇，六一〇元修築公路一五，九九七●二里；全部工程需費三一七，二一六，二七一元，不敷之數，由政府撥助云。

總計美國全國各州，紐約得派最多，計應得九，五六六，二〇二元，此款用以建築公路五三七里，全部需費二三三，〇七九，一二二元。紐傑賽得八四三，〇〇三元，築路四二●一里，需費二，四二四，七九九元。康奈蒂克州得八七八，〇二〇元，築路二六●二里，需費一，八六七，六三六元。

至於利用此種基金，與建道路，救濟失業，其效果極爲顯然。據公路局所發表之表格，在一九三一年一月，直接所僱用之築路人員計三〇，九八四名，數尙不足。此蓋因政府經濟拮据，無能爲力；迨後採用急救基金，以補不足，於七月間突增至一五五，四六六名，其效大著。昔之無業者，今均有相當工作可做矣。

籌設建築銀行緣起

殷信之

物質建築，為國家繁榮之基礎，而建築事業，尤為物質建設之中堅，此不易之論也。而一國文化之隆替，民族思想之嬗蛻，復輒舉建築物之表現形相，以為衡度之準鵠。我華立國悠久，文物悉備，舊有建築，若長城運河之偉，廊廟臺觀之勝，咸能彪炳千載，蔚為不朽盛業；其設計深湛，結構縝密，尤足垂為世界之典型。徒以我國曩時政制，右文尊儒，對營造工事，視等卑役，秉以民性因循，繩守故步，以致空留陳蹟，文化日新，而未克發揚光大，實殊堪惋惜者也。降至近代，以科學演進，文化日新，國人之因襲觀念為之頓革，建築一業，亦因緣時會而方興未艾，觀乎各都市崇皇巨廈之繁興，當可對現時國內建築界之動態，約略窺見一斑。然而我人試以客觀目光，衷心其實，則知今日之蓬勃氣象，特不過一種畸形之發展而已。蓋我國現時建築，純處於模倣時期，對固有技術，既委之如敝屣，而舉手投足之間，靡不奉歐化為圭臬，殊不能自行溶發參融，以謀新穎之創造。他若工程之設計，材料之取給，亦惟事事仰丐於人；而國人之投資經營斯業者，尤多短視之嫌。內地僻壤之農村建設固無論矣；即就特殊澎漲之都市言，凡稍稍有補於國計民生之工程，殆寥落若晨星，而一般消費場合如旅社飯店舞場劇院等之建造，則鱗趨若鶩，猶虞其未遑。此種現象，實屬莫大之病態，流弊所及，惟

驅使我整個之建築業，深陷于動搖不定中耳。雖然，我薄海同仁，宿無識者，謀循正道，以拯斯頹運，實繁有徒；顧非拙於賢力，即困於才能，至令奮發有心，進取乏術。而少數豐裕之商賈，輒又計不及此；且為營業上之角逐，復多挾資攏斷，以圖操縱市場。財力啗窳者，則在在掣肘，不能越雷池一步，惟有和光同塵，以求苟全。尋致同道攜貳，各自為政，終不能互相團結，致力於整個企業之開展。是以比年以還，外受世界經濟恐慌之衝激，內罹天災人禍之緊迫，我欣欣方榮之建築業，亦不旋踵而淪洒於不景氣之漩渦。我人處此嚴重情勢下，設不急起直追，以圖挽救，則瞻望前途固未許樂觀也。

危機當前，利在速圖，我人亦知惟有改弦易轍，始可挽狂瀾於既倒；為今之計，首在積極聯絡同業，為縝密之團結，集中實力，謀系統之發展，當為唯一之策略。環顧世界各先進國家，若計劃經濟之實現，統制生產之勃興，其能適應時代要求，而為救亡圖存之工作，實在在足為我人所取法。而建築業之在歐美。其力謀振興之方，尤竭盡精心擘劃之能事，如營造企業之集體組織，貸欵團體之普遍設立，材料商地產商之互惠組合，設計與估價機關之專門設施等等，均屬實踐之新猷；其成效最著實力最充者，則莫如建築銀行之剏

立。蓋一般企業，欲闊進求開展，端賴金融之調劑流動，為先決之要件，建築業之增設銀行，即負有調融經濟之使命，擁殷厚之賢力，為眾望之所歸，並得盡量吸收外資，確立發展業務之基礎，實為鞏固建築商最有力之中樞機關。此種事業之興辦，更予我人以莫大之啟示而得知所遵循焉。我人既深知現時國內建築業之式微情勢，與其癥結所在，並瞭然於應付當前艱境須實施之何種策略，則建築銀行之積極創辦，實屬間不容緩。然返觀乎我國一般工商界，若農工煤礦墾殖航業鹽業綢業各業，均能應時之所趨，謀為自身之競存，而次第組立銀行，獨我偉大之建築反付闕如，而迄未聞創設之議，詎我同業諸公，安於現實而無意及此乎？抑箴視危機而自甘落伍乎？我人殊未敢遽下論斷也。

綜上所述，知籌辦建築銀行，實為當前唯一之急務，我人為顧念整個建築業自身之存亡計，因有積極籌設之建議，關於建築業銀行應行舉辦之營業事項，就我人計劃所及，約有三大部門。茲掂要列舉如下：

（一）一般事業

甲、收受存款及放款

乙、票據貼現

丙、匯兌及押匯

丁、信託事業

按上項事業，係指普通銀行所經營之一般業務而言，亦即我國現行銀行法所規定之營業項目；就中最主要部份，當在收受存款一項。蓋年來銀行業所以風起雲湧者，究其原委，實因現時國內生產凋敝，市廛寥落，遊資出路殊形壅窒，是以擁有鉅金者，恆不敢貿然嘗試於一般企業之投資，於是相率存放現銀於穩固之銀行，以謀坐收其利；觀乎滬地各大銀行之存款項下數額之增長，可為明顯之實證。惟今之一般銀行支配存銀之方策，輒就不關生產之投資，如有價證券之經營與套利，居為營業之要項；揆諸實際，殊為於變相之投機，常帶數分危險性。而我建築銀行，則儘量吸收鉅欵，純為擴展整個建築事業之用，奠定其穩固充實之地位，擯除一般類於投機之經營，其能安操勝算，殊勿庸疑；其他票據匯兌信託各項，亦屬正當之收益，而堪循序邁進於繁榮之大道者。

（二）特種事業

甲、建築之放欵及貸欵

乙、工程進行中之押款

丙、建築材料之押款

丁、房地產之抵押

戊、有關於建築之一般工業之投資或整欵

己、代表業主撥付造價

庚、代表廠主撥付工資及工料之貸欵

辛、營造業職工之儲蓄

壬、職工獎金及撫卹金之存儲及代撥

按上項事業，係指直接扶植建築業之營業而言，亦即我建築銀行全部業務之必要部份。關於放欵貸欵押欵墊欵各項，其性質有者美國現代之建築貸款團體；而範圍尤較廣大，蓋即根本樹立發展建築業之基礎。如前述大企業之操縱，與小商賈之掣肘等弊，均堪迎刃而解：，使整個營造業為最平衡與最準碻之進展，誠指日可期也。至一般材料工業之投資，當視力之所及而經營之，關於代付造價及工資貨欵等等，通常頗為普通銀行或信託公司等所兼營；而建築銀行承替其業，是不僅為同業所稱便，且不令他人代庖，自堪杜塞漏巵，其裨益於建築商，亦良匪淺尠。其於儲蓄事業，則一方為銀行生產之工作，一方尤屬維護職工本身權益，及助長其服務與趣，蓋彼此得互蒙其利者。

(三)附帶事業

甲、賣買地產及房屋

乙、經租事宜

丙、押造事宜

丁、對置產者之放款及貸款

戊、代表設計

己、平準佔價事宜

庚、工料之代辦及運輸

辛、建築保險（包括已完成及未完成之工程）

壬、建築材料之保險

按上項事業，係指間接有關於建築業之營業而言，且為我建築銀行謀為擴充業務之豫定標準。關於地產事業，本與營造商有唇齒相輔之關繫，際此商戰之季，尤有亟行攜手之必要，若美國羅鳩斯洲等處設立之聯合地產公司，即與建築商合作經營而獲特異之成功者。

年來滬地一區，建築與地產之貿易狀況，其盈虧消長，適為絕對之正比，而彼此為業務上之聯絡者，尤數見不鮮；我建築銀行，所以

確立此項營業項目者，蓋亦適合時代之姿求，而使建築地產銀行三業為基本之連繫，以充厚整個之合作能力，業務前途，實未可限量也。至代表設計暨平準佔價之事，現時素牟為洋商所倚，而國內此項設施，殊形勞落，攸關利權，亦非微織，我建築銀行誠能遴聘專家，特闢專科，當屬有意義之要圖。倘有代辦代運工料之事，竪保險事業，其營業範圍既廣，苟能陸續增設，積極進行，自更易於發揚光大也。

以上所述三項事業，當俟於日後營業計劃書中詳為論列之。至建築銀行籌設進行期間一切事項，如章程之釐訂，股本之募集，內部之組織，人選之支配，以及業務之擘畫等等，則幸冀我環海同仁，恰力匡護，而共襄盛舉焉。中華民國二十三年一月。

水坭儲藏于空氣中之影響　琳

藏于密封錫管內之水泥，其性質經年不變；藏于蔴袋中之水泥，則呈重要之變化。結硬時間，因儲藏而增長，普通水泥較強力水泥所受影響爲小。普通水泥經七日之儲藏，初凝約爲三小時半，結硬約爲五小時半；經十二月之儲藏，初凝約爲四小時半，結硬約爲十小時半。強力水泥經七日之儲藏，其初凝約爲五十分鐘，結硬約爲二小時；經十二月之儲藏，初凝約爲五小時半，結硬約爲七小時五十分。經十二月之儲藏，雖有時成塊，濃度減小，燒失量增加，之存餘減少。標準黏度所需之水量減少，（在一年中，自百分之一左右，增至百分之十左右。）與比重減小。（由三・一降至二・八四）

在空氣中儲藏，足繼續降低抵拉力與抵壓力，由純水泥試驗結果，不甚和合，惟一比三灰泥則可靠。普通水泥試驗品，儲于潮氣中一天，水中二天，其餘時間則于空氣中。儲藏于空氣中一年後之水泥，其抵力祇及儲藏空氣中七天之水泥的百分之八三・六。強力水泥試驗品儲于潮氣中一天，水中廿七天，則儲藏一年後之水泥，其抵力爲儲藏七天之水泥抵力的百分之四六・一。強力水泥之比爲30.5%/65.8%。

強力水泥抵力之降低，較之普通水泥爲劇烈；且試驗期短者，其影響亦較大。

普通水泥於空氣儲藏期，以二三月爲限，儲藏二三月後之水泥，已不可靠。

克勞氏連架計算法

林　同　棪

此文係敘論 Hardy Cross 氏 Method of Moment Distribution，並略述其用法，而加入作者個人見解，與原文大有不同。其應用實例，亦將一一算出，嗣寄本刊登表。者鳳，當成爲英文雜誌及課本上所不可得之作品也。林君尚著有 "改正克勞氏連架計算法" 一文，用英文寫作，較原文頗多增益，已寄美國工程師聯合會 (A.S.C.E.) 發表；擬譯成中文，嗣登本刊，現正去函該會徵求同意中。

第一節　緒　論

近來各種建築用混凝土者，日見增加。爲建築上之便利起見，此種構造架式多用連續結架 (Continuous frames, 以下簡稱連架)；而舊式連架算法，學用繁難，工程師苦之。於是設計連架者，往往用任意指數如 $\frac{wl^2}{12}$ ， $-\frac{wl^2}{10}$ 等，以求連架之勳率 (Moment)。甚或犧牲建築上之便利，多用斷節，以便計算。其結果不但不濟經，而且常不安全，殊有背工程學之原則。

按連架算法，種類繁多；其出發點各殊，而其結果則一。茲將其分爲四類： 一曰彈性工作論 [註一] (Theory of work or elastic energy theory)，二曰過餘桿件法 [註二] (Method of redundant members or stresses)，三曰坡度撓度法 [註三] (Slope-deflection method)，四曰定點法 [註四] (Die Methode der Festpunkte)。前三法盛行於美國，構造學課本幾無不有之。後一法在德國較爲知名，英美則鮮識之者。此外尚有最少工作論 [註五] (Theory of least work) 對點法 [註六] (Method of conjugate points) 等等，皆可屬於上列四法之中，無新穎足道者，學之不勝學矣。

計算法之目的在乎設計，故但能達到目的求其得數，其方法自以簡爲妙。綜以上各法，雖各有所長，而以之計算連架，均不免難學難用之病。學之者必先深明數理，用之者又費時煩多。最近伊立諾大學教授克勞氏，(Professor Hardy Cross, University of Illinois)，在美國土木工程學會

茲姑舉各法之基本參考書各一如下：
(註一)　Van Den Broek, "Elastic Energy Theory," 1931, New York.
(註二)　Parcel and Maney, "Statically Indeterminate Stresses," 1926, New York.
(註三)　Wilson, "Analysis of Statically Indeterminate Structures by the Slope-deflection Method," Bulletin No. 108, 1918, Engineering Experiment Station, University of Illinois.
(註四)　Suter, "Die Methode der Festpunkte," 1923, Berlin.
(註五)　Hiroi, "Statically Indeterminate Stresses," 1905, Van Nostrand Co.
(註六)　Nishkian and Steinman, "Moments in Restrained and Continuous Beams by the Method of Conjugate Points," Transactions, A.S.C.E., 1927, pp.1-206.

會刊發表其動率分配法(註七)，或稱克勞氏法(Cross' method of moment distribution)。此法大引起工程界之注意，參加討論者數十人。而應用之者，則已遍及全美。各工程學院，各設計室未有不學而用之者；亦未有不稱其易於學而簡於用。各種建築構架，因之而改良者，在在皆是。蓋此法之得數雖與老法同，而簡易遠駕其上。如此則普通工程師均能用之以計算連架；其為益良非鮮淺。我國工程界，近頗不肯落後，學之者諒不乏人，介紹之者亦有一二。惜未見有以國文表之，並加以整理與改善，以供國人之參考與討論也。

第二節　桿件各性質之定義

欲學克勞氏法，須先明以下三定義：—

(定義一)桿端之硬度(Stiffness of an end of a member) 簡寫K。

設將一桿件 AB 之 B 端固定着 (Fixed)，而將其 A 端平支着 (Simply-supported) 如第一圖；然後在 A 端用動率 M 將此端轉過單位坡度，此動率即為 AB 桿件之 A 端硬度，(簡寫 K_{AB})

第一圖　　　　　第二圖

第三圖

(定義二)桿端之移動數(Carry-over factor of an end of a member) 簡寫 C。

設將一桿件 AB 之 B 端固定着，而將其 A 端平支着，然後在 A 端用一單位動率 M=1，如第二圖；則 B 端因此所發生之動率 m，為 AB 桿件從 A 到 B 之移動數，(簡寫 C_{AB})

(定義三)桿端之定端動率(Fixed-end moments)簡寫 F。

設將桿件 AB 之 A,B 兩端均固定着，而加重量於其上，如第三圖；則在 A,B 兩端所發生之動率，為其定端動率，(簡寫 F_{AB},F_{BA})。桿端外用動率之順鐘向者，如 F_{AB}, 其號為正；反鐘向者，如 F_{BA}, 其號為負。

(註七)　參看 Transactions, A.S.C.E., 1932, pp. 1-156, 並 Cross and Morgan, "Continuous Frames of Reinforced Concrete," 1932, New York.

21774

第三節　定惰動率之直桿件

(Straight members of uniform moment of inertia)

〇定惰動率之直桿件，其兩端之硬度相等。該硬度係與該桿之惰動率 "I" 成正比例，並與其長度 "L" 成反比例。應用克勞氏法時，只要求得各桿端硬度之比例數，如其 $\dfrac{I}{L}$，足矣。

〇定惰動率直桿件之兩端移動數，均永為 $+\dfrac{1}{2}$，卽 0.5。

〇定惰動率直桿件之定端動率，可用以下公式求之：

第四圖　　　　　　　　第五圖

第四圖：一　　　　　　　　　　　第五圖：一

$$F_{AB} = \frac{-Pa(L-a)^2}{L^2}, \quad F_{BA} = \frac{Pa^2(L-a)}{L^2} \quad \Big| \quad F_{AB} = -\int_a^b \frac{WX(L-X)^2\,dx}{L^2}, \quad F_{BA} = \int_b^b \frac{WX^2(L-X)\,dx}{L^2}$$

如 P 在桿中，則 $-F_{AB} = F_{BA} = \dfrac{PL}{8}$。　　如載重均布於全桿，則 $-F_{AB} = F_{BA} = \dfrac{WL^2}{12}$。

第四節　應用克勞氏法之手續

試舉例以明之如下：一　設連架如第六圖，各桿件均為定惰動率，並已知其 I 及 L。且假設架中各交點只能轉向，不能上下或左右而動移。

〇算求各桿端之硬度 $= \dfrac{I}{L}$，寫於第七圖各圓圈中，如，

$$桿件\ CD,\ K_{CD} = \frac{45}{12} = 3$$

$$桿件\ AE,\ K_{AE} = \frac{72}{12} = 6$$

....

各桿端之移動數均為½，不必計算。

〇假設各交點均暫被固定，不能轉向，則各桿端因載重而發生之定端動率（第七圖中註以 "f" 者），可計算之如下：一

$$F_{CD} = \frac{-900 \times 5 \times 10^2}{15^2} = -2000$$

$$F_{ED} = \frac{30 \times 20^2}{12} = 1000$$

....

第六圖

第七圖

21776

（三）在此種假設情形下，各交點均發生不平勁率，其數量為在該交點各定端勁率之和。此不平勁率，亦即固定該交點所應用之外來勁率，如，

$$在\ C\ 點，其不平勁率\ =\ \ \ \ 1500—2000\ \ \ =\ —500$$
$$在\ E\ 點，其不平勁率\ =\ 300+1000—900\ =\ +400$$

....

（四）將架中各交點，一一依次放鬆，使其不為外來勁率所固定。放鬆之法，係將他點均固定着，而在一點加以與該點不平勁率相反而同量之勁率，使該點各桿端均轉一相同之坡度。故應將該勁率，分配於交在該點之各桿端。各桿端所分得之勁率，應與其硬度成正比例，如，

$$在\ E\ 點之總硬度\ =\ 5+6+5+4\ =\ 20,$$

而其不平勁率為 400, 故，

$$桿件\ EA\ 應得，\quad —400×\frac{6}{20}\ =\ —120$$

$$EF,\quad —400×\frac{5}{20}\ =\ —100$$

$$EJ,\quad —400×\frac{4}{20}\ =\ —\ 80$$

$$ED,\quad —400×\frac{5}{20}\ =\ —100。$$

在 A 點，AE 支座之硬度為無窮大，故其不平勁率 —300 全歸於支座，而 AB 無所得。在 J 點，JE 支座之硬度為零，故其不平勁率 +900 全歸於 JE。在 D, F, G, H 各點，其不平勁率均等於零，故各桿端均無所得。在 C 點，BC 之 B 端無支座，其 A 端之硬度為零；故 CB 亦無所得。各桿端所得之勁率，在圖中均以 "d" 字註之。

（五）當該架每一交點被放鬆時，其他各點仍被固定着。因此，交在該點各桿之他端，均發生一種移動勁率，其數量為各第一端所分得之勁率與其移動數之積，如，

$$桿件\ DE, D\ 端得\ —100×\frac{1}{2}\ =\ 50$$

$$E\ 端得\quad 0\ ×\frac{1}{2}\ =\ 0$$

$$桿件\ EJ, E\ 端得\ —900×\frac{1}{2}\ =\ —450$$

$$J\ 端得\ —\ 80×\frac{1}{2}\ =\ —40$$

....

各桿件所分得之勁率，均如法移動之。此項移動勁率，在圖中以 "c" 字註之。

⑤各交點因受此等移動動率，又發生第二次不平動率，等於該點各移動動率之和，如，

在 C 點，第二次不平動率 ＝　0

在 D 點，　　　　　　　　＝ 150—50 ＝ 100

在 E 點，　　　　　　　　＝ —450

⋯⋯⋯⋯⋯⋯⋯⋯⋯⋯⋯⋯⋯⋯⋯⋯⋯

於是再將各點依次放鬆，而將此不平動率依第四步分配於各桿端，如，（在圖中仍以"d"字註之），

在 D 點，DC 得 $-100\dfrac{3}{10} = -30$

DE 得 $-100\dfrac{5}{10} = -50$

DH 得 $-100\dfrac{2}{10} = -20$

⋯⋯⋯⋯⋯⋯⋯⋯⋯⋯⋯⋯⋯

⑥第二次分配之後，各桿端又發生移動動率；仍乘以½而移動之如第五步，（在圖中仍以"c"字註之），如，

桿件 DE, D 端得　$112 \times ½ = 56$

E 端得　$-50 \times ½ = -25$

⋯⋯⋯⋯⋯⋯⋯⋯⋯⋯⋯⋯⋯

⑦移動之後，又須分配。分配之後，又須移動。二種手續，轉相應用，直至其移動動率縮至極小為止。

⑧然後將各端之定端動率，分配動率，與移動動率自行全體相加。其得數即為該端之真動率，如，

$$M_{CD} = -1709$$

$$M_{DC} = +1105$$

$$M_{HD} = -15$$

$$M_{DH} = -33$$

⋯⋯⋯⋯⋯⋯⋯⋯

各交點不直受外來動率者，其各桿端
真動率之和，應等於零，如在 D 點，

　　1105—33—1072 ＝ 0

⋯⋯⋯⋯⋯⋯⋯⋯

第八圖

⑨既得各桿端之真動率，其全桿各處之動率，可用圖解求之，如第八圖，（請注意兩端動率正負號之意義；右端動率此時所用之號，應與以上所得者相反）。其剪力亦可用靜力學求之。

21778

第 五 節　　簡 化 算 法

以上舉例，係純為讀者便利起見，逐步寫出於第七圖。計算稍熟，欲簡化之者，可注意下列各點：—

　一各零數可不必寫出。f, c, d 等字或亦可省去。

　二每交點各桿端硬度與該點總硬度之比例，可算出註於端下。

　三平支端或鉸鏈端 (Simply-supported or hinged ends) 如 J, F 等，被放鬆一次後，可不必再固定之。如此則他端之硬度，將變為原硬度之¾，如，

$$K_{EJ} \text{ 變為 } 4 \times \tfrac{3}{4} = 3$$

$$K_{EJ} \text{ 變為 } 5 \times \tfrac{3}{4} = 3.75$$

而 E 點之總硬度，將變為，

$$5+6+3.75+3 = 17.75 \text{。}$$

分配動率時，可按此變後之硬度算之。J, F 兩端既被永遠放鬆，則不更發生移動動率矣。

第 九 圖

21779

⑩固定端如 G, H, A, 等，可不必接步接收移勘勘率。只須於本桿他端結算時，將其所分得之勘率乘上½，卽爲此固定端之總移勘勘率。

應用以上各點簡化之後，其寫法當如第九圖。

第 六 節　　變惰勘率之桿件，或彎形之桿件

上例只用定惰勘率之直桿件。如桿件之惰勘率不定，如第十圖；或其中心線爲彎形如第十一圖，

第 十 圖　　　　　　　第 十 一 圖

只要其兩端不動移，則克勞氏法仍可如前應用。惟此種桿件之硬度，移動數，及定端勘率各數，不如前之易求。普通常用之桿件形式及各種載重，在美國已有表圖等等，可供設計者之用（註八）。如未能得之者，可用各法算求。容另詳說。

第 七 節　　交 點 勘 移 之 連 架

許多連架，其交點皆不但能轉向，且能上下或左右而勘移；則此法不能直接如上例用之。但稍費手續，仍可應用。

第 八 節　　結　　論

此法學用旣易，應付無窮。紳縮應力 (Temperature stress), 沈座應力 (Stress due to settlement of supports) 以及桁樑第二應力 (Secondary stress in trusses) 等等，均可以之計算。讀者詳盡此篇後，當已能計算日用之連架矣。

（註八）　參看註七中之第二參考書，並 Large and Morris, "Lateral Loads and Members of Variable Section," Bulletin No. 66, 1931, Engineering Experiment Station, The Ohio State University.

21780

氣候溫度對於水泥，灰泥與混凝土三者之影響　黄鍾琳

上——溫度對於水泥凝結之影響

自一八七五年白維斯氏發明水泥以後，土木工程界獲得偉大之幫助。今日之土木工程，幾無不應用之。水泥對於土木工程，既有重要之關係；各國學者因對之努力研究。惟水泥之本性，目前尚未能完全明瞭，非僅限於化學組成方面，即物理方面亦如是。故研究者猶孜孜於繼續研究，藉謀澈底明瞭，而完成改進工作。又因水泥工程易受氣候影響，故研究水泥者同時且致力於研究溫度與水泥之關係。水泥凝結之遲緩，與工程之進行及水泥建築之強力均有關，是以所費研究工夫亦特多。經許多試驗之結果，乃知水泥之初凝與結硬之時間速度，均有賴乎溫度之情形；此種情形，對於寒帶與冬季尤為重要。

大致雖不變，而溫度較標準溫度低時，凝結時間延長；較高時，凝結時間縮短。凝結時間之延長縮短，亦視混合時所用水量之多少而變動；其變動之強弱，則因水泥牌號種類之不同而異。當有數位研究水泥之先進者，將研究所得，列為公式，以求水泥凝結時間：

（一）開薩氏（Kasai）根據化學反應速率公式，定有下列公式：

$$\log \frac{1}{Z} = \frac{a}{273+t} + b$$

z 為水泥在攝氏表 t 度時之凝結時間，a 與 b 為某牌水泥之定數。

（二）德式曼倏（Tetmajer）定的公式：

$$Z = \frac{a}{b+t} + c$$

a，b，與 c 均為某牌水泥之定數。

（三）希拉諾（Hirano）定有後列公式，應用於攝氏表五度與四十五度之間。

$$Z = a + bt + ct^2$$

a，b，與 c 為某牌水泥之定數。

如以適合之定數加入前列各式，求初凝與結硬之時間。

由試驗上得知，不同水泥所受不同溫度之影響，亦不同。凝結時間與因溫度變化而起之凝結時間變化，無直接關係；二種不同水泥，在某溫度時凝結時間相同，惟於另一溫度時，其凝結時間則相去甚遠。例如水泥甲，於攝氏表零度時，其結硬所需時間為二十小時十二分；在六●一度時，為十一小時五十四分；十二●八度時，為八小時四十八分；二十一●一度時，為四小時十八分。水泥乙於零度時，為十三小時二十四分；六●一度時，為九小時五十四分；十二●八度時，為六小時十二分；二十一●一度時，為四小時十八分。根據前例，可知水泥在冰點時，亦可凝結。

21781

快燥水泥所受溫度之影響，和普通水泥一樣，不同牌號之快燥水泥，在不同溫度時，所需凝結時間，相差甚遠。平常在低溫度時，所需之凝結時間，遠過于標準溫度時所需之時間。此點與普通水泥相似。

用韋卡德試驗器(Vicat Needle)試驗，則較為複雜，因為於調合時，與溫度有關。如以某種水泥試驗於攝氏表十八度時，需水百分之二十，然於十四度時，需水百分之三十，方可得同樣之黏性。由是可知，於低溫度時，水泥黏性較強，足影響針之插入；結果於低溫度時，反得較短之初凝時間。克爾博士(Dr. Kuhl)試驗結果，溫度自標準溫度降至攝氏表三度或四度時，初凝時間由二小時增至六小時，結硬時間由五小時增至十四小時。

鋁質水泥(Aluminous Cement)常用於海河工程，其初期抵力極大。於澆搗後四十八小時，即可產生相等於普通水泥二十八日後所得之抵力。；如是逐漸發展，結果可得二倍於普通水泥之抵力。

鉛質水泥凝結時，發出巨量之熱；但其本身為不良傳導體，故溫度，可急速增高，超乎四週空氣溫度之上，故其凝結可比發散較遠者為快。除少數外。普通當溫度低於標準溫度時。其凝結時間增長。

如於大量體積時，其所產之熱量不易發散。其凝結時間(尤為結硬)有時視建築物之體積而定。其影響較普通水泥為大。大量混凝土中之鋁質水泥凝結時，發出巨量之熱。

當溫度增高時，結硬化學作用可加速，但因所含水分之蒸發過速，故得相反之結果；除非四週濕度甚高，鉛質水泥因發生高速大量之熱，以及四週之高溫度足以蒸發結硬時所需之水分。不同研究者獲不同之結果。惟大致溫度降低時，凝結時間延長。

下——溫度對於水泥，灰坭與混凝土三者

抵力上之影響

溫度在標準以上時，因凝結時化學作用與物理學作用加速之故，足影響灰泥與混凝土之抵力。在另一方面，於低溫度時，其作用遲緩，已如前述。普通觀念，以為在高溫度凝結者可得較高之抵力，在低溫度凝結者得較低之抵力。實則，其情形極為複雜，在高溫度凝結者，易生內應力(Internal stresses)；於低溫度凝結者，則作用較緩，內應力所生之影響不及前者之大。於空氣中乾燥物體內所失水分較大，於是發生緊縮應力(Shrinkage Stresses)，其影響顧大。此種初期應力(Initial Stresses)與緊縮應力，二者於高溫度時，足消去因高溫度時凝結而產生之高抵力。溫度對於灰泥與混凝土之影響，於不同環境之下，其軟化甚大。不同水泥對於溫度情形，作不同反應。

後列數項，亦屬影響抵力之重要原素：

(一)水泥，混合物與水之原溫度。

(二)調合之成分，混合物性質，與水量等等。

(三)調合與澆置時之空氣溫度。

(四)調合物與試驗品之大小影響及冷熱之速度。

(五)乾燥時之溫度。

(六)乾燥時之情形，如濕度與蒸發等等。

在過去許多試驗工作報告中，各項記錄每多不完全之處，故有時難於判斷；如做模型時之溫度，是否與乾燥時之溫度相同，或是否於標準溫度時調合，倘屬疑問。

設混凝土與灰泥受攝氏表零度以下之溫度，則其情形更為複雜，當原料已冰凍之後，混凝土不能調合完善。於實際上，原料可先設法使之熱，然後於零度以前先行調合。混凝土之作用亦賴乎調合時之確實溫度，；四週溫度，大部份則在乎混凝土之數量與保護物之性質，如稻草麻袋之類。薄層與小塊之混凝土，較大量者容易喪失熱度，而呈冰凍作用。當凝結時，所產生之熱度，雖普通水泥不若鋁質水泥劇烈，惟其影響，則未必全無。調合物水泥成分之多少，混合物之性質與水量之多少，都足影響於低溫度時凝結之混凝土性質。雖有時於攝氏表零度以下，混凝土不能結硬，然大都於試驗室中所得結果，混凝土於零度以下亦能凝結。

試驗室內之試驗品須製成小塊，其所得之結果與實際工程有時不合，因於大體積混凝土中閉有巨量之熱，關於此點，對於鋁質水泥，影響尤大。至於各研究者所得結果，可略述如后：

（一）材料於標準溫度以外，攝氏表零度以上調合與凝結，而於標準溫度乾燥。

材料於較低溫度調合凝結者，得較高抵力；此種結果，大概由於凝結所起之內應力作用。蓋溫度愈高，凝結愈速，其影響亦愈大。其最大抵力，約在攝氏表十度至二十度之間。

（二）材料於標準溫度時調合與凝結，而於標準溫度以下零度以上乾燥。

在乾燥期間，溫度愈低，抵力亦愈低；在一‧五度時乾燥之混凝土，祇約及在一六‧六度時乾燥者所生抵力之半。

（三）材料於標準溫度調合與凝結，而於標準溫度以上溫度中乾燥。達尼爾氏由試驗一：二：四混凝土所得結果，于三五‧三度乾燥者，較之在二二‧一度乾燥者，七天後強百分之十三，十四天後強百分之十七。此項試驗品，先于二十度時凝結六小時。

（四）材料於標準溫度以外，不冰凍時，調合，凝結與乾燥。英國建築研究所試驗結果，于攝氏表五度調合，凝結與乾燥者，較之於十八度調合，凝結與乾燥者為強；惟有數研究者如台尼爾，約翰生等，所得結果相反，溫度愈低，抵力亦愈低。

鋁質水泥在試驗室中所得結果，與快燥水泥相似，惟實際情形並不確切明白，要之大概相似。

（五）材料調合，凝結，及一部份乾燥在標準溫度中乾燥。設有一：三之灰泥，先在攝氏表零度乾燥十四天，然後於十五度與二十度之間，乾燥四十二天，其抵力較之該灰泥五十六天都在十五度至二十度之間乾燥者為弱，平均祇及百分之五十至八十。如第一天於零度至五度間溫度中乾燥，然後於溫度十五度至二十度間乾燥者百分之五十；及後，即急速增加，且畧超於後者之抵力。此實由於初期內應力作用。是以前者反佔優勢。

21783

鉛質水泥亦有相似現像，惟初期乾燥溫度在十五度與二十度間時，其抵力較高。如初期溫度在七十度以上，其抵力祇及前者百分之五十左右。鉛質水泥在高溫度時所受影響，較在低溫度所受影響為大。

（六）材料於零度以上調合，在零度以下做型乾燥，試驗品於開凍後受試驗。

關於此點，試驗結果各有不同，有時雖於零下十八度時亦能凝結，有時於零度以下不能凝結。即於零度以下凝結者，其抵力祇及半時所生者百分之十至百分之三十；日子漸久，抵力亦較增進。

（七）材料於零度以上調合，於零度以下做型與初期乾燥，並繼續於零度以上溫度中乾燥。

初期於零度時乾燥者，其抵力祇約及於標準溫度中乾燥者百分之五十左右。

其可注意者，水泥，灰泥，以及混凝土，確能於零度以下凝結，惟對於抵力上則損失頗大，水分愈多，影響愈大。

（八）材料於零度以上調合，調合後在該溫度擱置一時，然後再放入零下溫度中，於試驗以前，先使其解凍與乾燥。

水泥，灰泥與混凝土，於冰凍前所受之凝結時間，愈長愈妙；於冰凍前須給予充分之凝結時間，蓋凝結後所受冰凍之影響較小，故於冰凍前須給予充分之凝結時間，以減少因冰凍而所受之抵力損失。

（九）更送冰凍解凍，其影響於抵力者，較之長期冰凍為尤大。因冰

凍而產生之裂隙，於解凍後可漸次自身復原。當結硬開始後，雖於零度以下，亦可繼續進行。如遇更送冰凍解凍，則此種復原工作被阻，以致材料損毀。

普通工程遇冰凍後之破壞，實由於是。故此種現像，宜設法防此。

（十）冰凍時期之影響。

經試驗得知，於低溫度時，結硬工作繼續進行，因其抵力確是與日俱進；惟其所產之抵力，遠不如于普通溫度所產之抵力。

（十一）冰凍劇烈之影響。

冰凍時所受溫度愈低，其影響愈大；於零下十度時所受影響，較之在六度時為劇烈。

（十二）水泥成分以及水分與溫度對於抵力之影響。

水泥成分較少者，其影響較小；水量較多時，其影響較大。

（十三）水泥成分與冰凍抵抗力之關係。

關於此點，尚無正確之結論，因各人試驗結果，恰成相反。

（十四）水量與冰凍抵抗力之關係。

水分多時，其抵抗力薄弱。

21784

虹橋路上一茅廬

上圖由公和洋行建築師設計。屋頂冬暖夏涼。兼可避火。此種建築材料之使用。在滬地尚屬創見。

別具風格之二住宅

此兩住宅亦位於虹橋路畔。佔地數畝。設計樸質。不染都市繁華習氣。設計者亦為公和洋行云。

21785

上海大西路李氏住宅之二模型

周春壽設計　　　　　　　　　　　　　鄔樹勳製模

21786

KITCHEN

PANTRY

SERVANT'S

W.C.

MAID'S RM.

REST RM.

ENTRANCE

DINING RM.

STUDY

CORRIDOR

PORCH

RECEPTION HALL

SITTING RM.

BED RM.

PORCH

GROUND FLOOR PLAN

同鹿壽設計
廓樹勤製模

上海大西路李氏住宅

平面圖

21787

罰款與賠款之研究

朗琴

在建築合同中，當事人恐因對方未能遵守契約時間，或不能履行合同中所載各節，每在條文中註明違約後罰款或賠款之處分，此舉蓋所以促對方之注意，使其遵守前約，準時實踐也。此種罰款與賠款之條文，在各種商業合同中，均備載，固不僅建築合同有如此記錄。但罰款與賠款，兩者意義含混，解釋各異，若使用不當，每因此引起糾紛，發生訴訟。故當事者不可不慎也。

罰款之意，就字義言，似專指延誤合同時間，未能如期履行，故處罰相當款項，薄示懲告，催促注意，藉此或可彌補因延誤而受之損失。處罰之法，或以逾契約期間後按日或按時計算，如延誤一週罰金百元，十週千元，可依次類推。罰款數額之多寡，或視合同內容之大小而定，或由當事人同意，另用他種方法取決。吾人所須注意者，罰款之舉，原使當事者之迅速履行合同時間。但若爽約，不加履行，合同所載之罰款條件，殊不足以彌補因此所受之損失。當事人能補救因毀約而受之損失者，惟以賠款方法出之。此二者驟視似判然各別，但使用不當，則一經涉訟，各持見解，難以取決。吾國工商業各界因罰款或賠款糾紛之訟案，報章日有零星記載，缺乏具體資料，以供參攷。試舉英國 Widnes Foundry, Ltd. 與 Cellulose Acetate Silk Co. 一案，曾因此問題互控經年，訴訟不息，甚至達於最高法院，始行解決。此案原告為一絲商，與一被告之營醋酸鹽(Acetate)者，訂立購置機械之契約。蓋醋酸鹽為製絲時之重要原料。每噸人造絲須需醋酸鹽三噸。醋酸鹽每噸價值七十六磅，但若用蒸餾收斂之方法，則可省九成。此時原告方面需要此機甚急，商談結果，購置十二噸重之機器一具，價值一萬九千二百五十磅。但並未提及交貨時期。最後被告要求九個月後交貨，原告將嫌時間過長，須加縮短，否則將另請他廠製造。最後雙方訂定准期交貨期間減短，機器價格則增五百磅，為一萬九千七百五十磅。但若過十八星期後尚未交貨，則每一星期須向被告罰金二十磅。並訂立合同，互各遵守。但若罷工拒業或人力不可抗之故而延期，則不在其限。此合同訂立於一九二九年三月十四日，應於同年七月二十七日交貨；但被告延誤至一九三〇年二月十日始行將機器全部交貨，已逾合同期限有三十星期之久。結果原告提出訴訟，請求被告賠償因此所受之損失。審判結果，推事科被告以罰款，計償原告估計因此所受之損失五千八百五十磅，而並不名之曰賠款。在推事之意，此（一）合同價格與預料所得之損失分配不當（二）此種損失為直接的確定的，但可預計的。被告不服原判，提起上訴。結果上訴院判詞與原判適得其反，科罰原告應用賠款名義，不能謂為罰款。賠款數額應照合同規定，每星期為二十磅，今逾期三十星期，應賠償原告六百磅。上訴院對此判詞之根據，蓋以此案若不能預料有發生毀約之可能，則損失將極難估計。今雙方既預先估及，自應即以訂定之數賠償之。（即每星期二十金磅）但此處义須注意者，即賠償所得，不足彌補原有之損失，則又將若何？能否應用罰款之方法否？法官史克魯登氏（Lord Justice Scrutton）解釋此點，謂可根據鄧耐定法官對於 Dunlop Pneumatic Tyre Co. 與 New Garage & Motor Co. 之判案，即凡雙方恐因延時違約而訂有一定金額按時計算者，不能謂為罰款，祇能謂為賠欵。余（史氏自稱）非謂當事人即被上述合同中定額之束縛，而不能彌補其巨大之損失；但若其數小於實際損失數，殊難稱為罰金也。

二十二年度上海英租界營造概況

二十二年度英工部局所發給房屋執照，計有五、一三〇起。（工部局自建房屋除外）此數與過去四年比較，可得表如左圖：

年　別	中區	北區	東區	西區	共　計
十八年	八一六	七〇五	二、五二九	三、五三六	七、五八六
十九年	六一一	七五〇	三、九六三	三、五一二	八、八三六
二十年	四二三	七八六	五、二一二	二、二七九	八、六九九
二十一年	二七七	三五一	一、二九二	一、五一九	三、四三九
二十二年	三七一	三二三	一、七七〇	二、七六六	五、一三〇

至於各種建築之性質，再可列表分析如下圖：

核准圖樣計二，七七八件（內華人送請者二，一五四，西人送請者六二四）

類　　　別	十　八　年	十　九　年	二　十　年	二十一年	二十二年
華　人　住　宅	5,282	6,818	6,987	2,071	3,545
西　人　住　宅	380	327	97	95	257
旅　　　館	1	3	2	3	0
公　　　寓	8	5	9	5	13
寫　字　間	33	35	41	21	13
西　人　商　店	310	298	273	216	204
戲　　　院	6	6	4	2	4
學　　　校	1	6	5	0	7
紗　　　廠	3	3	4	6	0
麵　粉　廠	0	0	0	0	0
工　　　廠	50	24	73	28	27
其他實業廠屋	24	38	28	23	63
棧　　　房	52	64	27	27	20
汽　車　行	116	75	158	48	98
其　　　他	1,076	893	700	680	616
廁　　　所	244	241	261	214	263
總　　　計	7,586	8,836	8,699	3,439	5,130
估價總額(兩為單位)	25,149,690	46,633,300	37,327,215	18,181,900	25,324,100

21790

二十二年度各區主要建築之已完成及在進行中者，（工部局自建房屋除外）其類別可列表分析如左圖：

區別 \ 種類	華人住宅	西人商店	寫字間	戲院	公寓	西人住宅	工廠	棧房	汽車行	茅屋	職員宿舍	學校	銀行
中區	一一一	六三	二	三	一	一三	一	一	九	一	二	〇	一
北區	八八	三三	〇	〇	四	一三	〇	〇	三	六	三	六	〇
東區	二三七四	二二	九	一	一〇	二	二四	一六	三	八	三	六	〇
西區	一九七二	九六	二	〇	八	一三〇	二	三	八	五	四	五	一

建築物價值估計表

年別	公寓	西式住房	半西式住房	中式住房	其他	合計
十四年	1 677 000	2 000 000	1 385 000	4 950 000	212 000	10 224 000
十五年	1 260 000	900 000	416 000	4 055 000	200 000	6 831 000
十六年	840 000	665 000	552 000	1 883 000	200 000	4 140 000
十七年	6 300 000	920 000	1 815 000	3 300 000	282 000	12 617 000
十八年	7 550 000	2 672 000	2 682 000	4 128 000	435 000	17 467 000
十九年	7 133 000	1 654 000	4 080 000	5 300 000	422 000	18 589 000
二十年	8 000 000	1 745 000	1 420 000	4 463 000	385 000	16 014 000
二一年	4 987 000	1 900 000	572 000	3 540 000	385 000	11 274 000
二二年	4 884 500	2 374 800	1 080 000	5 076 000	536 500	13 951 800

二十二年度上海法租界營造概況

21792

民國十三年至二十二年建築之進展

年別	西式住房	中式住房
十三年	265	1949
十四年	498	2947
十五年	198	2433
十六年	404	1117
十七年	527	1901
十八年	911	2598
十九年	1090	3083
二十年	625	2347
二一年	182	1514
二二年	439	1820

民國二十二年所發住宅建築執照

准許執照 72 張 西式住房 439宅
　　　　173 張 中式住房 1820宅
　　　　113 張 其他建築 639宅
油漆及改裝 准許執照 2656張

21793

工程估價

（十一續）　杜彥耿

第五節　木作工程　（續）

樓板：

關於樓板，一寸四寸洋松企口板二種，業於上期論及。然因地板之種類繁多，故再舉較重要之數種，列表如下：

種類	尺寸	堆數	量	每千尺金額	額
洋松企口板	4"×1"×10'-0"	3 5 堆	117'-0"B.M.	遂力 $97,65	$10,957
" "	6"×1"×10'-0"	2 2 "	110'-0" "	"115,50	"12,705
" "	4"×1¼"×10'-0"	3 5 "	145'-7" "	"136,50	"19,888
" "	6"×1¼"×10'-0"	2 2 "	125'-0" "	"168,00	"21,000
柳安企口板	4"×1¼"×10'-0"	3 5 "	145'-7" "	"185,00	"26,954
" "	6"×1"×10'-0"	2 2 "	110'-0" "	"175,00	"16,250
檀木企口板	2"×1"×10'-0"	8 1 "	166'-6" "	"280,00	"46,620
盟克企口板	2"×1"×10'-0"	8 1 "	166'-6" "	"260,00	"48,290
柚木企口板	2"×1"×10'-0"	8 1 "	166'-6" "	"400,00	"66,600

（註）倘有梅不實（Maple）茄栗等，因不多採用故略之。

21794

踢脚板，即室中四邊沿牆底下之護板，為草場工程之一。板之上口往往刨起線脚，亦有刨圓角或斜口等者。木匠包工，踢脚板照例帶進在樓地板內，不另計算工資。若僅做踢脚板，則每丈包工自一工至三工；用料則視需料之厚薄與高低為判；更須視料之貴賤估算之。

種類	尺　　寸	數量／工數	每千尺金額／每工工值	結計料值／結計工值	總計
洋松踢脚板	6″×1″×10′-0″	5′-0″／一工	$80.00／.60	$.40／.60	$1.20
〃 〃 〃 〃	8″×1″×10′-0″	6′-6″／一工半	$80.00／.60	$.52／.90	$1.42
〃 〃 〃 〃	1¼″×10″×10′-0″	10′-4″／一工半	$80.00／.60	$.832／.90	$1.732
柳安脚踢板	6″×1″×10′-0″	5′-0″／一工	$130.00／.60	$.65／.60	$1.25
〃 〃 〃 〃	8″×1″×10′-0″	6′-6″／一工半	$130.00／.60	$.845／.90	$1.745
〃 〃 〃 〃	1¼″×10″×10′-0″	10′-4″／一工半	$130.00／.60	$1.352／.90	$2.252

註一：上列各項踢脚板之材料，均係淨料，最妥應照淨數加三成之耗損。

註二：上列係普通需用者，餘如柚木，麻栗等因不多用，故略。

裝修工程　　估算裝修工程，殊覺困難，因裝修花樣，初無一定之標準。是以材料與人工二者，不能遽下斷定。歐美各國，有現成做就之門可購，每扇普通約十五先令至四十五先令。美則以方尺計值，一門之值試舉數例如下：

美洲估算定製之膠夾板門，以門之平面計算，其厚度至多二寸。平面一統浜子板或四分塊浜子板及簡深之浜子線。

註：門之最小面積，不過十七平方尺半。

白楊 (White Pine)
黃松 (Yellow 〃)
寨不勒斯 (Cypress)
無花點亞克 (Plain Oak)
普通松木 (Unselected Birch)
} 第一括弧中之材料，用以作門，每方尺價美金四角半。

白麻栗 (Ash)
梅不爾 (Maple)
紅松 (Red Birch)
二五鋸紅亞克
三夾木 (Sycamore)
白梅不爾 (White Maple)
} 第二括弧中之材料，用以作門，每方尺價美金五角二分。

白楊
二五鋸白麻栗
二五鋸三夾木
} 第三括弧中之材料，用以作門，每方尺價美金六角五分。

鬆紋黃松（Curly Yellow Pine）
鬆紋松木（Curly Birch）
支利（卽櫻木）（Cherry）
華爾納（Walnut）
｝第四括弧中之材料，用以作門，每方尺美金七角半。

桃花心木（Mahogany）
鳥目紋梅不爾（Bird's eye Maple）
鬆紋梅不爾（Curly Maple）
｝第五括弧中之材料，用以作門，每方尺美金九角半。

一切膠夾板門，做平光一統浜子洋門，倘欲做其他式樣，則必另行規定。

膠夾板門應須加費者

剗刨板浜子　　　　　　　　　每塊　　加美金二角半。
門之厚度超過二寸者　　　　　每二分　加美金八角。
門之闊度超過三尺六寸者　　　每六寸　加美金八角。
門之高度超過八尺者　　　　　每六寸　加美金六角。
門之浜子板欲做二種材料，照原定之材料　每扇　加美金九角。
一門浜子板超過五張以上，應須加費者

第一括弧　　加美金二角。
第二括弧　　加美金三角。
第三括弧　　加美金四角。

大門圈框之加重線腳者

第四括弧　　加美金五角。
第五括弧　　加美金七角。
第一括弧　　加美金一元二角。
第二括弧　　加美金一元五角。
第三括弧　　加美金二元。
第四括弧　　加美金二元二角。
第五括弧　　加美金二元五角。

每倉浜子線腳突高應加費者

第一括弧　　單面線腳　加美金四角。
　　　　　　雙面線腳　加美金六角。
第二括弧　　單面線腳　加美金四角半。
　　　　　　雙面線腳　加美金六角半。
第三括弧　　單面線腳　加美金五角。
　　　　　　雙面線腳　加美金七角。
第四括弧　　單面線腳　加美金五角半。
　　　　　　雙面線腳　加美金七角半。
第五括弧　　單面線腳　加美金六角。
　　　　　　雙面線腳　加美金八角。

21796

門板次膠
不精選洋松及簡單紅啞克
四帽頭一中挺六塊子浜板

上帽頭　中帽頭　中挺　浜子　下帽頭

大圖	高	小厚	松木（每樘）	啞克（每樘）
二 尺	六尺八寸	一寸三分	美金四元八角	美金六元
二 尺	六尺八寸	一寸三分	〃〃五元	〃〃六元二角
二 尺	七 尺	一寸三分	〃〃五元八角	〃〃七元二角
二尺八寸	七 尺	一寸三分	〃〃六元	〃〃七元六角
三 尺	七 尺	一寸三分	〃〃六元四角	〃〃八元
二尺八寸	六尺八寸	一寸六分	〃〃五元八角	〃〃七元二角
二尺四寸	七 尺	一寸六分	〃〃六元八角	〃〃八元二角
二尺八寸	七 尺	一寸六分	〃〃七元	〃〃八元四角
二尺十寸	七 尺	一寸六分	〃〃七元二角	〃〃八元八角
二尺半	七尺半	一寸六分	〃〃七元六角	〃〃九元二角
二尺八寸	七尺半	一寸六分	〃〃七元八角	〃〃九元六角
三 尺	七尺半	一寸六分	〃〃八元四角	〃〃十元二角

裡面門一堂價格分析

門堂一副配於五寸板膛者	美金一元二角
門捺頭	美金二角
雙面門頭線及搬子	美金一元五角
門一扇2'8"×6'8"1⅜"四浜子黃松	美金五元
普通油漆	美金六角
鉑件配全	美金二元五角
木匠工（六小時每小時一元）	美金六元
共計	美金十七元

茲欲使讀者明晰圖外價格，藉與國內價格比較起見，故不厭周詳，列舉如上。國內專製門窗裝修之工廠殊尠，滬地僅有中國造木公司一家，初本金為華股，自一二八之變後，廠房被燬，迨和議告成，收拾殘機，整歸英商泰隆木行，仍名中國造木公司。該廠機器設置，在國內頗稱完備，然仍鮮普及。僅上海一埠，除少數大建築外，均由營造廠自雇木工製造。

（未完）

建築材料

二十二年度之國產水泥

談鋒

水泥一名士敏土，爲現代建築物品中之重要材料。查外商水泥之運華傾銷者，有香港，安南，澳門，日本等處，惟自九一八後，日本水泥，故意壓低價值，在我國各口，大肆傾銷，我國水泥業蒙受絕大之影響，自不待言。幸政府增加關稅，國產水泥得以一甦生氣。兹姑將去年一年來之國產水泥銷售狀況，誌之於後。

甲　產量

本國水泥廠有啓新，中國，華商及廣州之西村等四家，合計資本逾銅惜欵等約此三千萬元。各欵之每年產量如下：

一、啓新洋灰公司　廠設河北唐山，年產馬牌水泥一百七十餘萬桶。分廠設湖北大冶，年產塔牌水泥二十餘萬桶。

二、中國水泥公司　廠設江蘇龍潭，年產泰山牌水泥八十餘萬桶。

三、華商上海水泥公司　廠設上海龍華，年產象牌水泥五十餘萬桶。

四、西村士敏土廠　廠設廣州西村，年產五羊牌水泥四十餘萬桶。閉現該廠正在擴充中，本年年底可以完成，預計將來產額，每年連新總計約三百八十萬桶左右，若悉數銷去，可售銀約共一千三百五十萬元（稅款在外）。

乙　銷數

二十二年度各廠應銷數約爲三百萬桶，較以前各年約增銷四五十萬桶，考其原因，由於政府增加關稅，外貨減少進口所致，組查海關貿易報告：二十二年度外貨進口水泥，較較二十一年度減少，然乃達一、九一一、七〇一擔之譜，兹分別如下：

國別	數量（擔）	價值（海關金單位）
安南	五四一、北圓壹	六三三、圭八兎
日本	五一三、二七五	二四一、九四四
香港	四六一、二五八	五一八、八二六
澳門	一七四、〇〇八	一八二、七五三
其他	二三一、四一五	二三七、三八三
總額	一、九一一、七〇一	一、八一一、圭二盖兎

丙　銷售區域

國產各廠出品，在全國各地，均有經銷，惟各地需銷數額，則查國產各廠，德產額現爲三百八十萬桶，二十二年度銷數難見增加，而過剩之欵，倘達八十萬桶，假令外貨進口絕跡，則全國產銷過剩之虞。倘廣州士敏土廠擴充以後，外貨即不進口，全國產量仍有可相抵，以輕特運輸關係，孫雖統計，葢調劑各處，則因運輸困難，且以日貨傾銷關係，難與競爭，故無銷路。

公司名稱	出品種類	商標	資本總額	二十二年度銷額 總計	本埠佔	長江各埠佔（南京漢口佔）	華北佔（青島濟南天津）	華南佔	南洋各屬佔	杭州佔（其他各地）
大中機製磚瓦有限公司	空心磚、實心磚、缸瓦	大中	三十萬元	標準數三千萬塊計洋三十萬元	百分之九十	百分之五				
兼山磚瓦公司	各種機製磚瓦	△	二十五萬元	三十餘萬元	百分之六十	百分之十	百分之五	百分之五	百分之十	
山海大理石廠股份有限公司	大理石、磨石子		四十萬元	四十萬元	百分之六十八	百分之二	百分之五	百分之五		
中國石公司	雕刻及磨光之四川石、玉沸石大理石、晶粒石	地球	五十萬元	一萬五千呎合洋八萬二千四百○八元	百分之六十二	南京漢口佔百分之十一	青島濟南天津百分之三十七			
益中福記機器瓷電有限公司	各種碼賽克瓷磚等	⊕	五十萬元	約二十萬元	約四分之三	四分之一				
大東鋼窗股份有限公司	鋼窗門及鋼建築材料		八萬元	約五六十萬元	約三十萬元	約百分之四十	百分之二十	約百分之二十五	約二十萬元	
上海鋼窗公司	鋼窗鋼門及鋼窗銅門及鋼鐵材料		五萬元	三十萬元	百分之四十二	百分之二十五	百分之六	百分之二十	百分之八	
開林油漆有限公司	各種漆油	雙斧牌	收實二十五萬元	約一百二十萬元	約百分之四十	約百分之十	約百分之五	約百分之廿五	約百分之二十	
永固造漆公司	各種油漆	長城牌	十二萬元	一百萬元	百分之二十	百分之三十	百分之十	百分之二十	百分之十	
振華油漆公司	各種油漆	飛虎 雙旗	二十萬元							

（註）中國石公司，在滬傾銷，祇有半年，故尚無全年精確之統計。

21799

建築材料價目表
磚　瓦　類

貨　　名	商　　號	大　　　小	數　量	價　　目	備　　註
空　心　磚	大中磚瓦公司	12″×12″×10″	每　千	$250.00	車挑力在外
″　″　″	″　″　″　″	12″×12″×9″	″　″	230.00	
″　″　″	″　″　″　″	12″×12″×8″	″　″	200.00	
″　″　″	″　″　″　″	12″×12″×6″	″　″	150.00	
″　″　″	″　″　″　″	12″×12″×4″	″　″	100.00	
″　″　″	″　″　″　″	12″×12″×3″	″　″	80.00	
″　″　″	″　″　″　″	9¼″×9¼″×6″	″　″	80.00	
″　″　″	″　″　″　″	9¼″×9¼″×4½″	″　″	65.00	
″　″　″	″　″　″　″	9¼″×9¼″×3″	″　″	50.00	
″　″　″	″　″　″　″	9¼″×4½″×4½″	″　″	40.00	
″　″　″	″　″　″　″	9¼″×4½″×3″	″　″	24.00	
″　″　″	″　″　″　″	9¼″×4½″×2½″	″　″	23.00	
″　″　″	″　″　″　″	9¼″×4½″×2″	″　″	22.00	
實　心　磚	″　″　″　″	8½″×4⅛″×2½″	″　″	14.00	
″　″　″	″　″　″　″	10″×4⅞″×2″	″　″	13.30	
″　″　″	″　″　″　″	9″×4⅜″×2″	″　″	11.20	
″　″　″	″　″　″　″	9″×4⅜″×2¼″	″　″	12.60	
大　中　瓦	″　″　″　″	15″×9½″	″　″	63.00	運至營造場地
西　斑　牙　瓦	″　″　″　″	16″×5½″	″　″	52.00	″　　″
英國式灣瓦	″　″　″　″	11″×6½″	″　″	40.00	″　　″
脊　　瓦	″　″　″　″	18″×8″	″　″	126.00	″　　″
瓦　　筒	義合花磚瓦筒廠	十　二　寸	每　只	.84	
″　″　″	″　″　″　″	九　　寸	″　″	.66	
″　″　″	″　″　″　″	六　　寸	″　″	.52	
″　″　″	″　″　″　″	四　　寸	″　″	.38	
″　″　″	″　″　″　″	小　十　三　號	″　″	.80	
″　″　″	″　″　″　″	大　十　三　號	″　″	1.54	
青水泥花磚	″　″　″　″		每　方	20.98	
白水泥花磚	″　″　″　″		每　方	26.58	

21800

水　泥　類

貨　　名	商　號	標　　記	數量	價　　目	備　　註
水　　泥		象　　牌	每桶	$ 6.25	
水　　泥		泰　　山	〃　〃	6.25	
水　　泥		馬　　牌	〃　〃	6.30	

木　材　類

貨　　名	商　　號	說　　明	數量	價　　格	備　　註
洋　　松	上海市同業公會公議價目	八尺至卅二尺再長照加	每千尺	洋八十二元	
一　寸洋松	〃　〃　〃		〃　〃	〃八十四元	
半　寸洋松	〃　〃　〃		〃　〃	八十五元	
洋松二寸光板	〃　〃　〃		〃　〃	六十四元	
四尺洋松條子	〃　〃　〃		每萬根	一百二十元	
一寸四寸洋松一號企口板	〃　〃　〃		每千尺	一百〇五元	
一寸四寸洋松一號企口板	〃　〃　〃		〃　〃	七十八元	
一寸六寸洋松一號企口板	〃　〃　〃		〃　〃	一百十元	
一寸六寸洋松二號企口板	〃　〃　〃		〃　〃	七十八元	
一二五四寸一號洋松企口板	〃　〃　〃		〃　〃	一百三十元	
一二五四寸二號洋松企口板	〃　〃　〃		〃　〃	九十五元	
一二五六寸一號洋松企口板	〃　〃　〃		〃　〃	一百六十元	
一二五六寸二號洋松企口板	〃　〃　〃		〃　〃	一百十元	
柚木（頭號）	〃　〃　〃	俗帽牌	〃　〃	六百三十元	
柚木（甲種）	〃　〃　〃	龍　牌	〃　〃	四百五十元	
柚木（乙種）	〃　〃　〃	〃	〃　〃	四百二十元	
柚　木　段	〃　〃　〃	〃	〃　〃	三百五十元	
硬　　木	〃　〃　〃		〃　〃	二百元	
硬木（火介方）	〃　〃　〃		〃　〃	一百五十元	
柳　　安	〃　〃　〃		〃　〃	一百八十元	
紅　　板	〃　〃　〃		〃　〃	一百〇五元	
抄　　板	〃　〃　〃		〃　〃	一百二十元	
十二尺三寸六八皖松	〃　〃　〃		〃　〃	六十元	
十二尺二寸皖松	〃　〃　〃		〃　〃	六十元	

21801

貨　　　名	商　號	說　　明	數量	價　格	備　　　註
一二五四寸柳安企口板	上海市闊業公會公議價目	龍　　　牌	每千尺	一百八十五元	
一寸六寸柳安企口板	″ ″ ″		″ ″	一百七十五元	
二寸一寸建松半片	″ ″ ″		″ ″	六十元	
一丈字印建松板	″ ″ ″		每丈	三元三角	
一丈足建松板	″ ″ ″		″ ″	五元二角	
八尺寸甌松板	″ ″ ″		″ ″	四元	
一寸六寸一號甌松板	″ ″ ″		每千尺	四十六元	
一寸六寸二號甌松板	″ ″ ″		″ ″	四十三元	
八尺機鋸杭松板	″ ″ ″		每丈	二元	
九尺機鋸甌松板	″ ″ ″		″ ″	一元八角	
八尺足寸皖松板	″ ″ ″		″ ″	四元五角	
一丈皖松板	″ ″ ″		″ ″	五元五角	
八尺六分皖松板	″ ″ ″		″ ″	三元五角	
台松板	″ ″ ″		″ ″	四元	
九尺八分坦戶板	″ ″ ″		″ ″	一元二角	
九尺五分坦戶板	″ ″ ″		″ ″	一元	
八尺六分紅柳板	″ ″ ″		″ ″	二元一角	
七尺俄松板	′ ′ ′		′ ′	一元九角	
八尺俄松板	″ ″ ″		″ ″	二元一角	
九尺坦戶板	″ ″ ″		″ ″	一元四角	
六分一寸俄紅白松板	″ ″ ″		每千尺	七十元	
一寸二分四寸俄紅白松板	′ ″ ″		″ ″	六十七元	
俄紅松方	″ ″ ″		″ ″	六十七元	
一寸四寸俄紅白松企口板	″ ″ ″		″ ″	七十四元	
一寸六寸俄紅白松企口板	″ ″ ″		″ ″	七十四元	
俄麻栗光邊板	″ ″ ″		″ ″	一百二十元	
俄麻栗毛邊板	″ ″ ″		″ ″	一百十元	
一二五，四寸企口紅板	″ ″ ″		″ ″	一百三十九元	

油 漆 類

貨　　名	商　號	標　記	裝　量	價　格	備　註
AAA上上白漆	闢林油漆公司	雙斧牌	二十八磅	九元五角	
AA上上白漆	,, ,, ,,	,, ,, ,,	,, ,,	七元五角	
A 上 白 漆	:,	,,	,,	六元五角	
A 白 漆	,,	,,	,,	五元五角	
B 白 漆	,,	,,	,,	四元七角	
AA二白漆	,,	,,	,,	八元五角	
K 白 漆	,,	,,	,,	三元九角	
KK白 漆	,,	,,	,,	二元九角	
A 各 色 漆	,,	,,	,,	三元九角	紅黃藍綠黑灰棕
B 各 色 漆	,,	,,	,,	二元九角	,, ,, ,,
銀硃調合漆	,,	,,	五介侖	四十八元	
,, ,, ,,	,,	,,	一介侖	十元	
白及紅色調合漆	,,	,,	五介侖	二十六元	
,, ,, ,,	,,	,,	一介侖	五元三角	
各色調合漆	,,	,,	五介侖	二十一元	
,, ,, ,,	,,	,,	一介侖	四元四角	
白及各色磁漆	,,	,,	,,	七元	
硃紅磁漆	,,	,,	1	八元四角	
金銀粉磁漆	,,	:,	,,	十二元	
銀硃磁漆	,,	,,	,,	十二元	
銀硃打磨磁漆	,,	,,	,,	十二元	
白打磨磁漆	,,	,,	,,	七元七角	
各色打磨磁漆	,,	,,	,,	六元六角	
灰色防銹調合漆	,,	,,	,,	二十二元	
紫紅防銹調合漆	,,	,,	,,	二十元	
鉛丹調合漆	,,	,,	,,	二十二元	
甲種清嗶呢士	,,	,,	五介侖	二十二元	
,, ,, ,,	,,	,,	一介侖	四元六角	
乙種清嗶呢士	,,	,,	五介侖	十六元	
,, ,, ,,	,,	,,	一介侖	三元三角	

21803

貨　　名	商　　號	標　　記	裝量	價　格	備　　註
黑嗹呢士	開林油漆公司	雙　斧　牌	五介侖	十二元	
″　″　″　″	″　″　″	″　″　″	一介侖	二元二角	
烘光嗹呢士	″	″	五介侖	二十四元	
″　″　″　″	″	″	″	五元	
白牌純亞蔴仁油	″	″	五介侖	二十元	
″　″　″　″	″	″	一介侖	四元三角	
紅牌熟胡蔴子油	″	″	五介侖	十七元	
″　″　″　″	″	″	一介侖	三元六角	
乾　　液	″	″	五介侖	十四元	
″　″　″　″	″	″	一介侖	三元	
松　節　油	″	″	五介侖	八元	
″　″　″　″	″	″	一介侖	一元八角	
乾　　漆	″	″	廿八磅	五元四角	
″　″　″　″	″	″	七磅	一元四角	
上白塡眼漆	″	″	廿八磅	十元	
白塡眼漆	開林油漆公司	″	″	五元二角	

五　金　類

貨　　名	商　號	數量	價　格	備　　註
二二號英白鐵	新仁昌	每　箱	六七元五角五分	每箱廿一張重四二〇斤
二四號英白鐵	同　前	每　箱	六九元〇二分	每箱廿五張重量同上
二六號英白鐵	同　前	每　箱	七二元一角	每箱卅三張重量同上
二二號英瓦鐵	同　前	每　箱	六一元六角七分	每箱廿一張重量同上
二四號英瓦鐵	同　前	每　箱	六三元一角四分	每箱廿五張重量同上
二六號英瓦鐵	同　前	每　箱	六九元〇二分	每箱卅三張重量同上
二八號英瓦鐵	同　前	每　箱	七四元八角九分	每箱卅八張重量同上
二二號美白鐵	同　前	每　箱	九一元〇四分	每箱廿一張重量同上
二四號美白鐵	同　前	每　箱	九九元八角六分	每箱廿五張重量同上
二六號美白鐵	同　前	每　箱	一〇八元三角九分	每箱卅三張重量同上
二八號美白鐵	同　前	每　箱	一〇八元三角九分	每箱卅八張重量同上
美方釘	同　前	每　桶	十六元〇九分	

貨　　　名	商　號	數　量	價　　　格	備　　　　　註
平　頭　釘	同　前	每　桶	十八元一角八分	
中國貨元釘	同　前	每　桶	八元八角一分	
半號牛毛毡	同　前	每　捲	四元八角九分	
一號牛毛毡	同　前	每　捲	六元二角九分	
二號牛毛毡	同　前	每　捲	八元七角四分	
三號牛毛毡	同　前	每　捲	三元五角九分	

21805

會務

本刊為發表會中大事，流通會員聲氣，特闢會務一欄；並將原有之通信欄歸入。即自本期為始，尚希讀者諸君注意！

（一）呈請財政部收回加徵水泥統稅成命

財政部稅務署自二十二年十二月五日起，倍徵水泥統稅，本會各會員營造廠，以該項增稅，影響所及，損失殊大，紛紛要求籌補救方法，爰召集執監聯席會議，討論辦法，經決議聯合上海市營造廠業同業公會，具呈財部，請求收回成命，茲附錄呈財部原文及財部批復如後：（一）呈為加徵水泥統稅，窒礙難行，懇請收回成命，以卹艱困，仰祈鑒核照准登復，俾維國家多故，故鈞會公布倍增水泥統稅之日，屬會等竊感國貨之將蒙重大影響，而激於愛國之熱忱，骨召集會議，多數表示贊同，並決議此項突增之統稅，初非預算所及，應歸業主負擔，經分別刊登滬上各中外日報通告在案。而進行以來，困阻叢生，推厥要因，約有數端：一日僅增國貨，業主將合國產水泥，而採用跌價傾銷之外貨水泥。二日實施勿促，不及籌措準備。三日驟增一倍，不勝負擔。有此數因，勢將別啓糾紛。屬會洞察工商實業之疲憊，深不願重視社會之不安現象。而連日屬會等會員之來函，現請補救。屬會等慄慄同業前途之莫測，國產水泥銷路

之醫淡，用敢不避冒瀆，瀝陳下悃，呈請鈞部鑒核，俯准收回倍增水泥統稅之成命，仍照向例徵收六角，以利產銷，而卹商困，實為德便，毋任迫切盼禱之至。（二）呈悉。查水泥加稅，原為政府不得已之舉，際此國庫支絀，建設大政，剿匪軍事，在在需款之時，各廠商自應勉為其難，俾資協助。且查此次新訂水泥統稅率，全國一律增加，各廠負担平等，在廠商不過負代收代繳之責，實際仍由消費者負納稅義務，各該建築商尤不至感受若何困難。至船來水泥既須另完開稅，更何能貶價傾銷。事關通案，所請收回成命，礙難照准。各該建築商，均屬深明大義，仰即安為勸導，勉力遵辦，是所厚望。此批。

（二）製發「日後新增之稅概由業主負擔」圖章

本會各會員營造廠，於進行工程時，因建築材料驟增新稅，或啓重惹糾紛，或蒙意外損失，苟無妥善辦法，殊難救濟來茲。本會執行委員會有鑒於此，爰於開會時籌議辦法，當經決議，由會製就「日後新增之稅概由業主負擔」之圖章，分發各會員營造廠，以後各廠於估計造價時，用以印諸估價單上，藉維利益，而免糾紛。

同時並分別通知各建築師工程師工程師查照在案。茲錄致會員營造廠暨致建築師工程師二函原文於後。

（甲）致會員營造廠函：迳啟者：本會鑑於建築材料之課稅，時有增加，同業所受影響極鉅，用特召開執監聯席會議，討論辦法。當經議決：以後所增各種稅款，概由業主負擔，並製就『日後新增之稅概由業主負擔』之圖章，分發各會員營造廠，用以印於估價單上，藉資憑證。除已另行通知各建築師工程師工程師查照外，相應檢同圖章一枚，送達存用，即希台管。為荷！此致建築師工程師。中華民國二十三年一月六日。

（乙）致建築師工程師函：迳啟者：本會所屬會員營造廠，以建築材料增各種新之稅，所受意外之損失極鉅，用特開會議決，凡於開賬後所增加課稅，概歸業主負擔，並由會製就『日後新增之稅概由業主負擔』之圖章，分發各會員營造廠，在開賬時用以印於估價單上，作為憑證，業已分發啟川，相應函達，即希台管。為荷！此致建築師工程師。中華民國二十三年一月六日。

（三）推陳松齡湯景賢二委員籌備年會

本會第三屆會員大會，應即定期舉行，照章改選執監會員，已推定陳松齡湯景賢二委員負責進行。

（四）瓶辦建築學術討論班

本市建築事業顏有進展氣象，從業者探求新知之慾望甚切，本會應事實之需要，規辦學術討論班，茲錄繕起簡章於下：「上海市建築協會建築學術討論班簡章」科學因探討而發明，藝術由切磋而嫻化，墨守繩規，不足以應付時代。我滬擬遠東之中心，建築事業，日新月異，同人探求智識之慾望必高，本會英於集思廣益，推陳出新之義，特舉辦建築學術討論班，徵集服務建築業者之餘暇，聚首一堂，共同研究，並延請建築專家，輪流演講，俾獲進益。謹訂簡章如后：

（一）定名為上海市建築協會建築學術討論班。（二）以利用業餘時間，研究建築學術為宗旨。（三）凡建築界有志研究者，不論會員或非會員，均可加入；惟非會員須經本會會員之介紹。（四）有出席聽講研究之權利。（五）有遵守本班一切規則之義務。（六）不收任何費用。（七）以每星期日晚七時至九時為研究時間。（八）須先期來會報名。（九）準二十三年一月開始，惟不滿三十人時，得酌量展緩。（十）甲，本章程未盡善處得隨時修正之。乙，本班設上海南京路大陸商場六樓六二〇號上海市建築協會內。

附第九次執監聯席會議討論，決議積極籌備，並推定陳松齡湯景賢二委員負責進行。

（五）本會附設夜校近况

本會附設正基建築工業補習學校，創辦於民國十九年秋季，為本埠唯一工業夜校，向學者大率為營造建築等工務人員。校長本會執委湯景賢先生，現任泰康行總理，為實業部註冊工業技師，出其餘緒，籌謀校務發展，不遺餘力。學生由二十餘人增至二百十餘人，辦學成績，深得各界信仰。湯君近鑒於一般投考學生中英文程度低落，數學根基不良，入學後實施教育，至感困難。爰經一月二十日校務會議提出將初高各級全部課程，重付審查，修改更正。聞下學期起初級一年級即將實施此新課程標準，其他各級亦在積極設法改進中。訓育方面原設有訓育委員會，湯君為謀事業統一易於管理起見，將訓育委員會取消，全校教職員均為當然訓育委員，另推米友仁先生為訓育主任。訂製「學生操行報告表」，分發各教員，俾便隨時報告，予以處分。該校下屆招生廣告，已載本期本刊。

本刊本諸上海市建築協會提倡學術之宗旨而誕生，期始於二十一年冬，按月發行（一卷十二期。雖發刊以來，同人甯自勉，過去歲尾，出齊一卷十二期。雖發刊以來，同人甯自勉，過去歲尾，固無庸已，爰熟籌教籌礎，決於風雨之中，竪樹全力之職，除仍持已往主張，爲社會人羣服務外，並於本刊內容，予以革新，力謀充實。

更新計劃，自本期起逐步實踐，茲舉要約略陳之：

（一）將譯著分爲建築，工程，營造三部分，雖仍混合編輯，而於三者之量與質，則求其平均發展。（二）擴大建築圖樣與攝影之取材範圍，凡與各階級各方面有關之各種建築圖樣，須具備參考價值，當予蒐集刊布，藉供觀摩。（三）以後刊登之文字或圖樣，均求切合實用，不尚空談；而於著譯等文字，尤重簡明，力避浮華奧澀，免費讀者寶貴之光陰。

本期爲第二卷第一期，又值二十三年歲首，特增加篇幅，擴充內容，刊行特大號，插圖計二十餘種，壹百餘幅，譯著十篇，正文萬幅一百餘頁。插圖中如上海探物以後，因工程上之需要，材料多仰給外貨，年來國人顧知自候建造，本會特將一年來之盈縮狀況，分別圖查，製成統計表，發表於本期。謹選載錢錡先生之「二十二年之國產水泥」一文，建築材料廠商於此可覘發展業務之途徑也。

我國建築界自接受外洋建築界空氣，改革國內建築二卷二期已從編纂，準下月內出版，特預誌奉聞。

銀行等新屋，規模顧大；年來銀行事業，氣象蓬勃，建築，亦均有圖樣發表。如香港匯豐銀行，上海中國通商銀行對於此種建築必注意，故製爲刊之。又因各大都市築院，斜橋弄巨廈，以及環龍路公寓等，均屬全套圖樣。其他如銀行，郵舶機關，旅館，電影院等各種建養院，斜橋弄巨廈，以及環龍路公寓等，均屬全套圖樣。

應事實之需要，競建公寓，就上海一埠言，最近一年來，大量產生，已不少崇樓峻廈之公寓建築矣，是以本期於公寓圖樣，而多選載，以爲各大都市建築界之參考。

譯著除杜彥耿先生之「工程估價」續稿及「建築辭典」外，短篇有林同棪先生之「克勞氏連架計算法」，黃鍾琳先生之「氣候濕度對於水泥，灰泥與混凝土三者之影響」；此二文對於建築工程顧多貢獻。又有朗琴先生之「罰款與賠欺之研究」一文，儒討論建築上法律問題之專著，年來建築界糾紛迭起，如能略具法律常識，當不乏可消弭於無形者，本刊因擬擇尤繼續發表也。

上海市建築協會同仁，爲謀展建築業起見，曾擬設立建築銀行，旋以事襄。茲復由委員股信之先生發起籌設，擬有計劃，本刊寀於建築銀行確爲建築界而籌設者，特將其籌設緣起刊載之。

預定

全年	十二冊	大洋伍元
郵費	本埠每冊二分,全年二角四分;外埠每冊五分,全年六角;國外另議	
優待	同時定閱二份以上者,定費九折計算。	

投稿簡章

1. 本刊所列各門,皆歡迎投稿。翻譯創作均可,文言白話不拘。須加新式標點符號。譯作附寄原文,如原文不便附寄,應詳細註明原文書名,出版時日地點。

2. 一經揭載,贈閱本刊或酌酬現金,撰文每千字一元至五元,譯文每千字半元至三元。重要著作特別優待。投稿人却酬者聽。

3. 來稿本刊編輯有權增刪,不願增刪者,須先聲明。

4. 來稿槪不退還,預先聲明者不在此例,惟須附足寄還之郵費。

5. 抄襲之作,取消酬贈。

6. 稿寄上海南京路大陸商場六二〇號本刊編輯部。

建築月刊

第二卷·第一號

本期特大號零售每冊大洋一元,定閱不加。

編輯者	上海市建築協會 南京路大陸商場
發行者	上海市建築協會 南京路大陸商場

電話 九二〇〇

印刷者	新光印書館 上海聖母院路聖達里三一號

廣告價目

地位	底封面外面	封面及底面之裏面	封面裏面及底面裏面之對面	普通地位	
全面	七十五元	六十元	五十元	四十五元	小廣告 每期每格一寸半闊高大洋四元
半面	三十五元	三十元	三十元	三十元	
四分之一				二十元	

辦法,請逕函本刊廣告部接洽。

廣告槪用白紙黑墨印刷,倘須彩色,價目另議。鑄版影剁,費用另加。長期刊登;倘有優待

本廠專造各種銀
行堆棧房屋橋樑
及其他一切工程
如蒙賜顧無任
歡迎

徐得記營造廠

上海靄煦路四三二弄二八號

電話：三三〇九七號

21810

21811

潘榮記營造廠

上海�福路煦福坊十二號

電話 七二一九四

◀ 上圖為本廠承造之宏恩醫院工作情形 ▶

本廠建築經管二十餘年垂對於各種大小程門工程極專承建築工承建先之建程如不下百工蒙託定能使主顧分滿意也

POAN YOUNG FOO & CO.

General Contractors

12 Foch Terrace, Avenue Foch..........Tel. 72194

21813

所務事築建泰裕張
Chang Yue Tai Construction Co.

(Civil Engineering & General Contractors)

HOPE 合記 KEE

本	代	劃	工	一	築	泥
公	客	各	程	切	及	工
司	設	種	並	大	鋼	程
專	計	建	承	小	骨	
門	規	築	造	建	水	

地　址

號六十五百三路京北海上

號三至二六一一九　話電

Address:

Room No. 604, 356 Peking Road.

Telephone 91162-3

21814

21815

源昌建築公司

承造

各式中西房屋

銀行堆棧

廠房校舍

橋樑道路

碼頭鐵道

一切大小工程

上海博物院路十九號

七樓七二一號

友聯建築公司

本廠專門承造各種

中西房屋橋樑鐵道

碼頭等及其他一切

大小鋼骨水泥工程

上海圓明園路二九號四樓

21818

本　廠

承造

一切大

小鋼骨水

泥工程

夜昼新營造廠

上海地豐路一五二號隔壁

電話 二七九〇四

昌生營造廠

亨利路一一號

本廠承造：

各式中西房屋

銀行堆棧

廠房校舍

橋樑道路

碼頭鐵道等等

21820

21822

吳仁記營造廠

事務所：北京路二八〇號

電話：一二〇三六號

本廠專門承造

一切大小建築

鋼骨水泥工程

廠房橋樑及塢

岸等無不經驗

豐富工作認眞

21823

洽興建築公司

上海南京路大陸商場五樓五三一號
電話九〇九六七號

本公司專造

鐵道

碼頭

橋樑

房屋

及其他一切鋼骨水泥工程

YAH SING CONSTRUCTION CO.

Office: 531 Continental Emporium,

Nanking Road, Shanghai.

Tel. No. 90967

21824

21826

21828

余洪記營造廠

事務所

上海四川路三十三號

電話

一九三〇一號

Ah Hong & Company

33 Szechuen Road. Shanghai

Telephone 19301

本廠承造各
種大小工程
及鋼骨水泥
工程歷有年
所經驗宏富
工作精良久
蒙各界贊許
倘承委託建
造無任歡迎

21830

CITROËN

Wheelbase 167"

異軍突起之兩噸

「雪鐵龍」

六汽缸運貨汽車

構造堅固。機力強大。
費用節省。駛行極便。
投資於此。萬無一失。

總經理

法大汽車公司

上海霞飛路四二四——四二六號
電話 八四一〇四. 八四一〇五

21834

21836

The BUILDER

建築月刊

VOL. 2 NO.2

第二卷 第二期

21839

21840

21842

21845

21846

21847

21850

21851

21852

本廠承造工程（正在進行中之一）

速 迅

濟 經

固 堅

泰 來 營 造 廠

上 海 博 物 院 路 十 九 號

電 話 一 七 二 六 九

建築月刊 第二卷第二號

民國二十三年二月份出版

目錄

插圖

萬國儲蓄會之新屋……二

南京陣亡將士公墓圖樣全套……三—一〇

上海市長吳鐵城之新邸……一一

日本東京英使館新屋：大門入口處
及辦公處……一二

日本東京英使館新屋：剖面圖……一三

日本東京英使館新屋：平面圖……一四

日本東京英使館：公使住宅……一五

跳舞廳及客廳……一六

上海斜橋病改建之愛愛娜
跳舞場圖樣全套……一七—一九

譯著

二十二年度上期上海市營造統計概數……二〇

建築辭典（續）……二一—二八

混凝土護土牆 ………………………………………………………………………… 玲 …… 一九—二〇

輕量鋼橋面之控制 …………………………………………………………………… 漸 …… 二一—二三

監工須知 ……………………………………………………………………………………… 三四

桿件各性質 C，K，F 之計算法 …………………………………… 林同棪 …… 三五—四三

中國之變遷 …………………………………………………………… 朋琴 …… 四四—四六

工程佔價（續） ……………………………………………………… 杜彥耿 …… 四七—五四

┌─────────────┐
住　　宅
└─────────────┘

經濟住宅之一 ………………………………………………………………………………… 五五

經濟住宅之二 ………………………………………………………………………………… 五六

建築材料價目表 …………………………………………………………………… 五七—六一

開漈鋼磚之特點 ……………………………………………………………………………… 六二

會務 ………………………………………………………………………………………………… 六三

問答 ……………………………………………………………………………………… 六四—六五

瀛餘 ………………………………………………………………………………………………… 六六

THE BUILDER
February 1934
LEADING CONTENTS

ILLUSTRATIONS
Sketch of the New Block of Flats Known as
 'Gasgoigne' which is being Built for the I. S. S.
 on Avenue Joffre.
Plans of the Memorial Cemetery for Heroes of the
 Revolution, Purple Mountain, Nanking.
Mayor Wu Teh-chen's New Residence.
H. B. M. Embassy, Tokyo, Japan: Main Entrance
 Gates and Chancery Offices, Section, Ground Floor
 and First Floor Plans, Ambassador's Residence,
 Ballroom and Drawing Room.
St. Anna Ballroom, Love Lane, Shanghai.

ARTICLES
Building Constructions in the First Half Year
 Ending June 1933 in the District of Greater
 Shanghai.
Building Terms in English and Chinese.
Concrete Retaining Walls.
Light Steel Floor Governs Long Lift-Span Design.
Calulating the C, K, F Properties of a Member.
Changes in China.
Building Estimates.
Residential Houses.
Current Prices of Building Materials.
S. B. A. News.
Architects' and Builders' Inquiry Bureau.
Edtorials.

大中磚瓦公司 ……………… 上海華豫行
英商茂隆有限公司 ………… 國泰陶器公司
中國製釘有限公司 ………… 新光印書館
英商祥泰木行 ……………… 茂和公司
開灤礦務局 ………………… 代月公司
大美地板公司 ……………… 永豐英板公司
瑞昌銅鐵五金工廠 ………… 比國鋼業聯合社
開林油漆公司 ……………… 泰來營造廠
達昌建築公司 ……………… 昌升建築公司
新成鋼管製造公司 ………… 吳仁記營造廠
合作五金公司 ……………… 商業月報
中國石公司 ………………… 世界木器公司
馥記營造廠 ………………… 茂昌焊記鋼鐵工廠
興業瓷磚公司 ……………… 美和公司
上海大理石公司 …………… 上海光華水泥花方磚廠

順昌傳記石粉廠
張德興電料行 …… 榮泰銅鐵翻砂廠
新仁記營造廠
法大汽車公司 …… 公勤鐵廠
源昌建築公司
謙信機器公司 …… 新仁記營造廠
協隆地產公司
久記營造廠 ……… 法大汽車公司
大來洋行木部
中國造木公司 …… 源昌建築公司
安記營造廠
永固造漆公司 …… 公勤鐵廠
英商吉星洋行

21856

後圖為萬國儲蓄會之新屋，位於上海霞飛路，在杜美路之西。係由費安建築師設計。全屋共分九十間，將名為"Gasgoigne"。

Sketch of the new block of flats known as "Gasgoigne" which is being built for the I. S. S. on Avenue Joffre.

Leonard And Veysseyre, Architects.

南京陣亡將士第二墓公墓

設計者：茂飛建築師

承造者：馥記營造廠

頁數

校地鳥瞰 ……………………………………………… 三

紀念塔正面圖與剖面圖 …………………………… 四

紀念塔平面圖與樑柱栱及斗栱詳圖 ………… 五

紀念堂平面圖與正面圖 …………………………… 六

紀念堂側面圖與剖面圖 …………………………… 七

紀念堂進步放大半圖 ……………………………… 八

牌坊平面圖、立面圖與放大半圖 …………… 九

公墓入口平面圖、立面圖與放大詳圖 …… 十

**Block Plan of the Memorial Cemetery for Heroes
of the Revolution, Purple Mountain, Nanking.**

Mr. H. K. Murphy, Architect
Voh Kee Construction Co., Contractors

21860

·GROUND·FLOOR·CEILING·

·8TH·FLOOR·CEILING·
A·A

·SECTION·   ·ELEVATION·

**Granite Pagoda in the Memorial Cemetery for Heroes
of the Revolution, Purple Mountain, Nanking.**

Mr. H. K. Murphy, Architect
Voh Kee Construction Co., Contractors

— 4 —

21861

BALUSTRADE

DETAIL·OF·CONCRETE·STAIR·

DETAIL·OF·TYPICAL·FLOOR·PLAN·AT·EIGHTH·FLOOR·

DETAIL·OF·TYPICAL·ROOF·SOFFIT·AT·EIGHTH·FLOOR·

GROUND PLAN

FIFTH·FLOOR·PLAN·

TOP·FLOOR·PLAN·

·PAGODA·TOWER·AT·HEAD·OF·GROUP·

Plan and Details of the Granite Pagoda in the Memorial Cemetery for Heroes of the Revolution, Purple Mountain, Nanking.

Mr. H. K. Murphy, Architect
Voh Kee Construction Co., Contractors

— 5 —

21862

SOUTH ELEVATION
SCALE ⅛"=1'-0"

· MEMORIAL · BUILDING ·

SECOND FLOOR

GROUND FLOOR

GRAPHIC 0 5 10 15 20 25 FEET

Plan and Elevation of the Memorial Building for Heroes
of the Revolution, Purple Mountain, Nanking.

Mr. H. K. Murphy, Architect
Voh Kee Construction Co., Contractors

— 6 —

21863

END ELEVATION

SECTION

Side Elevation and Section of the Memorial Building for Heroes of the Revolution, Purple Mountain, Nanking.

Mr. H. K. Murphy, Architect
Voh Kee Construction Co., Contractors

— 7 —

21864

·DETAIL·OF·RIDGE·ORNAMENT·

·DETAIL·OF·CONCRETE·BRACKET·

·TYPICAL·SECTION·

·DETAIL·OF·CONCRETE·
·COLUMN–BRACKET·

·ELEVATION·OF·TYPICAL·CORNER·

·ELEVATION·

PLAN

·DETAIL·OF·STAIR·

·DETAIL·OF·CONCRETE·RAILING·
·AROUND·WELL·

·SECTION·

**Details of the Memorial Building for Heroes of the
Revolution, Purple Mountain, Nanking.**

Mr. H. K. Murphy, Architect
Voh Kee Construction Co., Contractors

21865

Archway Leading to Memorial Building for Heroes of the Revolution, Purple Mountain, Nanking.

Mr. H. K. Murphy, Architect
Voh Kee Construction Co., Contractors

SECTION   EAST ELEVATION   SOUTH ELEVATION   DRIVEWAY ENTRANCE

PLAN

DETAIL OF RIDGE-ORNAMENT

DETAIL·OF·DRIVEWAY·ENTRANCE·

Elevation and Details of Gate House Leading to the Memorial Building for Heroes of the Revolution, Purple Mountain, Nanking.   **Mr. H. K. Murphy, Architect Voh Kee Construction Co., Contractors**

21867

Mayor Wu Teh-chen's New Residence.

上海市市長吳鐵城之新邸

　　圖為上海吳市長之新邸。設計渾厚。結構古雅。雍容尊貴。樸而不華。按吳市長受任於二十一年"一二八"之前。適值中日多事之秋。籌劃應付。顏著勞瘁。全力維持。厥功至偉。而滬區華洋薈萃。觀瞻所繫。能在劇變之後。經費支絀之時。繼續努力完成市中心區之建設。經之營之。卒覩厥成。其精神與毅力。尤足為市民模楷也。

H. B. M. Embassy, Tokyo, Japan: Main Entrance Gates and Chancery Offices.

日本東京英使館新屋　大門入口處及辦公處

21869

日本東京英使館新屋

日本東京英使館新屋，佔地十英畝，舊屋毀於一九二三年大地震之時，故今重建。新屋包括辦公室，公使住宅一所，參事住宅三所，一等祕書住宅一所，助理祕書住宅四所，另有職員住宅，日本書記及僱員，及僕役臥室汽車間貯藏室等。新屋全部用鋼骨水泥構造，設計特殊，以避免強烈之地震。每一建築劃分為若干「抵抗地震分段」(earthquake-resisting sections)。每段成為整個單位之建築，以四吋至十二吋濶之垂直伸縮節縫(Vertical expansion joints)區別之，如此則每段可適應地震之波動。此屋已經過數次強烈之地震，上述之伸縮節縫均能應合地震之波動，而得必需之曲度，故頗著成效。外牆薄層鋼骨水泥先敷以輕石水泥 (pumice concrete)，藉以調劑氣候之變遷，並有多量音隔版，以隔絕音波。外層面牆用六分厚之日本洗石子(jinzoseki)。洗石子完成後之色彩與結構，與未磨光之灰色花崗石無異，每皮照本地慣列，起一線縫進深二分，濶三寸至十六寸，以代表天然石之接節之處。傾斜屋頂用日本紫銅片蔽蓋，以脊筋分隔之。檐，溝，水落管子等，亦用紫銅構造。除辦公室外，各屋之窗及外面門戶均用東印度柚木。內部木工係用日本桂木，地板以日本檪木鋪造。水泥及工人均就當地採用，大部份之裝置設備，則運自英國。每一住宅有一草地，圍以短籬；但就整個建築言，則又在一極大之花園中。並有二網球場及一 squash racquets，以便公餘消遣。

H. B. M. Embassy, Tokyo, Japan: Section.

日本東京英使館新屋
剖　面　圖

所有建築設計，均由英人擔任，全部造價約計十七萬五千鎊。

FIRST FLOOR PLAN

GROUND FLOOR PLAN

H. B. M. Embassy, Tokyo, Japan.
日本東京英使館新屋　　　　　平面圖

— 14 —

21871

公使之住宅

日本東京英使館新屋

H. B. M. Embassy, Tokyo, Japan: Ambassador's Residence.

21872

The Ball-Room.　　　　　　　英公使住宅跳舞廳

The Drawing-Room.　　　　　　　英公使住宅客廳

上海斜橋街改建之聖愛娜舞場

承造兼設計：昌升建築公司

Plan of St. Anna Ballroom, Love Lane, Shanghai

21874

Details of Doors and Staircase of St. Anna Ball-room

上海斜橋街改建之聖愛挪舞場

承造與設計：昌升建築公司

Elevation and Section of St. Anna Ball—room

二十二年度上期上海市營造統計概數

營造執照　　　　　　　　一六三九件

修理執照　　　　　　　　一二六八件

雜項執照　　　　　　　　一〇五一件

折卸執照　　　　　　　　九八件

營造估價　　　一四二八三九三〇元

營造面積　四〇三七八〇平方公尺

折卸面積　三三五六〇平方公尺

『Nail』

釘。釘之原料，有以鐵，黃銅，紫銅，白鐵等製者。製法亦有澆鑄，割切，翻砂及用鉛絲等數種；銷售咸以重量計值。釘之重最每千只自一磅半至四十磅不等，要視其大小為判。〔見圖〕

1、扁頭釘。
2、無鈀釘。
3、圓線腳釘。
4、包壳釘。
5、箱子釘。
6、普通圓絲釘。
7、槍笆釘。
8、樓板方釘。
9、船方釘。
10、鉸鏈釘。
11、船圓釘。

Finishing nail 線腳釘。釘之頭部細小，用以釘線腳或其他小木工程之面部，蓋不欲露示巨大釘孔者。

Flooring nail 樓板釘。用以釘樓板者，尤以雌雄企口之樓板為要。

Flat nail 扁頭釘。釘身短小，釘頭扁大，用以釘牛毛氈或片薄之石綿瓦等者。

Lath nail 向鈀釘。一寸或六分長之圓絲釘，用以釘板牆或平頂上之泥幔板條者。

『Naked』裸垣。赤裸之牆面，後托花飾等者。

Naked floor 拱托材。拱托樓板之材料。

『Naos』內要室。寺院中主要之室，供設佛像者。

『Narthex』前廊。古時禮拜堂中通入教會本堂之入口。

『Nave』大殿。禮拜堂中心大殿，位於兩旁長廊之中。〔見圖〕

A.大殿。
B.兩廊。
C.後殿。
D.配殿。

『Nebule moulding』波狀線脚。

『Neck』頸彎。扶梯轉折處扶手起彎狀如頸者。Swan neck 鶴頸彎頭。〔見圖〕

A. 鶴頸彎頭。
B. 台口板。

『Needle』挑樑。房屋上面挑出橫木，藉以繫住葫蘆（滑車）吊運材料。建築家於修理房屋時，臨時支撐牆垣之橫木。

『Negative moment』反能率。

『Neo-classic Architecture』古反新式建築。新的設計中含有古希臘羅馬之典型者。

『Nergal』炎神。具有極大威力而崇拜者信爲熱炎之主宰者，戰爭之神及冥府之君。其地位與羅馬神話中之冥君 Plato 相似。〔見圖〕

炎神之像保生翅之獅，得自愛雪禮亞紀念堂。（愛雪禮亞 Assyria，爲古時之帝國，位於亞洲西南，建都 Nineveh，現已燬敗。居彌索必達米平原北部，自北至南佔地三百五十英里，佔闊二百七十至三百英里。水源給自 Tigris 江。關於愛雪禮亞之歷史，始自紀元前二千三百年；其文化，美術，科學，風化，與巴比倫相同。

『Nervure』側肋。兩圓頂相交而成之接肋，或一小線脚形成肋狀。

『Newel』扶梯柱。〔見圖〕

『Niche』壁龕。壁龕中塑路易十二世之像，在法國 Blois 炮台東部。〔見圖〕

『Nickel』鎳。

『Night bolt』夜銷。

『Night latch』彈簧鎖。

『Nipper』箝鉤。〔見圖〕

Cutting nippers　老虎鉗。［見圖］

『Nog』木碌磚。木之大小形狀，與磚相同。用以砌於牆中，藉使釘入牢固。

『Nogging』木筋。砲於磚牆中之木筋。
Nogging piece　壓磚檻。平置於磚牆中間之木條。
Brick in nogging　木筋磚牆。在木板齒筋中間鑲砌磚壁。［見圖］

『Norman Architecture』腦門式建築。［見圖］

『Nosing』踏步口。［見圖］

『Notching』開膠接鑲。接鑲屋架之方法，如用對開接合，嵌接等等。［見圖］

『Nursery』㈠保育室。屋中特開一室，專用以撫育嬰兒者。㈡花棚。棚中裁植花木，以便移植或出售。

『Nurses' room』看護室。

『Nut』螺絲帽。［見圖］

亞克，橡木。樹或萌藥之屬於殼斗或雙葉兩類者。此項樹木，約有三百種，內有數種，純腸萌藥，餘皆粗幹大樹，古時對之肅敬重之。雄花開放鱗狀之穗，雌者開放芽角狀之花而結實，名爲橡子。實光潤外包薄皮，一端則包於鱗形之蒂。亞克之爲用甚廣，如造船、搆屋與機械等，其皮可供染料，硝皮及藥材之用。更有一種可製軟木。尚有數種寶子味甜，故有數國用以飼家畜者。

關於亞克之重要分類與解說，如下表：

註一：下表所載植物學名稱與普通名稱二種，有同一名稱，而意義不同者，列於表後，更有同一名稱，而意義不同者。

註二：亞克樹本之屬殼斗科者，標之曰Q，屬於雙葉類者，則標明C。

普通名詞	植物學名稱	產地	用途
Arizona 亞克 白亞克	Q. Arizonica	Arizona 美國西南部	柴火
Ballote 亞克 (1)	Q. Ballota	地中海一帶	柴火
Bartram's 亞克	Q. hetrophylla	紐約，福勞蘭，德克賽	柴火
Bear 亞克 (2)	Q. ilicifonia	美國東部與中部	
同前	Q. oblongifolia	美國西南地，德克賽	柴火
紫亞克 (4)	Q. douglasii	加利福尼	柴火
黑亞克 (3)	Q. Velutina	加象大之昂太里亞至美之福勞蘭區。	染料，硝皮
Bray's 亞克 (5)	Q. Brayi	中德克賽	
British 亞克	Q. robur	歐洲，亞洲西部	大木用
加利福尼黑亞克 (6)	Q. kelloggii	加利福尼	大木及小木用
Chapman's 亞克	Q. Chapmani	加利福尼至福勞蘭	

普通名詞	植物學名稱	產地	用途
Chestnut 亞克 (7)	Q. muhlenbergii	燕喪蒙至德克賽	大木用
同前 (8)	Q. prinoides		
同前 (9)	Q. prinus	昂太里亞，至但尼斯	大木，柴火，硝皮，
同前 (10)	Q. sessiliflora	歐洲	柴火
中國橡樹	Q. chinensis	中國	家具
Cinnamon 亞克 (11)	Q. cinerea	北克勞立大至德克賽	柴火
Coastlive 亞克 (12)	Q. virginiana	北克勞立大至德克賽	大木，飼料
Cochineal 亞克 (13)	Q. coccifera	地中海一帶	染料
克勞立大白亞克	C. leptophylla	克勞立大	軟木
Cork 亞克 (14)	Q. ilex	北弗洲，南歐洲	小木，飼料
Desert 亞克 (15)	C. decaisneana	南方	
Duck 亞克 (16)	Q. Nigra	地貿蒙至德克賽	柴薪
Durand's 亞克	Q. durandii	德克賽	大木
Emory's 亞克	Q. emoryi	亞列崇那，墨西哥，德克賽。	大木，小木
Engelmann's 亞克	Q. engelmanni	加利福尼	飼料
Gall 亞克	Q. lusitanica	里文	染料，藥材
Gambel's 亞克	Q. Gambelii	南克勞立大	大木
Georgia 亞克	Q. Georgiana		柴薪
厌亞克	Q. borealis	昂太里亞	大木，小木
高地亞克	Q. wizlizeni	亞雲里尼伐達	柴薪
鐵亞克 (17)	Q. Chrysolepis	亞里福尼	大木
鐵亞克 (18)	Q. Marilandica	紐約至福勞蘭及尼薄	柴薪
鐵亞克 (19)	Q. Stellata	德克賽	飼料
意大利亞克	Q. Aesculus	南歐洲	大木
Laurel 亞克	Q. Laurifolia		柴薪

普通名詞	植物學名稱	產　地	用　途
Les's 亞克	Q. l.cinn	美國	
生亞克	(20) Q. Agrifolia	加利福尼	榮薪
天鵝亞克	Q. mannifera	跨田斯丁	藥材
山亞克	(21) Q. texans	德克賽	
山亞克	(22) Q. undulata	克羅列大至墨西哥	
月桂亞克	Q. myrtifolia	南克羅列大	大木,小木
滿孟亞克	(23) Q. lyrata	德克賽	大木,小木
同前	(24) Q. macrocarpa	德克賽	大木,飼料
紅亞克	Q. rubra		
鹹水浮亞克	C. stricta	南方	大木,小木
丹屑亞克	Q. imbricaria	Pa. to Ga.	大木
沼澤亞克	(25) C. equisetifolia	美闊南部	小木,飼料
同前	(26) C. Glauca	同前	小木,飼料
同前	(27) Q. lobata	加利福尼亞	榮薪
同前	Q. michauxi	Del. to Flat Tex	大木,飼料
沼澤亞克	Q. pelustris	Mass. to Va.	大木
同前	Q. phellos	紐約至德克賽	大木
土耳其亞克	Q. catesbaei	北克勞立大	榮薪
同前	Q. cerris	南歐洲	榮薪,確皮
白桑亞克	Q. trilobe	美國南部與中部	
同前	Q. hypoleuca	墨西哥,歪里棠那,德克賽	昂太里亞至德克賽
同前	Q. alba	柯別克	大木,小木
同前	Q. bicolor	白桑亞克	榮薪
同前	Q. Garryana	加利福尼亞	大木,小木

標別：

不果亞克18；德藍亞克28；金果亞克1；黑皮亞克18；白箱亞克19；公牛亞克25；芒燄亞克24；加里福尼生亞克20；加胤福尼白皮亞克27；標準亞克7；橡準生亞克7；青藜亞克8；漆濱生亞克20；母牛亞克5；沙濱亞克26；母沙濱亞克26；小黑亞克2；小粟亞克8；染料亞克5；金盃亞克17；歐洲亞克6；綿蟲亞克12；胡桃科亞克17；馬定亞克25；漆盂亞克10；劉塞亞克12，20；木槌亞克7，20；太平洋亞克35；生蟲亞克35；山亞克25；凱格格亞克6；野田亞克20；森林亞克24；湖濱亞克14；桃亞克30；針亞克29；柱亞克19，23；扣皮克亞克19；棚亞克3；白櫛亞克27；石亞克4，9；石栗亞克9；石山亞克22；毛葉亞克19，23；統長白亞克8；標燒亞克18；亮亞克22；點鬆亞克3；四班牙亞克32；沼澤亞克9；四班牙沼澤亞克29；白沼澤亞克34；硝皮亞克21；大克生紅亞克21；高原亞克11；山凹亞克27；凡而柏來沙亞克17；水白亞克23；垂枝亞克27；四亞克35；四白亞克35；白生亞克17；白亞克27；柳木亞克30；黃皮亞克27；黃亞克7。

「Oakum」 塞漏麻絮。

「Obelish」 方尖塔。 〔見圖〕紐約中央公園紀念塔。

「Oblique arch.」 斜形法圈。

「Obscured glass」 模糊片。 玻璃之不透明而波紋被起者。

【Observatory】 天文臺。
Astronomical observatory 天文台。
Meteorological observatory 氣象台。

【Octastyle】 八柱式。構築前部陳列八柱之廟宇。〔見圖〕

【Oculus】 圓洞窗。圓形之窗，狀如眼球者。羅馬班禪寺 (Pantheon at Rome) 屋上有之。

【Odeon】 奧迪安·戲院。古希臘練藝技與奏樂之所在。現在則解作戲院與奏樂廳。

【Office】 事務所。一個所在，一處房屋或數個房間用作辦事處所者。事務所之意義，自別於店面，棧房，住宅，畫室等等，例如律師事務所，醫生事務所，市長辦公所等。

Office building 事務院。構造房屋之設計，專為事務所之用者。

Post office 郵政局。

【Offset】 錯綜接。管之鑲接，因地位之不同，而錯綜就之。

〔見圖〕

【Ogee】 蔥花線。線腳之剖面，形如愛司S。〔見圖〕

【Ogives】 尖頭法圈。〔見圖〕
1.等邊形。
2.平肩形。
3.尖銳形。
4.膀肚形。

【Oil cloth】 油布。
【Oil paint】 油漆。
【Omission】 減除。
【One turn stair】 對折扶梯。
【Opening】 穴。
【Open space】 空地。隙地。
【Open timbered roof】 木山頭屋頂。
【Opera house】 歌劇場。
【Operation room】 手術室，開刀室。

21883

E.混合式
D.柯蘭新式
C.伊華尼式
B.陶立克式
A.股斯康式

【Ornament】花飾。〔見圖〕

1.卑祥丁。
2.亞拉伯。
3.羅馬。
4.希臘。
5.埃及。

【Ordinary mortar】普通灰沙。

【Organ chamber】風琴室。

【Oriel】凸窗，六角肚窗。〔見圖〕

【Orientation】方位。

【Orthography】面圖。面樣或直立之剖面樣。

【Orthostyle】列柱式。

【Ossuary】屍骨貯藏所。

【Oundy moulding】波形線脚。

【Outer door】外面門。

【Outlet】排出口。過衙或透氣管之用爲逃險或透氣或隱滯管之洩水等。

【Out porch】外挑台。

【Outside lining】外度頭板。

【Outside shutter】外百葉窗。

【Outside style】邊梃。門或窗之邊框木。

【Overflow】溢流。

21884

Overflow pipe 溢流管。

[Ovow] 饅頭線脚。

[Ovum] 蛋飾。

[Overlap] 接叠。

[Otis lift] 沃的斯電梯。

[Oregon pine] 洋松。一種木材，由美國輸入。占輸入木材之最高額。

（待續）

混 凝 土 護 土 牆 　玲

愛特羅氏(Mr. Ewart S. Andrews)在Liège混凝土學會議席上，宣讀純混凝土與鋼筋混凝土護土牆之研究一文。其大意爲比較純混凝土，輕鋼筋混凝土與重鋼筋混凝土三式剖面構造之經濟研究，並用二種理論以求土壓力。各式牆均用二十二呎深之底邊，用以保持每立方呎重一百十磅之卵石土，其坡角爲三十五度。因交通而發生之載重，等於二呎半之土重量。底脚載重力假設爲每方呎四千七百磅至四千八百磅。二種土壓力理論，略舉如下：

(甲) 倫根氏或哥侖布氏理論(Rankine's or Coulomb's Theory)：

$$P = \frac{wh(l-\sin\phi)}{l+\sin\phi}$$

p 爲單位面積土壓力，在該理論中假設爲平行

w 爲單位體積土重量

h 土面深度

ϕ 爲坡角(Angle of Repose)

(乙) 旁薩辣氏(Poncelet)理論：

$$P, = \frac{wh(l-\sin\phi)}{l+\sin\phi}\cos\phi$$

P, 在該理論中，其作用綫假設爲與水平面作 ϕ 角

該項護土牆建築時，假設不影響牆後泥土，如平時城市中地窖牆壁等。爲經濟着想，該項牆壁須用斜面；惟照實施情形，則用垂直面。

照第一剖面式，作用綫在底平面中部三分之一，如是，全平面並無拉力。在第二剖面式，于牆身與底平面接合處，可略有拉力。該項鋼筋可受拉力至每方吋一萬六千磅。該項鋼筋由牆身後部彎出，平時築較好純混凝土牆所用之混凝土卽可施用。至於第三剖面式，則須用上等混凝土。第三剖面式在英國，鋼條抵力爲每方吋一萬六千磅，混凝拉力爲每方吋六百磅。鋼筋外用一吋混凝土保護。在第二第三式構造法中，壓力之作用綫，可在中部三分之一外。該項壓力之分佈作三角形。

在各種情形之下，泥土最大壓力相等，惟對於傾覆之安全率則不同。第三式之安全率，較小於第一式之安全率甚多；第二式之安全率，則介乎其中。各式之牆，其平行壓力，均足使牆向前滑動，卽等於由倫根公式所得之壓力(八八四〇磅)。當牆身向前傾覆時，曾假設牆背與土之磨擦力，亦可用以阻此其動作；惟對於向前滑動，則無影響。由倫根公式求得之平行力，已減去牆二端之平行阻力，其值不得超過牆端面所受壓力十分之三。

在假設中，第一與第二式構造，可用小於二吋之太姆士石子一比六混凝土；鋼筋混凝土牆，則

21886

用一分水泥，二分穿過一半篩眼之黃沙，四分穿過六分篩眼留於一分半篩眼上之卵石。依照倫敦時價，第一第二式，每立方碼約三十二先令；第三式每立方碼約四十二先令。第二式中所用鋼筋，每噸約十五鎊，第三式所用鋼筋，每噸約十九鎊，所用鐵絲均在內。

其結果，每呎長價，以標準金鎊計算如后：

牆每呎長價	(甲) 倫根公式			(乙) 旁薩拣公式		
	1	2	3	1	2	3
混凝土(立方呎)	172.5	117.5	69.6	112.6	77.4	51.1
價格（鎊）	10.2	6.9	5.4	6.6	4.6	4.0
鋼筋（磅）	無	55.9	279.8	無	47.8	119.1
價格（鎊）	——	.4	1.5	——	.3	1.0
總值（鎊）	10.2	7.3	6.9	6.6	4.9	5.0

所用木殼及撐架等價值，在各式中均相仿，掘泥值相差亦微。

在構造此種牆時，大都不動牆後泥土。用四呎長木板，另加四吋厚橫條，以木支撐。由經驗所得。營造實價，較上表所列略高。

由上表可知，用同一理論時，第二第三式之造價相差甚小；惟作者以為第二式較優於第三式，因其便於構造與安全率較大。

—— 30 ——

輕量鋼橋面之控制　　漸

美國新建一公路橋梁，跨越地拉威江(Delaware River)，位於培林登(Burlington)與別立斯婁(Bristol)之間。橋之一端，有可資昇降者一節，長凡五三三呎九吋，爲活動橋梁中之突破長度紀錄者，固未嘗前見也。此橋係用普遍之佳鋼構造，益之以輕量之橋面，用低淺之橋梁與控制鐵相組而成。橋面爲設計中最致力之點，次則爲低減造價之籌謀。

因適應航行之必要，不得不構造如此長距離之活動橋梁。江中現時往來之主要船隻，爲拖駁船；蜿延逶迤之拖駁，常裝載大量石礫，需五百呎盡闊與六十一呎盡高。設計此橋時，未可以適應目前之需要，爲高闊度之標準；然爲顧及將來之發展，故橋之高度卒增至一百三十五呎。駕節之活動橋身，跨越江面，其闊度自此端橋墩之中起，至彼端橋墩之中止，爲五四〇呎。橋面平置時，橋下高度爲六十一呎淨；若將橋面抽起，則高達一百三十五呎。

第二圖所示橋之總長三千零二十七呎中之六百四十八呎，係二邊圩堤，中實以土。橋之南堍，坡度爲百分之五．三三，彎曲之段，長度三百六十六呎；北堍亦有一長五百二十五呎之弧形彎肚，藉與幹路相衝接，而便車輛繩循馳駛。橋面之車行道濶二十呎，人行道闊四呎。收取過橋稅之驛亭，置於活動橋之中央；吊放活動橋之機房，設於驛亭之上。橋之全部爲避火建築，人行道與車行道，均澆橋水泥混凝土；惟活動橋之一節，則用鋼鈑而不用水泥。橋之載重，每十呎長度可載十五噸重之卡車一輛，或其他過橋之十五噸負重。

橋墩構造，係用鋼版椿穩成水箱塲而成；墩子建於六十呎至八十五呎長之木椿，木椿打入江底沙礫，每椿可載重四十五噸。活動橋兩端之墩子係爲空心，以資減少淨載重(Dead Load)。其餘橋墩之計算，除應具之淨載重與活載重(Live Load)外，更加三十磅之風力；此外，對於大江冰結之影響橋墩，亦顧慮及之。

水泥混凝土之比量，於主要墩子爲一份水坭，二份黃沙，五份石子，橋墩之於江中者，爲防止冰裂起見，特用鋼片包護，高達十四呎，故無論在江水低淺或汛漲之時，均無冰及橋墩本身之虞。

第一圖：跨越地拉威江之培林登——別立斯婁大橋。江面與橋底之垂直高度爲一百三十五呎，兩鋼墩淨闊計五百三十四呎。

21888

橋墩——底基之於橋墩，係用展張底腳(Spread foundation)，大概均築於沙礫之上，平均壓力為每方呎一噸六。南墩地面上築有一倉，做斜角撐三墩；更南則僅用短矮之柱子，足資支撐。縱長之橋身，連貫銜接，藉銷彎力，而免橋面水泥之罅裂。三墩縱長之橋梁，用以肩荷三呎中到中之橫大料，是為適合愛司(S)形彎曲之特殊設計。

北端橋墩之一段，靠貼本雪凡尼亞墩阜(Pennsylvania)者，包括三倉連續之甲板大料，舖設於五百二十五呎長之弧形彎綫。鋼骨水泥之車行道，係架於五呎中到中之橫大料上，橋大料則架於縱長連貫之大梁。關於此端橋

第二圖：堪林登——別立斯公大橋之構造詳圖

第三圖：堪林登——別立斯公大橋之機亭與遮構收捲亭

墩之十四吋H形工字鐵柱子，下端用帽釘頂支，以免因氣候而伸縮。

機亭一段——機亭派段係根據於普通之方式，但特別注意之點，即在活動橋梁之上梁，彎曲而成自然之弧形，與兩端橋梁相銜接。亭之根部特翻製純鋼靴腳，作亭柱之承座。並加設上端鋼架大梁，銜接下面亭柱之頂端，藉減次壓力(Secondary Stresses)之影響。亭之設計為負荷活動節段橋梁之縱立重量，更加兩成半之活載重。大梁之下，支以斜角撐。關於機亭之節段，曾費深長之研究工夫，與工程師之不少心血，而成此新穎之構造方法，得以實現此突破長度紀錄之活動橋。

橋上機亭之兩旁，因徇美國實業部之請，裝設燈號，以助飛機航行。

活動橋之抽吊器，係用十六根二吋穿心之鋼絲繩，圍繞十二呎穿心之輪盤，而繫於六百二十噸之盪錘。活動橋之淨重，為一千二百四十噸，活重為二千四百八十噸。

抽吊活動橋之機亭，中置八十四馬力之馬達兩座，每兩分鐘吊起高度四十呎。電機之旁，更置有瓦斯機一架，可於七分鐘內將橋吊至頂顚。電燈，電力與電話之通接機亭，則藉軟管溝接，通暢無阻。

因活動橋長度與本身淨重之驚人，為求經濟起見，乃不得不使之輕減，故選用硅鋼，以解此兩大難題。更因活動橋之避火問題，與夫輕質曁經濟等問題，使設計者處於兩難之間。對於橋面，曾經一度擬用木材，澆以水泥或柏油，面上再舖以鋼版。最後，決用五分厚之鋼版，闊度略逾三呎，用帽釘釘於縱長之大料；縱長大料擱於橫大料，橫大料更擱於連貫統長之大橋梁。帽釘透起鋼版二分。此項鋼版橋面之計算，並不担荷鉅大重量；因普通卡車之裝載貨物，重量輕者氣胎車輪必小，重量大者氣胎車輪自大，故其重量直接達於縱長之大料，鋼版所負之重量則輕少。鋼版橋面可分担若干重量，故縱長大料之淨担重量，可減百分之二十胎輪載重。

抑有進者，此項鋼版之價格，較諸其他價格最低之避火材料，須增一萬二千金圓。因用輕質鋼料充作橋面，全橋之橋造費於是減輕，結算可減四萬二千金圓。設將橋面重量減少，則下面大料，鋼絲繩索，機器盪錘，亭柱及橋墩等，均可減輕。並經詳細估算，若因橋面加重而增加之大料，繩索，機器，盪錘，亭柱及橋墩等，每重一磅，約需增值一角二分。

車輛行駛於鋼版橋面，倘駕取不慎，易生溜滑之弊，是以橋之坡度極平，藉防溜滑之危。橋工完竣時，卽試車，頗為滿意。橋面之接縫，嵌置犬齒式鋼片伸縮縫 (Expension Joints)。全部鋼鐵均用銀光漆髹塗刷。橋燈光柱之配製，亦屬橋工重要之一點。

按是橋之建築工程師為Ash-Howard-Needles & Tammen，承造者為Mc Clintic Marshall Co.

監工須知

宋樹德

（一）監工員在工場督工，務須以身作則。每日處理事宜，尤當一秉大公，使人悅服，不得偏聽歧視，及代人受過。

（二）監工員發表言論，務須審慎，切勿任性妄言，致失資格。

（三）監工員對於建築圖樣，須詳加研究，一切佈置及原理，務求澈底瞭瞭，並須稔悉工程師之意向，俾免隔膜。

（四）工場應需之一切物料，均須切實計算，預清配置，以免臨時疎漏，致遭損失。

（五）凡遇事故，不能和平對待，須出嚴重態度；但不得無理取鬧，致債事端。

（六）工人如有過失，必須查詢詳明，施行懲戒，但宜處置得當，毋枉毋從。

（七）待遇工人，當以開導為主，遇過則淩之以威，功則施之以惠，庶乎寬嚴並濟，惡感不生。

（八）凡遇得意時，切勿一往直前；凡遇失意時，勿灰心自餒，總以恆心忍性為主，庶克愼始愼終。

（九）工人如有美善工作，務須棄施激勸，精益求精，切勿過情獎譽，致其自滿。

（十）平時查察工人工作，遇有一長可取者，亟應量材器使，俾得展其所長。

（十一）監工員與工人關係，至為密切，平時交際，須驗悉其意旨所在，設遇事接洽，不致發生隔閡。

（十二）如遇工人之不堪訓練者，應卽開除以儆，俾免效尤，而防意外。

—— 34 ——

桿件各性質C.K.F之計算法

林 同 棪

第 一 節 緒 論

應用克勞氏連架計算法(註一)，必先求得各桿端之硬度K，移動數C，及定端動率F。關於定情動率之直桿件，其算法較易，已詳前篇。 此篇光用邏輯方法，求得K，C，及F之普通公式；再將求F之公式，略加修改，成爲一个最普通的"坡度撓度公式"(Slope-deflection formula)(註二)。最後並舉例說明其應用方法，以便參考。

按算求K，C，F，方法頗多(註三)，公式亦繁。各工程師多各用其法，而課本上則難見及之。作者以爲下列公式之推算與其應用之方法，較爲新穎而簡易；又以所得之坡度撓度公式，甚爲普通，足供研究與參考；故特表而出之。

第 二 節 計 算 K, C 之 公 式

爲便於繪圖起見，第一至第八及第十四，十五各圖中之AB桿件，均以直線代表之。實則此十圖桿件之中心線，不論曲直，而公式(1)至(17)並公式(24)均可通用。特此註明。

設在桿件AB，A與B均係平支端或鉸鏈端。

第一圖……S ＝在A端加以單位動率後，A端所發生之坡度。

SBA ＝在A端加以單位動率後，B端所發生之坡度。

第二圖……SBB ＝在B端加以單位動率後，B端所發生之坡度。

SAB ＝在B端加以單位動率後，A端所發生之坡度。

第一圖   第二圖

(註一) 參看本刊第二卷第一號57頁至64頁

(註二) 參看"The Slope-deflection Method," Wilson, Bull. 108, Engineering Experiment Station, University of Illinois.

(註三) 例如"Column Analogy", Cross Bull. 215, Engineering Experiment Station, University of Illinois.

設在AB桿件之B端加以 $M = \dfrac{-S_{BA}}{S_{BB}}$ ，如第三圖；則B端所發生坡度當爲 $\dfrac{-S_{BA}}{S_{BB}} S_{BB} = -S_{BA}$。而A端所發生坡度當爲 $\dfrac{-S_{BA}}{S_{BB}} S_{AB}$ 。

設將第一第三兩圖相加，其結果當如第四圖。即在A端之M＝1；在B端之 $M = \dfrac{-S_{BA}}{S_{BB}}$ ；A端之坡度爲 $S_{AA} - \dfrac{S_{BA}}{S_{BB}} S_{AB}$ ；B端之坡度爲 $S_{BA} - S_{BA} = 0$ 。

第三圖　　　　　　　　第四圖

設第四圖之B端即爲固定端。其B點之動率即爲自A至B之移動數 C_{AB} ；而A點坡度之反數即爲其硬度 K_{AB}：——

$$\therefore C_{AB} = \frac{-S_{BA}}{S_{BB}} \quad\text{...........................(1)}$$

$$K_{AB} = \frac{1}{S_{AA} - S_{AB}\dfrac{S_{BA}}{S_{BB}}} \quad\text{...................(2)}$$

同理可證，

$$C_{BA} = \frac{-S_{AB}}{S_{AA}} \quad\text{...........................(3)}$$

$$K_{BA} = \frac{1}{S_{BB} - S_{BA}\dfrac{S_{AB}}{S_{AA}}} \quad\text{...................(4)}$$

K_{AB} 及 K_{BA} 之公式可簡寫爲

$$K_{AB} = \frac{1}{S_{AA}(1 - C_{AB}C_{BA})} \quad\text{...................(5)}$$

$$K_{AB} = \frac{1}{S_{BB}(1 - C_{AB}C_{BA})} \quad\text{...................(6)}$$

用麥克斯綫定理，(Maxwell's law of reciprocal deflections)$S_{AB} = S_{BA}$，則可得以下關係：——

$$\frac{C_{AB}}{C_{BA}} = \frac{S_{AA}}{S_{BB}} = \frac{K_{BA}}{K_{AB}} \quad\text{...........................(7)}$$

第三節　　計算F之公式

— 36 —

21893

在桿件AB，如欲將A端轉過坡度S_A，B端轉過S_B；則在A，B兩端所應用之動率，可用下列方法求之。

設將B端固定着，而在A端加以 $M=S_A K_{AB}$；則A端之坡度當為S_A、而B端之動率M當為$S_A K_{AB} C_{AB}$，（如第五圖）。

設將A端固定着，而在B端加以 $M=S_B K_{AB}$；則B端度當為S_B，而A端之動率M當為$S_B K_{BA} C_{BA}$，（如第六圖）。

今如將第五，六兩圖相加，則A端之坡度為S_A，B端之坡度為S_B；而A，B兩端之動率當為，

$$F_{AB} = S_A K_{AB} + S_B K_{BA} C_{BA}$$

$$= K_{AB}(S_A + S_B C_{AB}) \quad \cdots\cdots\cdots\cdots (8)$$

$$F_{BA} = K_{BA}(S_B + S_A C_{BA}) \quad \cdots\cdots\cdots\cdots (9)$$

設桿件A B之兩端為平支端或鉸鏈端，而S_{AL}及S_{BL}為其兩端因載重所發生之坡度，如第七圖。

21894

今如欲將A，B兩端固定着，則必須在 A，B 兩端加以定端動率，使 A，B 兩端各發生坡度＝—S_{AL} 及—S_{BL}，（即使其總坡度各等於零）。故將—S_{AL} 與—S_{BL} 代入公式(8)，(9)中之 S_A 與 S_B，可得兩端因載電所發生之定端動率，

$$F_{AB} = -K_{AB}(S_{AL} + S_{BL}C_{AB}) \quad\cdots\cdots\cdots\cdots\cdots\cdots (10)$$

$$F_{BA} = -K_{BA}(S_{BL} + S_{AL}C_{BA}) \quad\cdots\cdots\cdots\cdots\cdots (11)$$

設A，B兩端之相對撓度為D，(第八圖)，而其兩端因此所發生之坡度為S_{AD}與S_{BD}。則如欲固定A,B兩端，必須在該兩端加以定端動率，使A,B各發生坡度＝—S_{AD}及—S_{BD}。故將—S_{AD}，—S_{BD} 代入公式(8)，(9)中之S_A與S_B，可得其定端動率，

$$F_{AB} = -K_{AB}(S_{AD} + S_{BD}C_{AB}) \quad\cdots\cdots\cdots\cdots\cdots (12)$$

$$F_{BA} = -K_{BA}(S_{BD} + S_{AD}C_{BA}) \quad\cdots\cdots\cdots\cdots\cdots (13)$$

如其撓度D係與直線AB成正交，則$S_{AD} = S_{BD} = \dfrac{D}{L}$。而公式(12)，(13)可簡寫為

$$F_{AB} = -K_{AB}\frac{D}{L}(1 + C_{AB}) \quad\cdots\cdots\cdots\cdots\cdots (14)$$

$$F_{BA} = -K_{BA}\frac{D}{L}(1 + C_{BA}) \quad\cdots\cdots\cdots\cdots\cdots (15)$$

凡桿件之中心線為直線或與直線相近者，只用公式(14)，(15)足矣。

第四節　坡度撓度公式

坡度撓度公式，在美國各橋造學教科書中多有之，(參看註二)。因其推算法之不同，故其應用之範圍及其形式之便利，似均不及本文所載者。本文上節既已述及發生F之三種原因，今如將(8)至(18)三種公式寫成一氣，則，

$$F_{AB} = K_{AB}\left\{(S_A - S_{AL} - S_{AD}) + C_{AB}(S_B - S_{BL} - S_{BD})\right\} \quad\cdots\cdots (16)$$

$$F_{BA} = K_{BA}\left\{(S_B - S_{BL} - S_{BD}) + C_{BA}(S_A - S_{AL} - S_D)\right\} \quad\cdots\cdots (17)$$

此即為最普通之坡度撓度公式。其各符號之意義，均已在第三節中說明。實則公式(8)，(9)即為坡度撓度之基本公式；S_A，S_B為因兩端動率所發生之坡度。但能求得S_A，S_B，則F_{AB}，F_{BA}可迎刃而解矣。

第五節　算求兩端坡度

欲應用上列各公式以求C,K,F，必須先算得兩端各坡度。　桿件中心線之為曲線者，實際上只見於連續拱架(Continuous arches on elastic piers)，其他建築物少有之者。且前文所介紹之克勞氏法，

— 38 —

又不能直接應用之。故其兩端坡度之算法，本文暫不提及。至於直桿件兩端坡度之算法，各構造教科書多有之。

下列各公式，雖未必能在各教科書直接覓得，而其理由甚顯，無庸證明。（可用 Moment-area principles證之）。

$$\int_A^B \frac{dx}{EI} = S_{AA} + S_{BB} - S_{AB} - S_{BA} \quad \cdots\cdots\cdots\cdots\cdots\cdots\cdots\cdots\cdots (18)$$

$$\int_A^B \frac{x\,dx}{LEI} = S_{BB} - S_{AB} \quad \cdots\cdots\cdots\cdots\cdots\cdots\cdots\cdots\cdots (19)$$

$$\int_A^B \frac{x^2\,dx}{L^2 EI} = S_{BB} \quad \cdots\cdots\cdots\cdots\cdots\cdots\cdots\cdots\cdots (20)$$

$$S_{AB} = S_{BA} \quad \cdots\cdots\cdots\cdots\cdots\cdots\cdots\cdots\cdots (21)$$

$$\int_A^B \frac{M\,dx}{EI} = S_{AL} - S_{BL} \quad \cdots\cdots\cdots\cdots\cdots\cdots\cdots (22)$$

$$\int_A^B \frac{M x\,dx}{EI} = -S_{BL} \quad \cdots\cdots\cdots\cdots\cdots\cdots\cdots (23)$$

以上之E為桿件AB之 Modulus of Elasticity；I 為該桿件每點之惰動率；L為其長度。 以上各微積，可用三種算法求之： (1)微積法 (2)圖解微積法 (3)近似微積法。 三者之中，以第三法為最易，今介紹之如下。 下文之例，係與 "Lateral Loads and Members of Variable Cross-section", By Large and Morris, Bull. No. 66, 1931, The Engineering Experiment Station, The Ohio State University, 一書中之例相似。而本文之算法，則較易於原文焉。

設桿件A B，其形如第十圖，其各點之 I 亦已算出如圖中所示。求其兩端之C及K。再設加10,000磅於其上，算出其每點之M如第九圖。然後求其兩端之F。其算法如下：分桿件 A B 為10段（段數不拘多少），每段長△ x ＝3呎。求得其每段中點之 I，然後列表算之如下：

第九圖

第十圖

21896

段 數	$\dfrac{\triangle x}{ft.}$	$\dfrac{I}{ft.^4}$	$\dfrac{\triangle x}{I}$	$\dfrac{x}{ft.}$	$\dfrac{x\,dx}{I}$	$\dfrac{x^2 dx}{I}$	$\dfrac{M}{k.ft.}$	$\dfrac{Md x}{I}$	$\dfrac{Mx dx}{I}$
1	3	22	.136	1.5	.20	0.3	4.5	0.6	1
2	3	13	.231	4.5	1.04	4.7	13.5	3.1	14
3	3	8	.375	7.5	2.81	21.0	22.5	8.5	64
4	3	5	.600	10.5	6.30	66.0	31.5	18.9	198
5	3	4	.750	13.5	10.13	137.0	40.5	30.4	410
6	3	3	1.000	16.5	16.50	272.0	49.5	49.5	817
7	3	2.5	1.200	19.5	23.40	456.0	58.5	70.2	1370
8	3	3	1.000	22.5	22.50	507.0	52.5	52.5	1182
9	3	5	.600	25.5	15.30	390.0	31.5	18.9	482
10	3	9	.334	28.5	9.52	272.0	10.5	3.5	100
Σ			6.226		107.70	2126		256.1	4638

$$\therefore \int_A^B \frac{dx}{EI} = \sum_A^B \frac{\triangle x}{EI} = \frac{6.226}{E}, \qquad \int_A^B \frac{x\,dx}{LEI} = \frac{107.7}{LE}, \qquad \int_A^B \frac{x^2 dx}{L^2 EI} = \frac{2126}{L^2 E}$$

$$\int_A^B \frac{Md x}{EI} = \frac{256.1}{E}, \qquad \int_A^3 \frac{Mx dx}{LEI} = \frac{4638}{LE}。$$

既得微積各數，兩端坡度可用(18)—(23)各公式求之：——

用公式(20)……… $S_{BB} = \dfrac{2126}{L^2 E} = \dfrac{2126}{900E} = \dfrac{2.362}{E}$

(19)……… $S_{AB} = \dfrac{2.36^2}{E} - \dfrac{107.7}{LE} = \dfrac{-1.228}{E}$

(21)……… $S_{BA} = S_{AB} = \dfrac{-1.228}{E}$

(18)……… $S_{AA} = \dfrac{6.226 - 2.362 - 2 \times 1.228}{E} = \dfrac{1.408}{E}$

(23)……… $S_{BL} = \dfrac{-4638}{LE} = \dfrac{-154.6}{E}$

(22)……… $S_{AL} = \dfrac{256.1 - 154.6}{E} = \dfrac{101.5}{E}$

兩端坡度之為反鐘向者，其號為負；順鐘向者，其號為正。

第六節　　算求 K, C, F

兩端各坡度，既已在第五節中算出；則其C,K,F等可以第三節各公式算之如下：——

用公式（1）………$C_{AB} = \dfrac{1.228}{2.362} = 0.521$

（3）………$C_{BA} = \dfrac{1.228}{1.408} = 0.872$

∴ $0.521 \times 0.872 = 0.454$

（5）…… $K_{AB} = \dfrac{1}{\dfrac{1.408}{E}(1-.454)} = 1.305E$

（6）……$K_{BA} = \dfrac{1}{\dfrac{2.362}{E}(1-.454)} = 0.777E$

（10）………$F_{AB} = -1.305(101.5-0.521 \times 154.6) = -27.4$ K.ft.

（11）………$F_{BA} = -.777(-154.6+0.872 \times 101.5) = 51.5$ K.ft.

F及C均與E無關，惟K則與 E 成正比例。應用克勞氏法時，只須求各K之比例數，故可將"E"全體免去。

設A,B兩端被固定着（卽其坡度永等於零），而同時發生相對撓度D＝0.001 ft., 如第十一圖。則AB定端動率，可用公式(14)，(15)求之如下：——

$$F_{AB} = -1.305E \frac{0.001}{30}(1+0.521)$$

$$F_{BA} = -0.777E \frac{0.001}{30}(1+0.872)$$

設E為3,000,000※/in.² ＝432,000,000※/ft.²，則，

$$F_{AB} = -28,600 \text{ft.}※$$

$$F_{BA} = -20,900 \text{ft.}※$$

第 十 一 圖

設A端發生度坡$S_A = -.0002$，B端發生坡度$S_B = +.0003$如第十二圖，則A,B兩端所應用之動率，可用公式(8)，(9)求之：——

$$F_{AB} = 1.305E(-.0002+.0003 \times .521) = -24,600 \text{ft.}※$$

$$F_{BA} = 0.777E(.0003-.0002 \times .872) = +42,200 \text{ft.}※$$

第 十 二 圖　　　　　　　　第 十 三 圖

設A，B之載重及其兩端坡度撓度之情形，均如第十三圖所示，（卽將十，十一，十二各圖之情形相加所得之結果）則用公式(16)，(17)，可得，

$$F_{AB} = -27.4 - 28.6 - 24.6 = -80.6 \ \text{K.ft.}$$

$$F_{BA} = 51.5 - 20.9 + 42.2 = +72.8 \ \text{K.ft.}$$

第 七 節　　桿 端 硬 度 之 變 更

設桿件AB之B端不被固定着，如第一圖，則在A點加以M＝1，A端之坡度當爲S_{AA}。進而進之，如

第 十 四 圖　　　　　　　　第 十 五 圖

使A端發生坡度＝1，而同時B端不被固定着，$\dfrac{1}{S_{AA}}$ 卽爲在A端所當用之動率。　故當B端非固定端時，$\dfrac{1}{S_{AA}}$ 可謂爲A端之硬度。今按公式(5)，B端被固定時，A端之硬度爲 $\dfrac{1}{S_{AA}(1-C_{AB}C_{BA})}$，故兩種硬度之比例當爲，

$$\frac{\text{B端不被固定時，A端之硬度}}{\text{B端被固定時，A端之硬度}} = \frac{\dfrac{1}{S_{AA}}}{\dfrac{1}{S_{AA}(1-C_{AB}C_{BA})}} = 1 - C_{AB}C_{BA} \quad \cdots\cdots\cdots\cdots\cdots(24)$$

如該桿件爲定惰動率之直桿件，則 $C_{AB} = C_{BA} = \dfrac{1}{2}$，而　$1 - C_{AB}C_{BA} = 1 - \dfrac{1}{4} = \dfrac{3}{4}$。

第 八 節　　結　　論

以上算法之所以較愈於他法者，一在利用第二節各公式，便於參看；二在利用第五節各公式，減少微積數之算求。再用列表計算，費時更爲無多。讀者苟不欲研究其理，可依第五，六兩節照算；其餘

—— 42 ——

各節，直可不必細讀也。

第二卷第一期中"克勞氏連架計算法"一文之改正各點

第二圖B端之"M"應爲"m"。

第四圖之"l"應爲"L"。

第五圖應如下：

第八圖左端應添註"C"字，右端應添註"D"字。

第58頁，最後一句，"F_{AB}"應爲"F_{BA}"，"F_{BA}"應爲"F_{AB}"。

第61頁，第十五行，"而AB無所得"應爲"而AE無所得"。

　　　第十七行，"其A端之硬度爲零"應爲"其C端之硬度爲零"。

　　　第二十一行，"$=50$"應爲"$=-50$。"

中國之變遷

朗琴

譯者按：此文係香港大學工學院院長史密斯氏所著。(Prof. C. A. Middleton Smith)史氏竭力主張設立建築專科學校，以適應目前勃興之建築，本埠雷斯德建築學院之創立，史氏即參與其事。原文雖覺冗長，但終寫中國舊有建築，旁及其他各點，頗有過真之處，爰爲逐譯如左，以觀外人對於中國建築見解之一班。

九年前雷琴特博士(Dr. A. F. Legendre)曾謂描述現代之中國住屋，與千年前同出一轍。雷氏並謂居住中國多年，遇歷名山大城，繼稱中國富室之營居屋者，其設計與鄰居或其祖先，並無稍更之處。但此說僅就內地之城鎮而言，他若沿海通商之埠，如香港上海等處，富有者建築住宅，均採歐式。若生長國外，或留學歐美，則更傾向歐化矣。

動搖的觀念

余(史氏自稱下做此)在香港有一中國友人，於數年前談及其子之前途，狀頗悲感。"其子年甫二十，居住英國七年，曾入高等學校，於假期內廣交英國友人。迨回至香港，見室中傢具陳設，依然如昔，不禁大爲失望，表示不滿。此老人言念及此，對於其子之不敬不孝，竟泫然而泣，嗚咽久之。此新舊時代之衝突，亦即爲二種文化之抗爭。中國之青年喜存新的觀念，並有較健全之瞻望，但時不我與，亦徒喚奈何而已！蓋內地建築仍用磚瓦泥土之屬，編竹爲籬，狀至簡樸。但如香港，上海，南京，廣東，廈門等處，早用鋼骨水泥建築，浴室，電燈，電話等，亦早盛行。華僑顯商海外，年老返國，度其殘陰者，雖其故居僻處鄉區，一切裝置設備，亦傚歐化矣。

光線空氣與嘈雜

當君步入中式住屋時，即覺光線不良，窗戶缺乏，室中暗澹異常，令人感覺不舒。非但光線不明，即空氣亦感不足，地上潮濕，溝渠裝設未盡合宜。中式房屋之最大錯誤，即屋之基礎力求經濟省費，結果則終年潮濕，不可避免。泥地或磚地對於西人非但感覺不適，即於全人類之身體亦且有害。而中式住宅廚房，更爲唯一病源。香港有幾處中國酒樓，廚所竟與廚房相連，毫無空氣可言。煤烟蒸氣，至易感染嚴重之目疾。他者痢疾傷寒等症，亦將因廚房設備之不良而發生也！

華人對於擁擠與嘈雜，視之若無其事，西人見之，殊稱奇不止。如一輪上有時旅客擁擠，竟無一席坐地。他如香港廣東等處之住

21901

屋，室少人多，令人驚訝。西人對於住宅之排列，每與鄰居相隔若干距離，此蓋所以流通空氣，象示界別也。中國城鎮之住宅，若欲隔別則不可能。因里弄狹隘，庭院簡小，雖屋傍留有餘地，代價低廉，亦不願出此。若房屋鱗次櫛比，不致孤立，雖云可防盜刧，但內地城鎮已廢，殊少保障矣。

新文化與舊文化

若舒適與文化混為一談，實屬錯誤。存有偏見之西人，每有淺薄及武斷之言論，以為中國居住生活之不良，即為文化落後之表現，此實無知之見。吾人並不想及依利沙伯（Elizabeth）莎士比亞(Shakespeare)及彌爾登（Milton）等為未開化者，但彼時英國生活狀況，至今有使人難以忍受者。在余之生活過程中，英國對於居室上之舒適與便利，亦有驚人之演化，若將吾儕祖先之住宅及生活狀況加以追溯，其簡陋誠難以描述。最近之將來，中國在居住生活上必有極大進展，吾人應利正如英國在十九世紀時之觀念也。

現世界瞬息變遷，最近五十年中，歐洲之生活狀況，及居住之舒適標準，有極大變化。時隨勢遷，年有進步。試以香港及上海之英式住屋，與五十年前相較，誠不啻天壤矣！余之住屋為鋼骨水泥之建築，昔之鼠屬及有害勤物，躲藏於木材之間者，今日不復再見於鋼骨與水泥之中。昔日油虫害物伏匿冰箱之中，今日已易槽製冷藏器，貯藏食物。電扇電燈用以替代人力風扇（即用手拉者）及煤爐等。每室並有空氣調節器，雖室外濕度或熱度過高，室內仍可安居。此種設置初僅行於本地之畫室，不久將變為熱帶區域西式住屋之

標準設備矣。

上達為科學供獻於西人住宅之各點，為中國舊式住屋所無者。最可注意者，即中國之舊式住屋，在寒冷之北方與酷熱之南方，其構造極少不同之處，殊難區別異點也。

變遷的城市

中國有數種特異之建築，在此應加保存者，寺廟即為其中之一。此種建築屋頂美觀，形式壯戢，令人稱羨。此種建築雖不能與歐洲教堂宏偉之峻姿相並稱，但此種格式特別適宜於中國，故應保存，蓋不顯在亞洲有與歐美二洲酷似之複產品也。

寶塔亦為美術之產品，就建築而論，遠不及塔樓及石製之敎堂尖屋頂，但亦足使人欣羨者也。他若著名結構，如北平之天壇，美的意義尚在其次，其設計之佳與位置之宜，誠足令藝術家欣賞也。長城與黃河為堅忍與持久之建築物，不足以言戰勝應用之科學，與設計極少關係云。

新的建築師

香港大學在過去二十一年中，有一最饒與趣之事實，即使工程科畢業生能質習為一建築師。土木工程雖覺實用，但此種訓練，與新建築之美的意義無關，且對某種建築原理並無知識也。有一部分工科學生（指港大），在國外攻習建築科，利物浦大學即有數名，其他則從香港本地建築師處獲得經驗。或在職務上已得到成功，或自香港政府獲得承認，而為核准之建築師者。

香港大學工學院畢業生對於鋼骨水泥設計，已深有訓練，但於建築史及建築原理，尚無專科。一工科畢業生近致書於余，略謂中國對於建築上之研究頗為需要，而港大之工科畢業生則頗希望成為一建築師。彼並提議港大應設一建築速成科，實覺願為需要。華人之具有健全及社會生活者，當亦贊同此種意見；但唯一困難，即為經費之無着。他日香港或其他等處之富戶，或能慨捐建築講座，且有多數已得同意之答覆也。洛氏基金已捐贈外科、醫藥、產科等講座。近有頗多華人捐贈學校及圖書館，此舉誠善，苟非如是，則上述畢業生之開辦建築學科，殊難促其實現也。

雷斯德氏遺囑

已故滬名工程師兼建築師雷斯德氏 (Henry Lester)，遺有大宗產業。並立有遺囑，將此產業為謀取華人利益之用，建築學校之設立即為其一。基金委員會已考慮及華人青年關於建築之訓練，香港大學或有與之合作可能。雷氏遺囑在數年前已經證明。華業訓練中國建築師之舉，經證明遺囑後，即能按序實行，蓋此舉實迫不及待也。科學化之設計與精緻之構造，與公共健康並不發生良好影響，作者無望於雷氏基金委員會在醫藥研究上及其他有所實行，但能將居住加以改良，以增進人民之健康程度，實所切望者也。

譯者按：雷氏於一九二六年在滬近世，遺有產業約值二千八百萬元，在滬辦理工藝醫學教育，設立基金委員會主持其事。建築工業學校已擇定上海虹口東熙華德路元芳路口為校舍。已於二月十六日舉行奠基禮，教長王世杰氏親自參加，其重視可見一班。查上項建築工業學校之設立，民十六即開始籌備，由香港大學校長所派代表，與基金委員會所聘專家，詳細壁劃。是校即以雷氏之名名之。全部總值約二百萬元，由德和洋行設計。造價約五十萬元，久森錦記營造廠承造。須於八個月內竣工，本年秋季即可招生開學，該校規模巨大，經費充足，事業前途之發展，堪值各界注意與贊助也。

新 的 家 庭

百年前英國有一維多利亞人 (Victorian)，畢生為維多利亞主義 (Victorianism) 而奮鬥。此人名為馬立斯 (William Morris 1834—96) 彼之過人之毅力，無私之精神，奇特之天才，曾載而發表於一端。彼嘗欲創造適合人類居住之居屋。因生於富室，故在牛津大學時立志成一建築師。彼於斯業並無經驗，未建一屋，但君一讀彼之傳記，實為最近世紀最偉大之建築師也。

住屋應具何種式樣，各方對此有不同之意見。西人之曾遊歷北平者，必承認該城彎曲屋頂之美觀，屋宇形式之可愛。有人曾謂（哥德？）建築為凍結之音樂 (Architecture is frozen music)。試觀北平院屋之屋頂，可想見蒙古包莊嚴之帳頂，危立於凍結及愉快之色彩中，已歷數百年之久。此種建築矗立於美麗之北平城中，實足使人囘憶者也。

（未完）

工　程　估　價　(十二續)

杜　彥　耿

因營造廠缺乏烘房設備，故所做裝修，每易走縮。蓋用手工鑿眼鋸筍，自不敵機械所製之正確堅挺也。裝修材料，普通均用洋松；稍精緻者用柳安，更甚者用柚木。間亦有用其他木材者，然不多覯。茲將手工做之洋門，每堂價格，列舉於下：

大腳玻璃門每扇價格分析表

料工	尺寸 闊	厚	高	數量	合計	價格	結洋 洋松	柳安	柚木	備註
門梃	5寸	2寸	7尺3寸	2根	12尺	洋松每千尺$75 柳安每千尺$130 柚木每千尺$400	$.90	$1.56	$4.80	
上帽頭	，，	，，	3尺2寸	1根	2.6尺	，，	$.20	$.34	$1.04	
中帽頭	10寸	，，	，，	1根	5.3尺	，，	$.40	$.69	$2.12	
下帽頭	，，	，，	，，	1根	5.3尺	，，	$.40	$.69	$2.12	
中梃	5寸	，，	2尺	1根	1.7尺	，，	$.13	$.22	$.68	
豎直芯子	1寸半	，，	3尺2寸	2根	1.6尺	，，	$.12	$.21	$.64	
橫芯子	，，	，，	3尺2寸	2根	1.1尺	，，	$.08	$.14	$.44	
浜子線	1寸半1寸		10尺10寸	2根	2.7尺	，，	$.20	$.35	$1.08	
玻璃嵌條	1寸	，，	4尺4寸	6根	2.2尺	，，	$.17	$.29	$.88	
膠夾板	1尺11寸	3分	1尺11寸	1塊	3.7方尺	白柚每方尺$.08 柳安每方尺$.06 柚木每方尺$.52	$.30	$.22	$1.93	
木匠工					8工 9工 9工	每堂9工連飯$5.20 $5.85 $5.85	$5.20	$5.85	$5.85	每工以六角半計算
膠水							$.05	$.05	$.05	
輪送							$.06	$.06	$.06	
四寸方鉸鏈				2塊	1對	鋼鉸鏈每對$2.00 鐵鉸鏈每對$.35	$.35	$.35	$2.00	連螺絲
釘							$.30	$.30	$.30	
玻璃					6方尺	每方尺$.40	$2.40	$2.40	$2.40	連油灰等
木料損耗加20%							$2.32	$3.77	$12.58	
							$13.58	$17.49	$38.96	

21904

實拼板門每扇價格分析表

工　料	尺　闊	寸　厚	高	數量	合計	價　　格	結　洋	備　註
門　　框	5寸	2寸	7尺3寸	2根	12尺	洋松每千尺 $75.00	$ .90	
上 帽 頭	”	”	3尺2寸	1根	2.6尺	”	$ .20	
中 帽 頭	10寸	1寸半	”	1根	4.0尺	”	$ .30	
下 帽 頭	”	”	”	1根	4.0尺	”	$ .30	
斜 角 撐	5五	”	5尺半	1根	3.4尺	”	$ .26	
企 口 板	6寸	1寸	7尺	5塊	17.5尺	洋松每千尺 $115.5	$ 2.02	
木 匠 工					5工	每堂包工連飯 $ 3.25	$ 3.25	每工以六角半計算
輸　　送							$ .06	
膠　　水							$ .05	
四寸鐩方鉸鏈				2塊	1對	每　對 $ .35	$ .35	連螺絲
木料損做加 20%							$ 3.42	
							$11.11	

平面膠夾板洋門每扇價格分析表

工　料	尺　闊	寸　厚	高	數量	合計	價　格	結　洋 松	洋　松	洋　松	備　註
毛圖檔門框	3寸	1寸半	7尺3寸	2根	5.4尺	洋松每千尺 $75	$ .41	$ .41	$ .41	
毛圖檔中框	”	”	6尺	1根	2.3尺	”	$ .17	$ .17	$ .17	
毛圖檔上帽頭	”	”	3尺2寸	1根	1.2尺	”	$ .09	$ .09	$ .09	
毛圖檔中帽頭	6寸	”	”	1根	2.4尺	”	$ .18	$ .18	$ .18	
毛圖檔下帽頭	”	”	”	1根	2.4尺	”	$ .18	$ .18	$ .18	
裏圖檔框	3寸	”	6寸	2根	0.4尺	”	$ .03	$ .03	$ .03	
裏圖檔帽頭	”	”	9寸	4根	1.1尺	”	$ .08	$ .08	$ .08	
							白 楊	柳 安	柚 木	
膠 夾 板	3尺	3分	7尺	2塊	42方尺	白楊每方尺 $.08 柳安每方尺 $.06 柚木每方尺 $.52	$ 3.36	$ 2.52	$21.84	
膠夾板鑲邊	1寸	”	15尺	2條	2.5方尺	”	$ .20	$ .15	$ 1.30	
木 匠 工					8工	每堂包工連飯 $5.20	$ 5.20	$ 5.20	$ 5.20	每工以六角半計算
膠　水							$ .05	$ .05	$ .05	
輸　送							$ .06	$ .06	$ .06	
四寸方鉸鏈				2塊	1對	銅鉸鏈每對$2.00 鐵鉸鏈每對$.35	$ .35	$ .35	$ 2.00	連螺絲
釘							$ .40	$ .40	$ .40	
木料損做加 20%							$ 3.76	$ 3.05	$19.42	
							$14.52	$12.92	$51.41	

21905

三帽頭上下浜子洋門每扇價格分析表

工料	闊	厚	高	數量	合計	價格	洋松	柳安	柚木	備註
門 梃	5寸	2寸	7尺3寸	2根	12尺	洋松每千尺$ 75 柳安每千尺$ 130 柚木每千尺$ 400	$ .90	$ 1.56	$ 4.80	
上 帽 頭	〃	〃	3尺2寸	1根	2.6尺	〃	$ .20	$ .34	$ 1.04	
中 帽 頭	10寸	〃	〃	1根	5.3尺	〃	$ .40	$ .69	$ 2.12	
下 帽 頭	〃	〃	〃	1根	5.3尺	〃	$ .40	$ .69	$ 2.12	
浜 子 線	1寸半	1寸	19尺	2根	4.8尺	〃	$ .36	$ .62	$ 1.92	
膠 夾 板	5尺1寸	3分	2尺3寸	1塊	11.3方尺	白楊每方尺$ .08 柳安每方尺$ .06 柚木每方尺$ .52	$ .90	$ .68	$ 5.88	
木 匠 工				6工		每堂包工連飯$3.90	$ 3.90	$ 3.90	$ 3.90	每工以六角半計算
輸 送							$ .06	$ .06	$ .06	
膠 水							$ .05	$ .05	$ .05	
四寸方鉸鏈				2塊	1對	銅鉸鏈每對$2.00 鐵鉸鏈每對$ .35	$ .35	$ .35	$ 2.00	連螺絲
釘							$ .30	$ .30	$ .30	
木料損蝕加20%							$ 2.53	$ 3.66	$14.30	
							$10.35	$12.90	$38.49	

裏圈獨倉浜子洋門每扇價格分析表

工料	闊	厚	高	數量	合計	價格	洋松	柳安	柚木	備註
門 梃	5寸	2寸	7尺3寸	2根	12尺	洋松每千尺$ 75 柳安每千尺$ 130 柚木每千尺$ 400	$ .90	$ 1.56	$ 4.80	
上 帽 頭	〃	〃	3尺2寸	1根	2.6尺	〃	$ .20	$ .34	$ 1.04	
下 帽 頭	10寸	〃	〃	1根	5.3尺	〃	$ .40	$ .69	$ 2.12	
裏圈浜子梃	4寸	〃	5尺	2根	6.7尺	〃	$ .50	$ .87	$ 2.68	
裏圈浜子上帽頭	〃	〃	2尺半	2根	3.3尺	〃	$ .25	$ .43	$ 1.32	
膠 夾 板	2尺3分		5尺半	1塊	11方尺	白楊每方尺$ .08 柳安每方尺$ .06 柚木每方尺$ .52	$ .88	$ .66	$ 5.72	
木 匠 工				8工		每堂包工連飯$5.20	$ 5.20	$ 5.20	$ 5.20	每工以六角半計算
輸 送							$ .06	$ .06	$ .06	
膠 水							$ .05	$ .05	$ .05	
四寸方鉸鏈				2塊	1對	銅鉸鏈每對$2.00 鐵鉸鏈每對$ .35	$ .35	$ .35	$ 2.00	連螺絲
木料損蝕加20%							$ 2.50	$ 3.64	$14.14	
							$11.29	$13.85	$39.13	

— 420 —

21906

大玻璃洋門每扇價格分析表

工料	尺 關	寸 厚	高	數量	合計	價格	結 洋松	構 柳安	柚木	備註
門 梃	5寸	2寸	7尺3寸	2根	12尺	洋松每千尺$75 柳安每千尺$130 柚木每千尺$400	$ .90	$1.56	$4.80	
上帽頭	〃	〃	3尺2寸	1根	2.6尺	〃	$ .20	$ .34	$1.04	
下帽頭	10寸	〃	〃	1根	5.3尺	〃	$ .40	$ .69	$2.12	
浜子線	1寸半	1寸	16尺	2根	4.0尺	〃	$ .30	$ .52	$1.60	
木匠工						6工 每堂包工連飯$3.90 7工 〃 $4.55 7工 〃 $4.55	$3.90	$4.55	$4.55	每工以六角半計算
膠 水							$ .05	$ .05	$ .05	
輸 送							$ .06	$ .06	$ .06	
四寸方鉸鏈				2塊	1對	銅鉸鏈每對$2.00 鐵鉸鏈每對$ .35	$ .35	$ .35	$2.00	連螺絲
釘							$ .30	$ .30	$ .30	
玻 璃	26寸		69寸	1塊	18方尺	每方尺$1.60	$21.60	$21.60	$21.60	連油灰等
木料損蝕加 20%							$1.44	$2.49	$7.65	
							$29.50	$32.51	$45.77	

五帽頭浜子洋門每扇價格分析表

工料	尺 關	寸 厚	高	數量	合計	價格	結 洋松	洋 柳安	柚木	備註
門 梃	5寸	2寸	7尺3寸	2根	12尺	洋松每千尺$75 柳安每千尺$130 柚木每千尺$400	$ .90	$1.56	$4.80	
上帽頭	〃	〃	3尺2寸	1根	2.6尺	〃	$ .20	$ .34	$1.04	
中帽頭	〃	〃	〃	3根	7.8尺	〃	$ .59	$1.01	$3.12	
下帽頭	10寸	〃	〃	1根	5.3尺	〃	$ .40	$ .69	$2.12	
浜子線	1寸半	1寸	26尺半	2根	6.6尺	〃	$ .49	$ .86	$2.64	
膠夾板	2尺3寸	3分	4尺10寸	1塊	10.9尺	白楊每方尺$ .08 柳安每方尺$ .06 柚木每方尺$ .52	$ .87	$ .65	$5.67	
木匠工						12工 每堂包工連飯$7.80 14工 〃 $9.10 14工 〃 $9.10	$7.80	$9.10	$9.10	每工以六角半計算
膠 水							$ .05	$ .05	$ .05	
輸 送							$ .06	$ .56	$ .06	
四寸方鉸鏈				2塊	1對	銅鉸鏈每對$2.00 鐵鉸鏈每對$ .36	$ .35	$ .35	$2.00	連螺絲
釘							$ .40	$ .40	$ .40	
木料損蝕加 20%							$2.76	$4.09	$15.51	
							$14.87	$19.16	$46.51	

21907

工　料	尺　　寸			數量	合計	價　　格	結　　　洋			備　註
	濶	厚	高				洋松	柳安	柚木	
門　梃	6寸	2寸	7尺3寸	2根	14.5尺	洋松每千尺$75 柳安每千尺$130 柚木每千尺$400	$1.03	$1.89	$5.80	
上帽頭	3尺2寸	〃	6寸	1根	3.2尺	〃 〃	$.24	$.42	$1.28	
下帽頭	〃	〃	1尺	1根	6.3尺	〃 〃	$.47	$.82	$2.52	
膠夾板	2尺1寸	3分	5尺9寸	1塊	12方尺	白楊每方尺$.08 柳安每方尺$.06 柚木每方尺$.52	$.96	$.72	$6.24	
木匠工				六　工 七　工 七　工		每堂包工連飯$3.90 每堂包工連飯$4.55 每堂包工連飯$4.55	$3.90	$4.55	$4.55	每工以六角半計算
輸送							$.06	$.06	$.06	
膠水							$.05	$.05	$.05	
四寸方鉸鏈				2塊	1對	銅鉸鏈每對$2.00 鐵鉸鏈每對$.35	$.35	$.35	$2.00	連螺絲
木料損蝕加20%							$2.21	$3.08	$12.67	
							$9.33	$11.94	$35.17	

工　料	尺　　寸			數量	合計	價　　格	結　　　洋			備　註
	濶	厚	高				洋松	柳安	柚木	
門　梃	5寸	2寸	7尺3寸	2根	12尺	洋松每千尺$75 柳安每千尺$130 柚木每千尺$400	$.90	$1.56	$4.80	
中梃	〃	〃	3尺8寸	1根	3尺	〃 〃	$.23	$.39	$1.20	
上帽頭	〃	〃	3尺2寸	1根	2.6尺	〃 〃	$.20	$.34	$1.04	
腰帽頭	〃	〃	〃	1根	2.6尺	〃 〃	$.20	$.34	$1.04	
中帽頭	10寸	〃	〃	1根	5.3尺	〃 〃	$.40	$.69	$2.12	
下帽頭	〃	〃	〃	1根	5.3尺	〃 〃	$.40	$.69	$2.12	
浜子線	1寸半	1寸	27尺	2根	6.8尺	〃 〃	$.51	$.88	$2.72	
膠板夾	2尺3寸 1尺1寸	3分	1尺3寸 3尺半	1塊	9.4方尺	白楊每方尺$.08 柳安每方尺$.06 柚木每方尺$.52	$.75	$.56	$4.89	
木匠工				12工 14工 14工		每堂包工連飯$7.80 〃$9.10 〃$9.10	$7.80	$9.10	$9.10	每工以六角半計算
膠水							$.05	$.05	$.05	
輸送							$.06	$.06	$.06	
四寸方鉸鏈				2塊	1對	銅鉸鏈每對$2.00 鐵鉸鏈每對$.35	$.35	$.35	$2.00	連螺絲
釘							$.40	$.40	$.40	
木料損蝕加20%							$2.87	$4.36	$15.94	
							$15.12	$19.77	$47.48	

21908

鋼塊彫夾板浜子洋門每扇價格分析表

工料	尺寸 闊	厚	高	數量	合計	價格	結洋 洋松	柳安	柚木	備註
門梃	5寸	2寸	7尺3寸	2根	12尺	洋松每千尺$75 柳安每千尺$130 柚木每千尺$400	$.90	$1.56	$4.80	
上帽頭	〃	〃	3尺2寸	1根	2.6尺	〃	$.20	$.34	$1.04	
下帽頭	10寸	〃	〃	1根	5.3尺	〃	$.40	$.69	$2.12	
浜子線	1寸半	1寸	16尺	2根	4.0尺	〃	$.30	$.52	$1.60	
膠夾板	2尺3寸	3分	6尺10寸	1塊	15.4方尺	白楊每方尺$.08 柳安每方尺$.06 柚木每方尺$.52	$1.23	$.92	$8.01	
木匠工					5工 6工 6工	每堂包工運飯$3.25 〃 $3.90 〃 $3.90	$3.25	$3.90	$3.90	每工以六角半計算
膠水							$.05	$.05	$.05	
輸送							$.06	$.06	$.06	
四寸方鉸鏈				2塊 1對		銅鉸鏈每對$2.00 鐵鉸鏈每對$.35	$.35	$.35	$.35	連螺絲
釘							$.30	$.30	$.30	
木料損蝕加20%							$2.42	$3.22	$14.06	
							$9.46	$11.91	$36.29	

三帽頭甯中梃浜子洋門每扇價格分析表

工料	尺寸 闊	厚	高	數量	合計	價格	結洋 洋松	柳安	柚木	備註
門梃	5寸	2寸	7尺3寸	2根	12尺	洋松每千尺$75 柳安每千尺$130 柚木每千尺$400	$.90	$1.56	$4.80	
上帽頭	〃	〃	3尺2寸	1根	2.6尺	〃	$.20	$.34	$1.04	
中帽頭	10寸	〃	〃	1根	5.3尺	〃	$.40	$.69	$2.12	
下帽頭	〃	〃	〃	1根	5.3尺	〃	$.40	$.69	$2.12	
中梃	5寸	〃	5尺3寸	2根	8.8尺	〃	$.66	$1.14	$3.52	
浜子線	1寸半	1寸	35尺	2根	8.8尺	〃	$.66	$1.14	$3.52	
膠夾板	1尺7寸	3分	5尺1寸	1塊	8方尺	白楊每方尺$.08 柳安每方尺$.06 柚木每方尺$.52	$.64	$.48	$4.16	
木匠工					5工 6工 6工	每堂包工運飯$3.25 〃 $3.90 〃 $3.90	$3.25	$3.90	$3.90	
膠水							$.05	$.05	$.05	
輸送							$.06	$.06	$.06	
四寸方鉸鏈				2塊 1對		銅鉸鏈每對$2.00 鐵鉸鏈每對$.35	$.35	$.35	$2.00	連螺絲
木料損蝕加20%							$3.09	$4.83	$17.02	
							$10.66	$15.23	$44.31	

21909

三州題一中梃浜子洋門低開價格分析表

工　料	尺 關	寸 厚	高	數量	合計	價　　格	結　　　　洋 洋松	柳安	柚木	備註
門　　梃	5寸	2寸	7尺3寸	2根	12尺	洋松每千尺$75 柳安每千尺$130 柚木每千尺$400	$ .90	$1.56	$4.80	
上帽頭	10寸	,,	3尺2寸	1根	5.3尺	,,	$ .40	$ .69	$2.12	
中帽頭	,,	,,	,,	1根	5.3尺	,,	$ .40	$ .69	$2.12	
下帽頭	5寸	,,	,,	1根	2.6尺	,,	$ .20	$ .34	$1.04	
中　梃	,,	,,	1尺半	1根	1.3尺	,,	$ .10	$ .17	$ .52	
,,		,,	3尺9寸	1根	3.1尺	,,	$ .23	$ .40	$1.24	
浜子線	1寸半	1寸	53尺半	1根	6.7尺	,,	$ .50	$ .87	$2.68	
膠夾板	1尺 11寸	3分	5尺1寸	1塊	9.8方尺	白槐每方尺$ .08 柳安每方尺$ .06 柚木每方尺$ .52	$ .78	$ .59	$5.10	
木匠工					6　工 7　工 7　工	每堂包工連飯$3.90 $4.55 $4.55	$3.90	$4.55	$4.55	每工以六角半計算
膠　水							$ .05	$ .05	$ .05	
輸　送							$ .06	$ .06	$ .06	
四寸方鉸鏈				2塊	1對	銅鉸鏈每對$2.00 鐵鉸鏈每對$ .35	$ .35	$ .35	$2.00	連螺絲
釘							$ .30	$ .30	$ .30	
木料損蝕加20%							$2.81	$4.25	$15.70	
							$10.98	$14.87	$12.28	

堂子連雙面門頭線每堂價格分析表

工　料	尺 關	寸 厚	高	數量	合計	價　　格	結　　　　洋 洋松	柳安	柚木	備註
堂子梃	6寸	3寸	7尺半	2根	22.5尺	洋松每千尺$75 柳安每千尺$130 柚木每千尺$400	$1.69	$2.93	$9.00	
堂子帽頭	,,	,,	3尺5寸	1根	5.3尺	,,	$ .40	$ .69	$2.12	
豎直門頭線	4寸	1寸	7尺半	4根	10.0尺	,,	$ .75	$1.30	$4.00	
橫門頭線	,,	,,	3尺半	2根	2.3尺	,,	$ .17	$ .30	$ .92	
門頭線墩子	6寸	,,	7寸	4塊	1.2尺	,,	$ .09	$ .16	$ .48	
木匠工					2　工 3　工 3　工	每堂包工連飯$1.30 $1.95 $1.95	$1.30	$1.95	$1.95	每工以六角半計算
輸　送							$ .06	$ .06	$ .06	
釘							$ .40	$ .40	$ .40	
鐵臀掏				4只	每只$ .20		$ .80	$ .80	$ .80	
木料損蝕加20%							$2.48	$4.30	$13.22	
							$8.14	$12.89	$32.95	

21910

四帽頭兩中梃浜子洋門每屝價格分析表

工料	闊	厚	高	數量	合計	價格	洋松	柳安	楠木	備註
門梃	5寸	2寸	7尺3寸	2根	12尺	洋松每千尺$75 柳安每千尺$130 楠木每千尺$400	$ .90	$1.56	$4.80	
中梃	,,	,,	3尺6寸	2根	60尺	,,	$ .45	$ .78	$2.40	
上帽頭	,,	,,	3尺2寸	1根	2.6尺	,,	$ .20	$ .34	$1.04	
中帽頭	10寸	,,	,,	1根	5.3尺	,,	$ .40	$ .69	$2.12	
下帽頭	,,	,,	,,	1根	5.3尺	,,	$ .40	$ .69	$2.12	
浜子線	1寸半	1寸	32尺	2根	80尺	,,	$ .60	$1.04	$3.20	
膠夾板	1尺7寸 2尺3寸	3分	5尺2寸 1尺3寸	1塊	11.0方尺	白楊每方尺$.08 柳安每方尺$.06 楠木每方尺$.52	$ .88	$ .66	$5.72	
木匠工					1 0 工 1 2 工 1 2 工	每堂包工速版$6.50 ,, $7.80 ,, $780	$6.50	$7.80	$7.80	每工以六角半計算
輸送							$ .06	$ .06	$ .06	
膠水							$ .05	$ .05	$ .05	
四寸方鉸鏈				2塊	1對	銅鉸鏈每對$2.00 鐵鉸鏈每對$ .35	$ .35	$ .35	$2.00	連螺絲
釘							$ .20	$ .20	$ .20	
木料損蝕加20%							$3.06	$4.61	$17.12	
							$14.05	$18.83	$48.63	

又一三帽頭上下浜子洋門每扇價格分析表

工料	闊	厚	高	數量	合計	價格	洋松	柳安	柚木	備註
門梃	5寸	2寸	7尺3寸	2根	12尺	洋松每千尺$75 柳安每千尺$130 楠木每千尺$400	$ .90	$1.56	$4.80	
上帽頭	,,	,,	3尺2寸	1根	2.6尺	,,	$ .20	$ .34	$1.04	
中帽頭	10寸	,,	,,	1根	5.3尺	,,	$ .40	$ .69	$2.12	
下帽頭	,,	,,	,,	1根	5.3尺	,,	$ .40	$ .69	$2.12	
浜子線	1寸半	1寸	19尺	2根	4.8尺	,,	$ .36	$ .62	$1.92	
膠夾板	5尺 1寸	3分	2尺3寸	1塊	11.36尺	白楊每方尺$.08 柳安每方尺$.06 柚木每方尺$.52	$ .90	$ .68	$5.88	
木匠工					6工	每堂包工速版$3.90	$3.90	$3.90	$3.90	每工以六角半計算
膠水							$ .05	$ .05	$ .05	
輸送							$ .06	$ .06	$ .06	
四寸鐵鉸鏈				2塊	1對	銅鉸鏈每對$2.00 鐵鉸鏈每對$ .35	$ .35	$ .35	$2.00	連螺絲
釘							$ .30	$ .30	$ .30	
木料損蝕加20%							$2.53	$3.66	$14.30	
							$10.35	$12.90	$38.49	

21911

經濟住宅之一

早期
美式住宅

上海市建築協會　彭伯卿

21912

經濟住宅之二

同一平面圖形成美國殖民式風格

英國式的雋味

一所美國式的鄉村屋合尺寸稍加改動便有英國式的雋味這是根據經濟能事的建築設計

尺寸

大房子尺寸二十四尺寬三十二尺深色括全部尺寸三十六尺寬三十二尺深平頂高度八尺四寸地下室七尺共計面積一五六〇〇立方尺

壁爐

同一平面圖形成美國殖民式風格

英國式樣

英國式住宅的外貌猶蘇格蘭古趣盎然為世界之雋味透映紙背平面圖示各室近代式佈置之特點

尺寸

大房子尺寸三十尺寬二十六尺平深色括全部尺寸三十二尺寬二十八尺深平頂高度八尺六寸地下室七尺共計面積一六〇〇〇立方尺

起居室隅之書架

上海市建築協會

劉家聲

21913

建築材料價目表
磚 瓦 類

貨 名	商 號	大 小	數 量	價 目	備 註
空 心 磚	大中磚瓦公司	12″×12″×10″	每 千	$250.00	車挑力在外
″ ″ ″	″ ″ ″ ″	12″×12″×9″	″ ″	230.00	
″ ″ ″	″ ″ ″ ″	12″×12″×8″	″ ″	200.00	
″ ″ ″	″ ″ ″ ″	12″×12″×6″	″ ″	150.00	
″ ″ ″	″ ″ ″ ″	12″×12″×4″	″ ″	100.00	
″ ″ ″	″ ″ ″ ″	12″×12″×3″	″ ″	80.00	
″ ″ ″	″ ″ ″ ″	9¼″×9¼″×6″	″ ″	80.00	
″ ″ ″	″ ″ ″ ″	9¼″×9¼″×4½″	″ ″	65.00	
″ ″ ″	″ ″ ″ ″	9¼″×9¼″×3″	″ ″	50.00	
″ ″ ″	″ ″ ″ ″	9¼″×4½″×4½″	″ ″	40.00	
″ ″ ″	″ ″ ″ ″	9¼″×4½″×3″	″ ″	24.00	
″ ″ ″	″ ″ ″ ″	9¼″×4½″×2½″	″ ″	23.00	
″ ″ ″	″ ″ ″ ″	9¼″×4½″×2″	″ ″	22.00	
實 心 磚	″ ″ ″	8½″×4⅛″×2½″	″ ″	14.00	
″ ″ ″	″ ″ ″	10″×4⅞″×2″	″ ″	13.30	
″ ″ ″	″ ″ ″	9″×4⅜″×2″	″ ″	11.20	
″ ″ ″	″ ″ ″	9″×4⅜″×2¼″	″ ″	12.60	
大 中 瓦	″ ″ ″	15″×9½″	″ ″	63.00	運至營造場地
西 班 牙 瓦	″ ″ ″	16″×5½″	″ ″	52.00	″ ″
英 國 式 灣 瓦	″ ″ ″	11″×6½″	″ ″	40.00	″ ″
脊 瓦	″ ″ ″	18″×8″	″ ″	126.00	″ ″
瓦 筒	義合花磚瓦筒廠	十 二 寸	每 只	.84	
″ ″ ″	″ ″ ″ ″	九 寸	″ ″	.66	
″ ″ ″	″ ″ ″ ″	六 寸	″ ″	.52	
″ ″ ″	″ ″ ″ ″	四 寸	″ ″	.38	
″ ″ ″	″ ″ ″ ″	小 十 三 號	″ ″	.80	
″ ″ ″	″ ″ ″ ″	大 十 三 號	″ ″	1.54	
青水泥花磚	″ ″ ″ ″		每 方	20.98	
白水泥花磚	″ ″ ″ ″		每 方	26.58	

21914

水　泥　類

貨　　　名	商　號	標　　記	數量	價　目	備　　註
水　　泥		象　　牌	每桶	$ 6.25	
水　　泥		泰　　山	〃	〃 6.25	
水　　泥		馬　　牌	〃	〃 6.30	

木　材　類

貨　　　名	商　號	說　　明	數量	價　格	備　　註
洋　　松	上海市同業公會公議價目	八尺至卅二尺再長照加	每千尺	洋八十二元	
一　寸洋松	〃　〃　〃		〃　〃	〃 八十四元	
牛寸洋松	〃　〃　〃		〃　〃	八十五元	
洋松二寸光板	〃　〃　〃		〃　〃	六十四元	
四尺洋松條子	〃　〃　〃		每萬根	一百二十元	
一寸四寸洋松一號企口板	〃　〃　〃		每千尺	一百〇五元	
一寸四寸洋松二號企口板	〃　〃　〃		〃　〃	七十八元	
一寸六寸洋松一號企口板	〃　〃　〃		〃　〃	一百十元	
一寸六寸洋松二號企口板	〃　〃　〃		〃　〃	七十八元	
一二五四寸一號洋松企口板	〃　〃　〃		〃　〃	一百三十元	
一二五四寸二號洋松企口板	〃　〃　〃		〃　〃	九十五元	
一二五六寸一號洋松企口板	〃　〃　〃		〃　〃	一百六十元	
一二五六寸二號洋松企口板	〃　〃　〃		〃　〃	一百十元	
柚木（頭號）	〃　〃　〃	僧　帽　牌	〃　〃	六百三十元	
柚木（甲種）	〃　〃　〃	龍　　牌	〃　〃	四百五十元	
柚木（乙種）	〃　〃　〃	〃　　〃	〃　〃	四百二十元	
柚　木　段	〃　〃　〃	〃　　〃	〃　〃	三百五十元	
硬　　木	〃　〃　〃		〃　〃	二百元	
硬木（火介方）	〃　〃　〃		〃　〃	一百五十元	
柳　　安	〃　〃　〃		〃　〃	一百八十元	
紅　　板	〃　〃　〃		〃　〃	一百〇五元	
抄　　板	〃　〃　〃		〃　〃	一百二十元	
十二尺三寸六八皖松	〃　〃　〃		〃　〃	六十元	
十二尺二寸皖松	〃　〃　〃		〃　〃	六十元	

21915

貨名	商號	說明	數量	價格	備註
一二五四寸柳安企口板	上海市間菜公會公議價目	龍牌	每千尺	一百八十五元	
一寸六寸柳安企口板	" " "		" "	一百七十五元	
二寸一建松半片	" " "		" "	六十元	
一丈字印建松板	" " "		每丈	三元三角	
一丈足建松板	" " "		" "	五元二角	
八尺寸甌松板	" " "		" "	四元	
一寸六寸一號甌松板	" " "		每千尺	四十六元	
一寸六寸二號甌松板	" " "		" "	四十三元	
八尺機鋸杭松板	" " "		每丈	二元	
九尺機鋸甌松板	" " "		" "	一元八角	
八尺足寸皖松板	" " "		" "	四元五角	
一丈皖松板	" " "		" "	五元五角	
八尺六分皖松板	" " ,		" "	三元五角	
台松板	" " "		" "	四元	
九尺八分坦戶板	" " "		" "	一元二角	
九尺五分坦戶板	" " "		" "	一元	
八尺六分紅柳板	" " "		" "	二元一角	
七尺俄松板	, , ,		, ,	一元九角	
八尺俄松板	" " "		" "	二元一角	
九尺坦戶板	" " "		" "	一元四角	
六分一寸俄紅白松板	" " "		每千尺	七十元	
一寸二分四寸俄紅白松板	, " "		" "	六十七元	
俄紅松方	" " "		" "	六十七元	
一寸四寸俄紅白松企口板	" " "		" "	七十四元	
一寸六寸俄紅白松企口板	" " "		" "	七十四元	
俄麻栗光邊板	" " "		" "	一百二十元	
俄麻栗毛邊板	" " "		" "	一百十元	
一二五，四寸企口紅板	" " "		" "	一百三十九元	

油　漆　類

貨　名	商　號	標　記	裝量	價　格	備　註
AAA上上白漆	開林油漆公司	雙斧牌	二十八磅	九元五角	
AA上上白漆	〃 〃 〃	〃 〃 〃	〃 〃	七元五角	
A 上 白漆	〃 〃 〃	〃 〃 〃	〃 〃	六元五角	
A 白 漆	〃 〃 〃	〃 〃 〃	〃 〃	五元五角	
B 白 漆	〃 〃 〃	〃 〃 〃	〃 〃	四元七角	
AA二白漆	〃 〃 〃	〃 〃 〃	〃 〃	八元五角	
K 白 漆	〃 〃 〃	〃 〃 〃	〃 〃	三元九角	
KK白 漆	〃 〃 〃	〃 〃 〃	〃 〃	二元九角	
A 各色漆	〃 〃 〃	〃 〃 〃	〃 〃	三元九角	紅黃藍綠黑灰棕
B 各色漆	〃 〃 〃	〃 〃 〃	〃 〃	二元九角	〃 〃 〃
銀硃調合漆	〃 〃 〃	〃 〃 〃	五介侖	四十八元	
〃 〃 〃	〃 〃 〃	〃 〃 〃	一介侖	十元	
白及紅色調合漆	〃 〃 〃	〃 〃 〃	五介侖	二十六元	
〃	〃 〃 〃	〃 〃 〃	一介侖	五元三角	
各色調合漆	〃 〃 〃	〃 〃 〃	五介侖	二十一元	
〃	〃 〃 〃	〃 〃 〃	一介侖	四元四角	
白及各色磁漆	〃 〃 〃	〃 〃 〃	〃 〃	七元	
硃紅磁漆	〃 〃 〃	〃 〃 〃	1 〃	八元四角	
金銀粉磁漆	〃 〃 〃	〃 〃 〃	〃	十二元	
銀硃磁漆	〃 〃 〃	〃 〃 〃	〃	十二元	
銀硃打磨磁漆	〃 〃 〃	〃 〃 〃	〃	十二元	
白打磨磁漆	〃 〃 〃	〃 〃 〃	〃	七元七角	
各色打磨磁漆	〃 〃 〃	〃 〃 〃	〃	六元六角	
灰色防銹調合漆	〃 〃 〃	〃 〃 〃	〃	二十二元	
紫紅防銹調合漆	〃 〃 〃	〃 〃 〃	〃	二十元	
鉛丹調合漆	〃 〃 〃	〃 〃 〃	〃	二十二元	
甲種清㗷呢士	〃 〃 〃	〃 〃 〃	五介侖	二十二元	
〃 〃 〃	〃 〃 〃	〃 〃 〃	一介侖	四元六角	
乙種清㗷呢士	〃 〃 〃	〃 〃 〃	五介侖	十六元	
〃 〃 〃	〃 〃 〃	〃 〃 〃	一介侖	三元三角	

21917

貨　名	商　號	標　記	裝量	價　格	備　註
黑嘜呢士	開林油漆公司	變芥牌	五介侖	十二元	
〃〃〃	〃〃〃	〃〃〃	一介侖	二元二角	
烘光嘜呢士	〃〃	〃〃	五介侖	二十四元	
〃〃〃	〃〃	〃〃	一介侖	五元	
白牌純亞蔴仁油	〃〃	〃〃	五介侖	二十元	
〃〃〃	〃〃	〃〃	一介侖	四元三角	
紅牌熟胡蔴子油	〃〃	〃〃	五介侖	十七元	
〃〃〃	〃〃	〃〃	一介侖	三元六角	
乾　　液	〃〃	〃〃	五介侖	十四元	
〃〃	〃〃	〃〃	一介侖	三元	
松　節　油	〃〃	〃〃	五介侖	八元	
〃〃〃	〃〃	〃〃	一介侖	一元八角	
乾　　漆	〃〃	〃〃	廿八磅	五元四角	
〃〃〃	〃〃	〃〃	七磅	一元四角	
上白塡眼漆	〃〃	〃〃	廿八磅	十元	
白塡眼漆	〃〃	〃〃	〃〃〃	五元二角	

五　　金　　類

貨　名	商　號	數　量	價　格	備　　註
二二號英白鐵	新仁昌	每　箱	六七元五角五分	每箱廿一張重四二〇斤
二四號英白鐵	同　前	每　箱	六九元〇二分	每箱廿五張重量同上
二六號英白鐵	同　前	每　箱	七二元一角	每箱卅三張重量同上
二二號英瓦鐵	同　前	每　箱	六一元六角七分	每箱廿一張重量同上
二四號英瓦鐵	同　前	每　箱	六三元一角四分	每箱廿五張重量同上
二六號英瓦鐵	同　前	每　箱	六九元〇二分	每箱卅三張重量同上
二八號英瓦鐵	同　前	每　箱	七四元八角九分	每箱卅八張重量同上
二二號美白鐵	同　前	每　箱	九一元〇四分	每箱廿一張重量同上
二四號美白鐵	同　前	每　箱	九九元八角六分	每箱廿五張重量同上
二六號美白鐵	同　前	每　箱	一〇八元三角九分	每箱卅三張重量同上
二八號美白鐵	同　前	每　箱	一〇八元三角九分	每箱卅八張重量同上
美　力　釘	同　前	每　桶	十六元〇九分	

21918

貨　　　名	商　號	數　量	價　　格	備　　　　　註
平　頭　釘	同　前	每　桶	十八元一角八分	
中國貨元釘	同　前	每　桶	八元八角一分	
半號牛毛毡	同　前	每　捲	四元八角九分	
一號牛毛毡	同　前	每　捲	六元二角九分	
二號牛毛毡	同　前	每　捲	八元七角四分	
三號牛毛毡	同　前	每　捲	三元五角九分	

開灤鋼磚之特點

中國建築對於面飾之重視，已趨復興之象，時至今日，面磚佔極重要地位；建築師及製圖員致力於磚牆工作，一如十八世紀，同具此熱心。此蓋建築物之昂首雲霄，表現其美觀者，全藉面磚之力也。

面磚為表示建築上美點之媒介，自昔無此權威，於今稱盛焉。效用與美點或可與時俱增，但此均有待建築師之贊助磚瓦製造商者也。開灤礦務局為盡其責任起見，備有大宗不同彩色及性質之面磚瓦，供客選擇。此種面磚在遠東久負盛名，產量極為充足，倘各營造家建築師加以採用，定能稱心合意也。

開灤面磚優點，可列舉如下：

（一）承受壓力，抵抗氣候變化及損蝕。

（二）堅韌耐久，不曲不撓。

（三）拆修改造，隨意所欲，可節省費用，減少工資。

（四）磚面平滑光潔，適合衛生，纖塵不染。

（五）美觀悅目。

（六）式樣質地劃一，在交貨時可以担保。

21919

美國建築公會函邀本會參加一九三五年萬國建築聯合會會議

本會於去年十一月十五日，接美國建築公會來函，邀請本會選派代表，出席將於奧國蘇爾士堡舉行之一九三五年萬國建築聯合會議，並稱該項會議會於一九三三年在英國倫敦舉行，成績顏佳云云。本會據函後當經函復該會，並詢問入會手續，茲錄往來函件譯稿於後。

來函『上海市建築協會執事先生台鑒。啟者：接奉貴會出版之『建築月刊』，披讀之餘，不勝欣感！吾人於美，殊未知貴國有此等偉大建築與公寓房屋之構造也。展閱之餘，願擴眼界，敬將貴刊編入敝會圖書館。茲檢奉敝會出版之「美國建築公會會刊」一份，尚希督收！再者，一九三五年萬國建築聯合會議，將於奧國蘇爾士堡舉行，屆時世界著名領袖，均將出席，敝會議邀請貴會參加。上屆會議舉行於英倫，極一時之盛，會議終過，詳載英國倫敦柯雪脫街三十七號建築公會發行之公報，請予參閱，為荷！專此，順頌進步。利羅信孚(Henry S. Rosenthal)頓首。』

復函『美國建築公會羅信孚先生台鑒。敬復者，接奉十一月十五日來示，承邀敝會參加一九三五年萬國建築聯合會議，歡會除已致函英國倫敦柯雪脫街三十七號，索取上屆會議紀錄外，尚祈示知參加手續及其他要點，並承詢遠東奧有類似性質之團體一節，計在歡國上海者有中國工程師學會，(大陸商場四二七號)及北平之中國營造學社。(中山公園內)尚希台詧，請與各該會通信可也。此復。並祝邁進成功。上海市建築協會杜彥耿叩。十二月二十一日。』

本會服務部為提倡國貨會設計滬南國展會會場

上海市民提倡國貨會為宣傳國貨，特畢辦滬南國貨展覽會，會場勘定十六舖裏馬路泉漳會館空地與建，函請本會代為設計。本會經允予義務代辦，當由服務部擬就全部圖樣，估計建築費用，送由該會依照蓋建。

上海特一法院指定本會派員鑑定訴訟案

本會於二月十九日接江蘇上海第一特區地方法院來函云：『逕啟者：案查本院受理倪天麟與方祥和工價涉訟一案，關於柏油馬路之工程是否與原約之定相符一點，雙方各執一辭，本院認為有鑑定之必要。現據當事人之解辭，業經指定貴會同鑑定，希卽選派富有建築柏油馬路工程之建築師，於本年二月二十三日上午九時來院，以便同雙方當事人等，前往鑑定。為荷。』本會准函，當卽推派常委杜彥耿君準時前往建築協會。此致建築協會。

工部局為鋼條等加鑄牌號致函本會

上海公共租界工部局工務處，為各著名鋼廠所出鋼條等貨品，加鑄凸飾牌號，以為標識，致函本會，請分別通知各會員，除分函各會員至鉅，茲將來函迻譯如后：

『啟者：邇來建築界所用工字鐵及鋼條等，顏多缺點及隙裂之發現，影響公共安寧者至鉅，故有喚起注意之必要。查現時各商宗購鋼條等材料，祇問價格高低，不究質地優劣；時有以不良之材料，用諸建築，自難担保安全。茲為查騐時易於鑑別起見，各著名廠家，已在其鋼條等出品上，加鑄凸飾牌號，以為標識。如各廠能一律實行此法，則出品劃一，可易區別，因各種鋼條等之整性如何，均於其本身上明白註明也。惟此法若籍建築法規強制施行，殊感困難，應請有關係各方共同注意公共安全而賜與合作，方克有濟，尚希貴會加以採用，為幸。此致上海市建築協會。』轉知貴會會員加以採用。

21920

廖德珍君問：南京外交部

現擬建造住宅一所，計楼房四間，下房三間，預算建築費二千六百元，水電工程之費用在外。茲將自擬圖樣

（未經工程師檢閱）附呈台覽，未卜是否合格，尚祈賜予改正，並請加以指示，倘蒙另繪圖樣，以資採用，尤所

感荷！

正面樣

樓上圖

樓下圖

服務部答：

聲擬草樣，已披閱一過，依圖估計造價，與二千六百元之預算，相去過鉅，且浪費基地，似不甚經濟。茲特

另奉平居式樣二種，（請參閱經濟住宅之一之二）於建築費用暨所佔地位，均較為經濟，造價照預算略加一千元

後，已足敷應用矣。

曹墨侶君問：廣東順德大良市政辦事處

（一）化糞池之構造，以何種為最簡單最經濟，請示略圖。

（二）貴刊可否每期增載房屋重要部份之大樣。

服務部答：

21921

（一）化糞池經濟之構造，請觀附圖。

，每座架梁之距離，祇二‧○○公尺，似覺太密。至於風雪壓力之負重若干，則應根據當地市政機關工務處之規定，不能任意臆斷，未便具復。

（二）此問與第一問之疑點略同，未見圖樣，殊難作正確之答復。如該項廠屋及棧房工程，需本部代為計算，務須將平面圖樣寄來。俾便核算。

（三）用公尺抑用英呎，須視探購處所而定；例如向英美購辦，當用英呎，若向法德購辦，則用公尺。

（二）房屋重要部份之大壩，擬增闢一欄刊登，現正在考慮計劃中。

俞震君問：漢陽兵工廠土木工程間

（一）如建造廠房一座，長六○‧○○公尺，擬配三角鐵架梁三十座，應配如何長寬厚之角鐵材料？開間各若干有無限制？該房應受何等重撬及本身風雪壓力各重若干？

（二）又有棧房一座，長三○‧○○公尺，寬五六‧二○公尺，擬配木架梁十五排，大梁為一○‧○○公尺。其餘筒墩撐棍應用何種木料？俾資堅固。應配寬厚若干呎？開間限制若干？該棧房應受何種風雪壓力？

（三）生鐵空心方圓鐵柱，及生熟鐵版鐵條等，其重量以英呎或公尺計算？

服務部答：

（一）所稱架梁，是否係 Truss ，若係 Truss ，則其寬（The span）過互，況廠之長度六○‧○○公尺，而配以三十座架梁

21922

本刊為適應讀者需要與趣味，對於取材，力求新穎，並注意多方面之羅致，故本期內容，頗多特致之作，茲略擇梗概，介紹於后：

本期插圖，除萬國儲蓄會新屋及上海市市長新邸外，如南京陣亡將士公墓，日本東京英使館，饗聖愛娜舞場等建築圖樣，均係特殊而新穎之建築設計，因刊其全套圖樣，以供讀者參考。

南京陣亡將士公墓，係國府建築顧問基阿茂飛建築師設計，複紀念浩廠承造。公墓分爲紀念塔，紀念堂及紀念牌樓等三部。均採用我國古代形式，惟橋浩工程則憑藉最新科學與方法。本刊除刊登全套圖樣外，並將重要各點放大，製版發表，以資觀摹。

英國駐H使館舊屋，曩年燬於大地震後，今已重建新屋。全部用鋼骨水泥構造，設計特殊，每一建築劃分爲若干「抵抗地震段」，足以應付強烈之地震，已著成效。本期刊其全套圖樣，並爲文介紹焉。

聖愛娜舞廳係由普通房屋改建，構造非常合適。本刊以舞廳日益普遍，舞場爲應需要而相繼建築，茲爲便利改建設計之參考起見，爰將饗愛娜改建圖樣付梓也。

文字方面亦頗多可誦之作，如林同棪君之「桿件各性質C，K，F之計算法」，漸君之「輕景鋼橋面之控制」，玲君之「混凝土護土牆」，及朗琴君之「中國之變遷」等，各具特色，爲極有價值之建築著作。

「桿件各性質C，K，F之計算法」，係上期「克勞氏連架計算法」而作，讀者可參閱也。林君自美返國後，現服務於津浦鐵路，於百忙中允爲本刊長期撰述。編者除向林君表示感謝外，並爲愛讀諸君告。

「輕景鋼橋面之控制」一文，係緻述美國突破活動橋梁長途紀錄之橋梁工程，頗爲詳細。查近代輪艦交通於河流，每感受橋梁之阻礙，茍順全水上交通，則又妨礙陸行。活動橋梁之建築，在我國亦已成爲急需，爰特選登之。

「混凝土護土牆」一文，乃英國愛特羅氏對於純混凝土與鋼筋混凝土護土牆之研究心得。大意爲比較純混凝土，輕鋼筋混凝土與重鋼筋混凝土三式剖面構造之輕濟研究，並用二種理論以求土壓力。文中述之頗詳。

「中國之變遷」係香港大學工學院院長史密斯氏之原著，敍寫我國舊有建築，頗有切合之處，於此可覘外人對於我國建築見解之一斑，因囑將朗琴君譯稿付刊。

長篇「工程估價」及「建築辭典」，均仍續刊。其他如住宅欄等，恕不贅述，諸讀者展閱。

下期稿件，已陸續付梓，當單期出版。

預定

全　年	十 二 冊	大 洋 伍 元
郵　費	本埠每冊二分,全年二角四分;外埠每冊五分,全年六角;國外另議。	
優　待	同時定閱二份以上者,定費九折計算。	

投稿簡章

1. 本刊所列各門,皆歡迎投稿。翻譯創作均可,文言白話不拘。須加新式標點符號。譯作附寄原文,如原文不便附寄,應詳細註明原文書名,出版時日地點。

2. 一經揭載,贈閱本刊或酌酬現金,撰文每千字一元至五元,譯文每千字半元至三元。重要著作特別優待。投稿人却酬者聽。

3. 來稿本刊編輯有權增刪,不願增刪者,須先聲明。

4. 來稿概不退還,預先聲明者不在此例,惟須附足寄還之郵費。

5. 抄襲之作,取消酬贈。

6. 稿寄上海南京路大陸商場六二〇號本刊編輯部。

建築月刊

第 二 卷 · 第 二 號

中華民國二十三年二月份出版

編輯者	上海市建築協會 南京路大陸商場
發行者	上海市建築協會 南京路大陸商場
電　話	九二〇九
印刷者	新光印書館 上海聖母院路聖達里三一號
電　話	七四六三五

廣告價目表
Advertising Rates Per Issue

地　位 Position	全　面 Full Page	半　面 Half Page	四分之一 One Quarter
底封面外面 Outside back cover.	七十五元 $75.00		
封面及底面之裏面 Inside front & back cover	六十元 $60.00	三十五元 $35.00	
封面及底面裏面之對面頁 Opposite of inside front & back cover.	五十元 $50.00	三十元 $30.00	
普通地位 Ordinary page	四十五元 $45.00	三十元 $30.00	二十元 $20.00
小廣告 Classified Advertisements	每期每格一寸半闊四寸高 大洋四元 $4.00 per column		

Designs, blocks to be charged extra. Advertisements inserted in two or more colors to be charged extra.

廣告概用白紙黑墨印刷,倘須彩色,價目另議;鋅版彫刻,費用另加。

昌升建築公司

本公司專造各

式中西房屋以

及銀行堆棧廠

房橋梁道路水

泥壩岸碼頭鐵

道等一切大小

鋼骨水泥工程

事務所： 上海四川路三十三號

電話 一六一六六

Chang Sung Construction Co.

33 Szechuen Road, Shanghai.

Telephone

16166

吳仁記營造廠

事務所：北京路二八〇號

電話：一二〇三六號

本廠專門承造
一切大小建築
鋼骨水泥工程
廠房橋樑及壩
岸等無不經驗
豐富工作認眞

21926

研討實業問題的基本要籍

實業界一致推重商業月報

商業月報於民國十年創刊迄今已十有三
年資望深久內容豐富討論實際印刷精良
致銷數鉅萬縱橫國內外故為實業界一致
推重認為討論實業問題刊物中最進步之
雜誌解決並推進中國實業問題之唯一資
助

實業界現狀解決中國實業問題請讀
「商業月報」應立即訂閱

君如欲發展本身業務瞭解國內外

全年十二冊　報費國內三元　（郵費在內）
　　　　　　　　外五元

出版者　上海市商會商業月報社
地址　上海天后宮橋　電話四〇二六號

21927

21928

由本行承造電氣工程　　上海市長吳鐵城先生住宅

21929

21934

21936

The BUILDER

建築月刊

VOL. 2 NO. 3

第二卷 第三期

陵園牌樓

徵求會員

建設民生主義之社會

上海市長吳鐵城題

21941

21942

21943

英 商

中國造木有限公司

唯一機器製造的木工專家

上海楊樹浦路一四二六號

電話五另六另八號

"woodworkco" 電報掛號

已竣工程

漢密爾登大廈（第一部）
河濱大廈
都城飯店
大華公寓
建業公寓「A」「B」及「C」
海格路公寓
李斯特研究院
業廣協理白克先生住宅

WOODWORKCO

進行工程

漢密爾登大廈（第二部）
建業公寓「D」及「E」
業廣建築師法萊才先生住宅
特赫斯脫公寓
麥齊路公寓
祁齊路公寓
法商電車公司寫字間
貝當路公寓
北四川路狄斯威路口公寓

總 經 理

英商祥泰木行有限公司

21944

21945

21946

21948

21949

21950

21953

21956

本廠承造工程（正在進行中之一）

速 迅

濟 經

固 堅

廠 造 營 來 泰

上 海 博 物 院 路 十 九 號

電 話 一 七 二 六 九

建築月刊 第二卷第三號

民國二十三年三月份出版

目錄

上海市建築協會第二屆徵求會員大會宣言

上海市建築協會章程

插　圖

計擬中之金神父公寓……………二

金神父公寓平面圖………………三

大連將建之一旅館………………四

大連一旅館平面圖………………五

上海高乃依路俄國教堂…………六

龍華飛機棧………………………七

進行中之建築

上海百老匯大廈打樁攝影…………八
地下舖置探水牛毛毡

上海百老匯大廈………………………九
澆擣水泥滿堂攝影

上海百老匯大廈構匠第一層鋼架…一〇

上海百老匯大廈構設鋼架之另一攝影…一一

上海百老匯大廈背影…………………一二

建築中之上海百老匯大廈……………一三

新近完工之麥特赫斯脫公寓…………一四

上海愛多亞路浦東銀行新屋…………一五

上海北四川路新亞酒樓棧部工程……一六

譯　著

建築辭典（續）………………………………………一七—二五

中國之變遷（續完）………………………………朗琴……二六—二八

克勞氏法間接應用法……………………………林同棪……二九—三九

工程估價（續）…………………………………杜彥耿……四〇—四五

住　　宅

　　經濟住宅之三………………………………………四五

　　經濟住宅之四………………………………………四六

　　經濟住宅之五………………………………………四七

　　經濟住宅之五………………………………………四八

　　上海大西路一住宅……………………………四九—五二

建築界消息……………………………………………五三—五五

營造與法院……………………………………………五六—五八

建築材料價目表………………………………………五九—六四

會　務………………………………………………六五—六七

附　載

　　上海市營造廠業同業公會會訊……………………六八—六九

編　餘…………………………………………………七〇

THE BUILDER

March 1934　　Vol. 2　　No. 3

LEADING　CONTENTS

ILLUSTRATIONS

Proposed "Pére Robert Apartment".

Hotel Sanatorium at Kagahshi, Dairen.

The New St. Nicholas Russian Orthodox Church on Rue Corneille, Shanghai.

The New Hangar Will House C. N. A. C. Planes.

Photographs of Current Construction: "Broadway Mansion".

The Newly Completed Medhurst Apartments.

New Premises of the Poo Tung Bank.

Additional Section of the New Asia Hotel.

ARTICLES

Building Terms in English and Chinese.

Changes in China.

Indirect Applications of the Cross' Method.　T. Y. Lin

Building Estimates.　N.K.Doo

Residential Houses.

News Column.

Contractors and Courts.

Current Prices of Building Materials.

S. B. A. News.

Editorials.

廣告索引

大中磚瓦公司	上海大理石公司	美商美和洋行
英商茂隆有限公司	久記營造廠	張德興電料行
達昌建築公司	新成鋼管製造公司	公勤鐵廠
中國造木公司	謙信機器公司	光華水泥花方磚廠
開灤礦務局	茂和公司	華昌行
大美地板公司	瑞昌銅鉄五金工廠	國泰陶器公司
興業甆磚公司	久泰錦記營造廠	馥記營造廠
遠東雲石公司	泰來營造廠	大來洋行木部
合作五金公司	美商美和公司	祥泰木行
永豐夾板公司	合泰水泥花磚廠	中國建築材料公司
榮泰銅鐵翻砂廠	商業月報	顧發利洋行
美益水電工程公司	新仁記營造廠	
比國鋼業聯合社	代月公司	英商吉星洋行

上海市建築協會第二屆徵求會員大會宣言

溯本會發軔於民國十九年春，由上海市建築界三十餘同仁共同發起，閱一載而正式成立。維時贊同加入者已逾百人，皆熱心發揚建築學術促進建築事業之建築界同志也。三載以還，雖國家多難，滬市凋敝，本會仍本其堅強之毅力勇往之精神而努力進行。諸同仁咸以公私薈集之身，而無時不予精神或物質上之慰助，使會務於風雨飄搖中，得慘淡經營而始終不懈。夫建築事業隨時代之巨輪以勘進，都市中之崇樓大廈日有新建；設實業計劃一一實現，機關廠屋以及公共場所勢將大興土木，更有待乎建築界之服務。同仁既受國家之期望至切，亟應如何奮勉耶？今者，建築材料既多取自舶來，房屋設計又多仰仗外人．建築物之漸增，即金錢之漏巵無已。尤以上海為甚，因建築物做效西式，故多採材海外。凡此種種：我建築同人宜籌補救之策，不容或忽者也。當此物競之候，墨守繩規，終歸淘汰；拘圍一隅，未免寡聞。須推陳出新，以應時代之需要。本會創設之初衷，即本諸斯旨，如國貨材料之提倡，職工教育之實施，工場制度之改良等，當於成立大會宣言中劃切言之；歷年會務之工作進行，亦無時不引為準鵠，如建築月刊之發行，附屬夜校之創設，以及服務部之成立，所以提倡建築學術，培植專門人才，而督促建築事業之進展也。惟同人等寡於見聞，自必鞏固集團，作工戰之先鋒，共赴改革之陣線，現正勵精圖治，以謀次第實現。且也，獨木不能取火，積沙方可成塔，自慚棉薄，獲效距理想尚遠，庶幾建築物之光榮可期。惟茲事體大，非徵集同志，彙集羣思，循軌而作有效之奮進不可。我全國同業均應負荷一分責任，同具救國之志，各本互助之心，以貫澈共存共榮之原則，建築事業有厚望焉。本會有鑒及此，爰有舉行第二屆徵求會員大會之決議，佇盼營造家建築師工程師監工員及建築材料商等，踴躍參加，共襄進行，建築業幸甚！

上海市建築協會章程

定　名　上海市建築協會

宗　旨　本會以研究建築學術改進建築事業並表揚東方建築藝術為宗旨

會　員　凡營造家建築師工程師監工員及與建築業有關之熱心贊助本會者由會員二人以上之介紹並經執行委員會認可均得為本會會員

職　員　本會設執行委員會及監察委員會其委員均由大會產生

（甲）人數　執行委員會設委員九人候補執行委員三人監察委員會設委員三人候補監察委員二人執行委員互選常務三人

（乙）任期　常務委員中互選一人為主席
各項委員任期以一年為限連舉得連任但至多以三年為限
各項委員未屆期滿而因故離職者以候補委員遞補之但以補足一年為限

（丙）職權　執行委員會執行會務籌酌本會一切進行事宜對外代表本會並得視會務之繁簡酌雇辦事員辦理會務監察委員負監察全會之責任對執行委員及會員有提出彈劾之權
各項委員均為名譽職但因辦理會務得核實支給公費
本會之職務如左

職　務
（一）調查統計建築工商或團體機關及有關於建築事務者、研究建築學術儘量介紹最新並安全之建築方法
（二）提倡國產建築材料並研究建築材料之創造與改良
（三）設計並徵集改良之建築方法介紹於國人
（四）表揚東方建築藝術介紹於世界
（五）設法提倡改善勞工生活與勞動條件
（六）建議有關建築事項於政府
（七）答復政府之咨詢及委託事項
（八）印行出版物
（九）舉辦勞工教育及職業教育以提高建築工人之程度並造就建築方面之專門人才
（十）舉辦建築方面之研究會及演講會
（十一）創設圖書館及會報社
（十二）設備會員俱樂部及其他娛樂事項
（十三）提倡並舉辦貯蓄機關及勞動保險
（十四）其他關於改進建築事業事項

會　議　本會會議分下列三種
（甲）大會　本會每年舉行大會一次討論重要會務報告並修訂會章選舉執監委員其日期由執行委員會酌定通告
（乙）常會　執行委員會每月舉行常會一次開會時監察委員應共同列席必要時並得舉行執監聯席會議
（丙）臨時會　凡執行委員三分之一或監察委員三分之二以上或會員十分之一以上之同意均得召集臨時大會

會員之權利及義務
（甲）義務
（一）會員均有繳納會費及臨時捐助之義務會費暫定每年國幣貳拾元臨時捐無定額由會員量力捐助之
（二）會員均應遵守會章如有違反者由監察委員會提出彈劾予以除名或其函或登報警告之處分
（乙）權利
（一）會員均有選舉權及被選舉權
（二）會員均得享受本會各項設備之使用權
（三）會員均得享受本會章程所定之一切權利
（四）會員有正當理由得隨時提出退會惟已繳會費概不退還
（五）會員得提出建議於執行委員會請求審議施行
（六）會員得依據會章請求召集臨時大會

會　費　本會會費由會員繳納之如有餘裕由基金委員會負責保管不得用於無關本會之事

解散及清算　本會遇有不得已事變或會員三分之二以上之可決必須解散時必依法呈報當地政府備案並聘請清算方得行之

會　址　南京路大陸商場六樓六二○號

附　則　本章程如有應行修正之處俟大會決定之並呈請當地政府核准施行

21963

PROPOSED "PÉRE ROBERT APARTMENT"—H. J. Hajek, B. A., M. A., A. S., Architect.

計擬中之金神父公寓　　　　海其渴建築師設計

計擬中之金神父公寓平面圖　　　　　海其湯建築師設計

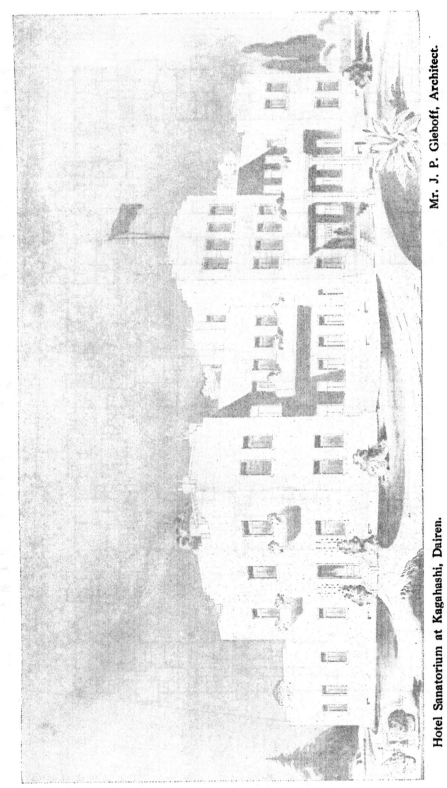

Hotel Sanatorium at Kagahashi, Dairen.

Mr. J. P. Gleboff, Architect.

大連將建之一旅館

葛羅甫建築師設計

ROOF FLOOR PLAN

SECOND FLOOR PLAN

HOTEL SANATORIUM AT KAGAHASHI, DAIREN.

大連將建之一旅館

平面圖

— 5 —

The New St. Nicholas Russian Orthodox Church on Rue Corneille, Shanghai.

Construction of the building began in December, 1932, and the structure was finished by March 25, of this year, the date set for the opening ceremony.

Funds for the structure were supplied by the Eungrants' Committe.

The church will be a memorial to the late Czar Nicholas II and his family, whose patron saints are depicted on the walls.

The construction work was carried out by Messrs. Chang Sun Construction Co. and Mr. A. J. Yaron, was the Architect.

上海高乃依路俄國敎堂，於前年十二月開始建築，至本年三月告成，並於三月二十五日舉行落成禮。

該敎堂之建築費，由旅滬俄僑捐集，爲紀念前俄皇尼古拉第二及其家族者，故壁間塑有俄皇造像。全部建築由昌升建築公司承造，建築師爲協隆洋行云。

The New Hangar Will House C. N. A. C. Planes.

龍 華 飛 機 棧

　圖為進行建築中之中國航空公司龍華飛機棧。此機棧為中國之最大者，將於本年五月間竣工。機棧入口處留有極大空地，以備橫渡太平洋之大型飛機，亦可容歇。按龍華飛機場，設備原稱完善，自此機棧落成後，水陸飛機均可停歇，允推國內機場中之最完備者。機場四方之通路及附近場地，均清除修築，溝渠工程設置極佳，可不受天氣劇變之影響。該場原有無線電設備，開沿線將增設電站云。

　按此新機棧開闊一百二十尺，兩翼各闊二十五尺，長一百二十尺。入口處高二十七尺，為國內之最高者。每翼高二層，上層用為辦事室，機師室等。另一翼則為材料室儲藏室等。其他安儲機油之避火堆棧，均屬備具。機棧全部用鋼骨及磚構築，留有多量窗戶，以便陽光透入，棧之啟閉均用滑動槽門。此機棧完竣後，發展龍華之第一步計劃即告完成。又虹橋機場亦在建造機棧，以代替舊有簡陋之機棧云。

Piling operation.　"Broadway Mansion"　Sin Jin Kee & Co., Contractors.

上海百老滙大廈大打樁攝影

21970

上海百老滙大廈
地下舖置禦水牛毛氈攝影

"Broadway Mansion"　　　Waterproofing the site.

澆擣水泥滿堂之攝影

"Broadway Mansion".　　　Concreting sub-raft slabs.

21971

上海百老滙大廈構置第一層鋼架

設計瑞漢洋行建築師新仁記營造公司承造

Erecting steel columns on the "Broadway Mansion", Shanghai.—B. Flazer, F. R. I. B. A., Architect.
Sin Jin Kee & Co., General Building Contractors.

21972

Another view of erecting steel columns on the "Broadway Mansion", Shanghai.

上海百老匯大廈豎構置鋼架之另一方攝影

21973

Construction in progress of the "Broadway Mansion", Shanghai.　　View taken from the rear of the building.

影背廈大滙老百海上之中築建在正

"Broadway Mansion", Shanghai, structural work near completion, showing bamboo fencing to prevent building materials from dropping to public roads.

建築中之上海百老滙大廈

——鋼樑工程次郊完竣，外面均用竹蘆包圍，以防建築材料墜落路上——

新近完工之麥特赫斯脫公寓

新瑞和洋行建築師

新申營造廠承造

The Newly Completed Medhurst Apartments

Messrs. Davies, Brooke & Gran, Architects

New Shanghai Construction Company, Contractors

New Premises of the Poo Tung Bank——C. G. Shu, Architect——
Sung Chong Tai, General Contractors

21977

上海北四川路新亞酒樓後部工程

五和洋行建築師

陸順記營造廠承造

Additional Section of the New Asia Hotel, North Szechuen Road, Shanghai.——
The Republic Land Investment Co., Architects,——Loh Zung Kee, Building Contractor

『Pace』 起步。寬闊之踏步或平台，自地面或樓面升起一步或二步，例如敎堂之聖壇，墳墓之平基，及扶梯之梯台。

Foot pace）梯台，聖壇，六角肚窗下平台。

Half pace）半梯台，半平台。

【見圖】

A.半梯台，半平台。
B.小梯台，小平台。
C.三角洒步。

『Pagoda』 塔。遠東各國，每有構築寶塔，以資紀念者。塔高敷級，並施以彫飾，大抵建於寺院左近。

【見"Architecture"圖第十四。】

『Pailoo』 牌樓。【見圖】

『Padlock』 鐵包鎖。【見圖】

(1)Corbin padlock.
(2)Scandinavian padlock.
(3)Yale padlock.

【Paint】油漆。

【Painting shop】油漆房。

Paint brush 漆帚。

【Painter】漆匠。

Enamel paint 磁漆，拿蔴漆。

【Palace】宮殿。

【Palaestra】
【Palestra】體育場。學校中學生聽受教授操練體魄之場所。

【Pale】藩籬，界線。地之四周，圍以障籬，因之界限分明。

【Palladian】斑爛亭。係為斑爛圖氏（Andrea Palladio）所發明之文藝復興式之建築，對於近代意大利學派建築之形成，頗具影響。

【Palladian Architecture】斑爛亭式建築。為一種特別適宜於宮殿，村舍，公署及教堂，戲院之建築形式，源於斑爛圖氏。胚胎於古羅馬式，維屈浮氏（Vitruvius）曾為逐譯，富於華飾之方柱，圓柱，斷續之柱頂花板及其他裝飾等。

【Palladism】斑爛主義。斑爛亭學派或形式之建築。

【Pallet】磚坯板。板之專擱置新製磚坯板者。

Pallet boy 童役之搬取磚坯板者。

Pallet molding 擠製磚坯之型模。

【Palmette】棕櫚葉飾。 一種彫鑴或漆成之飾物，形如棕櫚樹葉者。〔見圖〕

此棕櫚葉飾，係得自古代羅典建築者。

【Pampre】葡萄飾。形如葡萄及葡萄樹葉之圖案。

【Pan】浜子。木山頭中之方倉浜子。

【Pane】一塊，一部，一邊。任何長方形平面之片或塊，最普通者如一塊玻璃嵌於一扇窗上。

【Panel】浜子。❶分割或格成浜子，如亞克浜子，浜子平頂。裝成美觀之塊段，每一方倉之浜子中，漆以各種色彩，藉使建築物崇皇典麗，若浜子台度，浜子踢脚線。戴樂（E. B. Tylor）所著"Anthropology"一書第二三四頁有云：「……以日光暴乾之磚，甯維（Neneveh）建築師以之建造宮牆，厚達十尺至十五尺；在此牆中砌成框格（浜子），鑲嵌彫鑴石板。……」

❷凡長方形之片塊，嵌於框檔中，而較框檔陷落者，謂之浜子。如門之薄板，鑲於門框中，形成長方形之方格，卽為浜子。以此類推，凡一物之四周，鑲有框檔者，不論長方或正方，均係浜子。

〔見圖〕

〔Panelled door〕浜子洋門。

〔Panelling〕浜子台度。護壁板之構製，以木條分隔多數圈框者。〔見圖〕

浜子台度

〔Panopticon〕無遮蔽建築物。（一）一種獄室之構造，俾獄卒能視察人犯無所隱蔽。（二）室之備公衆陳列物品，以資測覽者。

〔Pantry〕盃碟室。俗名浜得利，普通在餐室與廚房之間，室中置櫥，備藏盃碟刀叉等食器，並有洗碗盆及冰箱等。

〔Pantheon〕萬神廟。圓形之廟宇，建於羅馬，柯陽新式人字頭，長一百○三呎，及雄偉之圓頂，高一百四十二呎。

1. 羅馬萬神廟之正面，現改爲聖德教堂。
2. 巴黎之萬神廟。

〔Paper〕草紙，紙筋。煉化紙筋石灰之草紙。
Building paper 憑青紙，紙牛毛毡。
Oil paper 油紙。搭蓋蘆棚，蘆蓆中間所襯之油紙。
Wall paper 糊牆花紙。裱糊屋中牆壁之花紙。

〔Parallel〕平行。兩線平行，距離均勻，無稍斜欹者。例如陽台欄杆，距陽台裏走廊牆面，兩端均係八尺，中間一直線並無屈曲或作弧形。一線之展長，與另一線距離相等平行，在任何一點，均駢驪不絞。如弄衖之寬，自弄口至弄底，闊度相等者。
Parallel border 平行鑲邊。美術地板，沿牆根一帶之鑲邊，平行舖置。〔見圖〕

『Parllel ruler』平行規尺。〔見圖〕

『Parapet』壓簷牆。低闊之牆垣，築於簷際或平台邊口等處者。〔見圖〕

壓簷牆

Parliament hinge 長翼鉸鏈。鉸鏈開啟時作「H」形。

『Parlor』應接室。接待拜謁者或讌請賓客之室。一家家人聚首憩息之所。應接室本為一個小室，係自公邸私宅等之大廳，分割一部而成，而較諸大廳，自覺幽逸，如銀行，旅館等應接室，室中陳設精緻，以助業務者如牙醫生之應接室。

『Parping』石積。以石組疊而成之石積。

『Parquet』㊀蓆紋。地板或台度之舖釘，組成蓆紋形式者。〔見圖〕

㊁廳座，優等正廳。劇院中介於奏樂處與後面普通座位中間之廳座，亦名池子(pit)。

『Parquet circle』頭等正廳。劇院中之位子在廂座後及優腳之兩旁者。

『Part』份數。以數種不同之材料，混合而成一體，如混凝土之以水泥，黃沙與石子混成，然因材料之個性不同，故其混合之成分亦有別，如一分水泥，二分黃沙等。

『Parclose』
『Perclose』}屏障。欄杆或屏風之障蔽一處所在或一個物體者。

如塑像，十字架等。

『Parget』㊀石膏。此種石膏，大概採自英國Derbyshire及Montmartre二地。

㊁粉刷料。粉刷材料之用石灰，沙泥，牛糞及毛絮混合而成者，用以粉刷烟囱洞眼。

『Pargeting』粉刷。美麗之人造石粉(Stucco)，或粉刷工程之於屋內外。此種粉刷，流行於十六世紀至十七世紀。

『Parliament』國會。為一國立法最高機關。

21982

【Parsonage.】牧師住宅。

【Parterre.】㈠花壇。壇中裁植花草，組成圖案，並以小徑分隔之。㈡劇院廳址。係指法國劇場。在美國則作為頭等座之下層。

【Parthenon.】雅典廟雅典廟。"The temple of Athena Parthenos"建於雅典堡寨之上，係由菲達氏(Phidias)監督構築，時在紀元前四百三十八年。該建築中採用品蒂蓮克雲石(Pentilic marble)〔按：品蒂蓮克山在亞蒂卡離雅典西南十哩，山高三千六百四十呎，產精美雲石〕建築形式純採「陶立克式」。廟長二二七呎，深一〇一呎，高六五呎。廟內有一長方形之正殿(Cella)，四周圍繞柱子，更分為二間，一大一小，大者名Naos，小者名opisthodomus。Posticum係後部挑台，與Prodomos pronaos前挑台相映照。後挑台供置女神之像，係菲達氏手創。前挑台則為藏放財器者。

此廟之色彩，極盡輝煌之能事，並施以名貴之影鑄，至今猶目為古美術中之無上作品。前後兩端之人字山頭中，嵌置多數造像，像之在東邊人字山頭中者，盡為塑留之往迹，以供後覽。大門口卽係雅典產地，在西邊之人字山頭中，則塑雅典與海神抗爭雅典主權之像。台口壁綠中之排鬆，則彫鑄精美之Centauts與Lapithae戰蹟。壁綠則環繞長方形正殿，外牆頂部均塑像物。在一六八七年腓尼基Venetain攻佔雅典時，此廟曾受重大炸損，彫鑄燬去不少。至一八一一年，愛而近伯爵復在廟中取去不少貴重彫刻；而此項彫鑄在一八一六年，為英國購去，陳列於倫敦博物館。

〔見圖〕

【Parting.】分隔，分割。Parting bead 軋條。美國式上下扯窗之堂子中間，釘一軋條，使窗扇上下抽吊不相挫撞。

〔見圖〕

Parting rail 中幅頭。在門之上下帽頭小間裝鑲之橫木。

〔見圖〕

Parting Strip 隔條。狹長之薄條，用木板或金屬使之分隔上下扯窗之邊縫。

『Partition』分間牆，柵板，板牆。以分間牆或柵板分隔房間。或田壠間分隔田畦之阡陌。

Glazed partition 玻璃柵板。事務所中分隔辦公室之隔板，上部配置玻璃者。

Lathe and plaster partition 板牆。分間牆之先用木筋架撐，外釘泥幔板條，再塗以泥粉者。

Matal lath partition 鋼絲網板牆。分隔牆之用木筋或鋼條架撐，外紮鋼絲網，再塗以泥粉者。

『Partner』合夥。建築師或工程師之合夥設事務所者。營造廠之合股營業者。

『Parvis』壇台。教堂或宮殿前部大門口有屋面者，或露天之平台。【見圖】

『Passage』衖。通行之走道，或任何走廊，川堂，甬道媾通屋中各室者。

『Path』小路，蹊徑。路之僅能步行而不便馳車者，如園中小徑等。

『Patio』內庭。西班牙式，或西班牙美國混合式之屋中內部，留空天井，庭中扦種花木，或甃以地平。【見圖】

『Pattern』型、模樣。【見圖】

樣。翻製生鐵之模樣。

『Pavement』鋪道，墊地。地上舖砌堅實硬面，如天井或街道上之舖地，教堂中地上之用瑪賽克墊地。

Ashlar pavement 石版地。用大塊石板舖砌者。

Asphalt pavement 柏油地。用松香柏油澆蓋者。

Bitulithic pavement 柏油地。用松香柏油與石子......

21984

混拌舖蓋者。

〔見圖〕

a. 牛吋厚柏油沙。

b. 二吋厚柏油石子。

c. 四寸厚亂石基。

d. 饅頂斜坡。

Brick pavement　磚街。用磚側砌，下實三和土，石礫或沙泥。

Cobble pavement　石道。用亂石組砌，頗具古趣者。

Concrete pavement　水泥地。用水泥，黃沙與石子混合之混凝土澆製路面。

Concrete block pavement　水泥磚地。用混凝土製成磚塊，舖砌路面。

Mosaic pavement　瑪賽克地，碎錦磚地。大別有陶磁，石塊與雲石片三種。陶磁者，種類與花色繁多，有長方，四方，六角，圓粒等。色亦分白，黑，紅，黃，紫等。每一粒之面積，約一寸轉方，或一寸半與六分長方。舖置之法，先集碼賽克磚，膠貼紙背，隨梭舖於水泥之上，將紙洗去。雲石瑪賽克，係集各種不同色彩之雲石組成；並可藉顏色之不同，拚成人物花草，或其他圖案，俟雲石與底下之水泥凝結堅硬後，再用馬達砂石將其面部砂打使之光潔，更加黃蠟磨擦成晶瑩斋皇之地面。

〔見圖〕

Terrazzo pavement　磨水泥地，花水泥地。以白礬石子與水泥混合，粉於地面，俟乾硬用沙石磨光後上蠟。此磨水泥地，任何顏色均可選製，混於水泥中之石子，亦不限於白礬石子，惟白礬石子乃最普通者，他如各色雲石子，水泥則除青水泥外，欲製鮮麗色彩者，可用白水泥，和以任何顏色料，以與雲石石子相諧和。

Tile pavement　磁磚地。陶磁磚地，普通係二寸六寸，三寸六寸之長方磚條，或六寸方之方塊，厚約牛寸，色以黑紅黃三種為最普通。

21985

Wood block pavement 木磚地。用木塊舖砌之街衢，或室內地板。

K. M. A. Brick pavement 開灤鋼磚地。以開灤礦務局出產之鋼磚舖地。

『Pavilion』亭。建築物在屋之一角突出或在屋巔登起者。建築物之四周無牆垣墻蔽者，以之爲遊憩之所。

『Paving』舖地。義與Pavement間。惟Pavement係已成之舖道，而Paving則爲舖築路面之工事。

『Pavior』舖地工。舖築道路或地面之工人。

『Peachwood』桃木。可製裝修之木材。

『Pedestal』墩子。托供柱子，花盆，鑄像之座盤，根據建築慣例，此墩子有三個段落，在最下者爲勒脚（Base），中間爲墩子臍身，（Dado）頂端則爲壓頂線或台口線（Cap or Cornice）。

『Pediment』人字山頭。三角形之建築物，以台口線圍繞三角形，中嵌置雕像物，或不用雕刻，建於希臘神廟之前部或其他房屋者。〔見圖〕

『Peel』莊壘。可見諸蘇格蘭與英格蘭界線之豎塔。塔爲方形，其門之高度從地面起連貫二層。角端有守望臺。底層用作倉庫，上層則爲莊主及其家人所居者。

『Peg』楬，樣椿。開始建築設放灰線之樣椿。

『Pendant』懸柱。一種倒置懸吊之同柱頭，在山頭人字板中間者。〔見圖〕

『Perforate』疎孔。鑽空洞眼，如花板之疎雕洞眼。
Perforated brick 空心磚。
Perforated grill 出風洞。

『Pergola』❶挑出陽台。上有遮盖或無遮盖之陽台。
❷課堂，店面。因課堂與店面之建築，與陽台相做也。

『Perpendicular Architecture』垂直式建築，立體式建築。〔見圖〕

21986

「Perspective drawing」配景圖。（詳見"drawing"）

「Pest house」避病院。

「Picture rail」
「Picture molding」畫鏡線。釘於牆上藉掛畫鏡之木線條。

「Pier」墩子。一種平面之石工，用以支撐建築物之木材或鋼鐵，如法圈墩子，橋墩子。具有同樣功用，支撐建築物之木材或鋼鐵。

實體之牆垣，介於兩窗之中者。

一根柱子或牆之一部，誌處裝吊門或牆門者。

「Pilaster」牛柱，牛墩子。方角之柱子，突出於牆面，上有帽頭，下有座盤者。柱之從牆面突出，限度約佔柱闊之三分之一。

【見圖】

「Pile」樁子。粗大頭尖之木段，打入地下，藉固房屋之基礎。

碼頭之基礎或其他類似者。

Concrete pile　水泥樁。

Foochow pole pile　桶木樁。

Log pile　圓桐樁。

Oregon pine pile　洋松樁。

Pile collar　樁籠。

Pile driver　打樁機。

【見圖】

Pile hoop　樁帽子。

Pile shoe　樁脚。

Sheet pile　板樁。

Wedge pile　榫樁。

（待續）

中國之變遷 （續）

朗琴

中國之危機

球上應得之產業，為一健康之住屋云。

此殆卑污之城市歟

力的時期在中國已經開始。大量生產與機械工業，現雖尚盛行於沿海之區，但不久將深入內地。無數之華人已離開鄉村，羣趨新的城市謀過生活。吾人應如何設法減免歐洲在機械時期所產生恐怖之城市，與低污之街坊也。

最近香港有一啟示，予吾人以打擊，即該地之居住問題，天然風景有如是之佳，而多數房屋仍屬卑污，應亟圖加以改進。不良住屋所致使之道德上及精神上的退化，實為致力於科學進化者之唯一障礙。因專注於新的發明，將工作之責任由人類之仔肩移於機械之上，吾人直忘工人之居屋。而此屋之構造，非僅彼之生命，亦即對彼最接近最親愛者之生命也。

一卑陋，不衛生，不康健，及過擠之居屋，對吾人殊無以報償，遑論婦孺之喪矣。人類居於室中，猶靈魂之樓於身體。馬立斯氏謂建築及裝飾藝術之退化，即為人類整個退化之因果。彼謂欲使城鎮能侵潤於鄉村之美厖，而鄉村能具城鎮之理知及活潑之生活。彼並謂征服自然為近代唯一之遺產，但換言之，利用自然力量以解放人類之痛苦，更為確當。現在為力學科學知識之時期，每人在地

余僑居香港有二十一年之久，至今仍驚訝該地發展之歷史。在一八四一年時居民僅有五千人，大都皆屬海盜。現在則人口百萬，而使該地更為健全，及使物質建設發展者，皆深得科學家扶助者也。

上逃數言，有感於余屋下所經過儀仗鼓吹聲而發，蓋時正曾任中國外交部長伍朝樞博士出殯也。伍博士曾於九年前任廣東省長，在一九二五年反英罷工聲中，曾為香港唯一之仇敵。伍氏為伍廷芳博士之子，幼年在香港讀書，旋即至英遊學，得法學士學位。此少年政治家在一九二五年黑暗時期中，與香港廣於對敵地位。但追後政見不合，與同儕不和時，一如其他政治家之居留香港，度其寓公生活也。

香港與此舊敵結不解之仇，亦有理由足以自豪。此一如彼（指香港）早年之歷史，在艱苦危險之過程中，表現創造者之智勇。此與彼之生長，商業，發展，道路，教育（指港大），醫院，給水，及其他公用事業等同足誇口者。但余為此大城市之居民，對該地低污之街坊，實不敢自傲。而大部建築所表顯不良之形式，更難以自滿

21988

。該地公園缺少，空地面積不多，為不可諱言之事。即就香港大學言，有數處房屋其建築亦難使人滿意也。香港有多量之花崗石，足供建築之用。數年前有一計劃致港大當局，擬建一屋，形式近似牛津大學之學院。此屋能容宿學生三百，並有一管理室。外用花崗石建築，如學生人數增加，該屋並可分期擴充。但結果僅費洋數千，為工場或實驗室，尤嫌太陋也！他日或有慷慨之士，能在學校之內，山麓之傍，捐款建築上述校舍一所，則途經香港者，亦有所景仰，而附近居民，同感奮矣。

有一事頗覺欣悅者，即中國有一大學，其建築實甚美觀。此即漢口附近之武漢大學是也。未見之設計容有批評之處，但其建築美觀，地位適宜，彎曲之屋頂，飾以悅目之磚瓦。用近代科學化設計，將中國建築特長之點妥為保存，介人稱羨。他如廣東之中山紀念堂，亦將中國建築方式與近代科學設計混合於一爐。中國其他新的公共建築，亦有使人讚賞之處。但中國現在需要完善之建築學校，以訓練青年，實為迫不及待之舉；蓋此種學校之設立，即所以保存中國古有建築特長之處，旁及採取近代科學知識優良之點者也。

垂 直 的 城 市

現代生活狀況變遷，建築上所考慮之問題亦隨之而異。現在生活情形係爲叢團的。婦女置身職業界，不再爲管家之主婦。大地之上，盡立高樓大廈，形成垂直之城市。大量之生產與合力之銷售，使住屋設備更葉舒適。矗立雲霄之建築不僅能節省地皮，並爲鋼筋混凝土之集合體，包有里數長之管子，及運輸交通等設備（指電梯、電話等而言）。湖自貿易發達，商業繁盛，昔時認爲奢侈品者，今日已認爲必需品。在機械時期之前，房屋全部造價值佔百分之九十，至六十；他若衞生水電工程，旁及水管汽管溝渠道路等，均爲必需之費用焉。今日英國單人住屋，其造價約佔總值百分之四十五，餘爲其他費用。故生活標準之遷變，非特建築師應加注意，抑亦羣衆所宜考慮及之。觀念之發展，常較先事能預定之計劃爲快也。

「大 馬 仲」

今日任何人不能預料城市計劃將來之影象如何，但吾人可利用積貯之知識，以供今日曾經訓練之建築師，爲參考資料。任何人亦不知新式建築將用何種材料，及其製造方法，此亦須吾人加以準備者也。

現在爲疑問之時期。若無精確之研究，殊不足以言批評及謀進步。創造能力與好奇心理相並而步。機器之效用，非特擴展知覺，且可增長實力。彼並能增進社會意識，拯斯民而登衽席者也。

吾人之雙手，其力量已較前增加千倍。大衆生產之房屋，其時已至。最近之形式可名爲「大馬仲」(The Dymaxion)屋爲一塔，設置各種安樂之器具，以供居住者之用。在「今日與明日」（雜誌名？）中，此種式樣之建築師曾譯爲「家庭恩惠之神」。此屋有柔椅之美術燈光，電器烹飪，洗滌及烘乾機，洗衣機，噴水浴室，空氣調節器，碗碟櫃，渣滓及溝渠排洩器等。屋有室五間，連同器具，

　四個人與集團需要變化，故建築亦隨之發展。工程師能保障建築之安全，但建築上之美觀則需專門之訓練。在機械工業時期，企圖之專門工作日有增加。時至今日，進步極速，但吾人仍爲楊樂世界而奮鬥，雖務實際之人民，亦日求其理想之實現。故生的過程中一切偉大之發展，吾人實爲繼承者。電氣，收音機，飛行及其他等，在昔會爲創造意志中之夢想。新的觀念一經產生，即鼓勵吾人力起實行。有人願藉近代科學知識，設法保存及凝合中國建築之特長乎？對於中國莫大之貢獻，不若創辦一完善之建築學校也。（完）

21990

克勞氏法間接應用法

林 同 棪

第一節 緒 論

計算連架之勳率，如欲應用克勞氏法(註一)，則該連架之各交點，均只得轉向而不得上下或左右而移動。蓋當分配勳率時，所用硬度K及移動數C，均係假設兩端不能動移而求得者。本文將克勞氏法擴充一步；使交點能動移之連架，亦得應用此法。此種間接應用法，在各參考書中多可見及。本文雖不過集其大成，而用法舉例之多，確爲他處所不易得。

此種間接應用法之原理如下：先假設各交點不能轉向，而使其發生相當撓度。然後計算因此撓度所生之定端勳率。再將該架各交點頂生，使其不再發生撓度；而後依次放鬆各交點之外來勳率，用尋常克勞氏法分配之以求其結果。蓋克勞氏原法之定端勳率，係因載重而生者；而此處之定端勳率，則因各桿件兩端發生相對撓度而生者。此爲間接應用法與原法之唯一不同點。至其分配方法，則兩者完全相同，無庸再爲申說。

第二節 水平撓度 (Horizontal Deflection)

設連架如第一圖，其各桿端之硬度K，移動數C均註明圖中。(E = Modulus of Elasticity)

第一圖

設該架之上部ABCD被水平力H向左推動發生水平撓度D = $-\dfrac{1000}{E}$，如第四圖。求各桿件兩端之異正勳率。

第一步先假設各交點均被固定着(卽使各桿端均不得轉向)，然後在D點加以水平力量H'，將DCBA向左推過使D點發生水平撓度 = $-\dfrac{1000}{E}$，如第二圖；(此撓度可爲任何數目；爲便於計算起見，此

(註一) 參看本刊第二卷第一號57—64頁，"克勞氏連架計算法"一文。

21991

處段其為 $\dfrac{-1000}{E}$)。如我們不計該連架各桿件因直接應力及剪力所生之變形 (Deformation due to direct and shear)，則A B,C各點所發生之水平撓度，亦當為 $\dfrac{-1000}{E}$。各桿端因此撓度所發生之定端動率(參看第二圖)可用以下公式求之：

$$F_{AB} = -K_{AB}\dfrac{D}{L}(1+C_{AB}) \qquad \text{(註二)} \quad \dotfill (1)$$

$$F_{BA} = -K_{BA}\dfrac{D}{L}(1+C_{BA}) \qquad \dotfill (2)$$

∴在桿件AE，

$$F_{AE} = \dfrac{+1000}{49}(1+.278)11.06 = 289$$

$$F_{EA} = \dfrac{+1000}{49}(1+.603).3.80 = 140$$

桿件BF，

$$F_{BF} = F_{FB} = \dfrac{1000}{40}(1+.500)4.30 = 161$$

桿件CG，

$$F_{CG} = F_{GC} = \dfrac{1000}{23}(1+.500)7.47 = 487$$

桿件DH，

$$F_{DH} = F_{HD} = \dfrac{1000}{20}(1+.500)8.57 = 642$$

桿件AB,BC,CD各兩端均無相對撓度，其定端動率均等於零。

　　將以上所得各定端動率，寫在該架各桿件上，而用克勞氏法分配之，如第三圖。（第三圖各桿

第二圖

(註二)參看本刊第二卷第二期35—43頁，"桿件各性質C.K.F.之計算法"一文，公式(14)及(15)。

第 三 圖

端，註明該端之C與K之比例數K'，以便計算）。分配之眞正意義，係將各交點之暫被外來動率所固定者，一一依次放鬆，使各交點之外來動率，化爲極小而止。（本架只有A,B,C,D四點，須被依次放鬆。E,F,G,H各點，均爲固定端，不必放鬆）。各交點之外來動率既等於零，則該架除水平力H與E.F,G,H各支座之力量外，並無受其他外來力量。故第三圖所求得之桿端動率，卽該連架因D=$\dfrac{-1000}{E}$而發生之眞正動率。此時之水平力H與以前所應用之H'，兩數不同。蓋H'爲A,B,C,D各交點固定着時之水平力，其數量當爲，

$$-H' = \frac{289+140}{49} + \frac{161+161}{40} + \frac{487+487}{23} + \frac{642+642}{20} = 123.3$$

而H則爲各交點不被固定着時之水平力，其數量當爲，

$$-H = H_E + H_F + H_G + H_H$$

$$= \frac{112+187}{49} + \frac{162+164}{40} + \frac{468+450}{23} + \frac{557+472}{20} = 105.61$$

至於各支座之V力量，亦可算出，如下，

$$V_E = \frac{-187-117}{49.75} = -6.10$$

$$V_F = 6.10 + \frac{-47-76}{55} = 8.86$$

$$V_G = 2.24 + \frac{-374-472}{48.5} = -15.21$$

$$V_H = \frac{-374-472}{48.5} = +17.45 \quad （各V,H均註於第四圖）$$

—— 31 ——

21993

第四圖

至於各交點之坡度，可用下列公式求之(註三)：——

設F'_{AB}為AB桿件A端所分得之動率及所還移得之動率之和；F'_{AB}為B端所分得及所還移得之動率之和，(其定端動率，不計於其內)。則AB兩端之坡度為，

$$S_A = \frac{F'_{AB} - F'_{BA}C_{BA}}{K_{AB}(1 - C_{AB}C_{BA})} \quad \cdots\cdots\cdots\cdots\cdots\cdots\cdots(3)$$

$$S_B = \frac{F'_{BA} - F'_{AB}C_{AB}}{K_{BA}(1 - C_{AB}C_{BA})} \quad \cdots\cdots\cdots\cdots\cdots\cdots\cdots(4)$$

故本架中桿件AB之兩端坡度為，

$$S_A = \frac{-187 + 117 \times 0.707}{21.52E(1 - .663 \times .707)} = -9.2/E$$

$$S_B = \frac{-117 + 187 \times .663}{20.20E(1 - .663 \times .707)} = +0.7/E$$

桿件AE兩端之坡度為，

$$S_A = \frac{(187 - 289) + 28 \times .809}{11.06E(1 - .278 \times .809)} = \frac{-102}{11.06} = -9.2/E$$

$$S_E = 0$$

此$S_A = -9.2/E$　自當與桿件AB所得之S_A相同如上。C,D兩點之坡度亦可算出，在桿件CD,

$$S_C = \frac{-374 + 472 \times .678}{20.61E(1 - .678 \times .678)} = -4.5/E$$

$$S_D = \frac{-472 + 374 \times .678}{20.61E(1 - .678 \times .678)} = -19.6/E$$

各交點之坡度，均已在第四圖中註明。此種為學術上起見；實際上，各點之坡度，可不必求出也。

第 三 節　　單位水平力及單位水平撓度

上節之水平力H為—105.61，故其撓度，坡度動率均如第四圖。今如H=1，則將上圖各數乘上

(註三)參看註二文中之公式(8)，(9)；此處之(3)，(4)兩公式，可由該兩公式推算出。

21994

$\dfrac{1}{-105.61}$, 卽可得因單位水平力所生之撓度坡度,及其動率等等,如第五圖。(第五圖只註明各桿端眞正動率)。再者,如D點之撓度=1,則將第四圖各乘歉以 $\dfrac{1}{-1000}=\dfrac{-E}{1000}$,可得其坡度,動率,及水平力矣。

第五圖

第 四 節　　載重所生之水平撓度及其影響

設在本架AB桿件上加以重量,使其發生 $F_{AB}=264$,$F_{BA}=241$;求各桿端之動率。

先將該架之D點頂住,使其不得發生水平撓度(此於 F_{AB},F_{BA} 並無影響);然後用克勞氏法分配各動率,而得其結果如第六圖。再算D點此時所應用之水平力。

$$-H=\frac{141+39}{49}+\frac{-48-24}{40}+\frac{23+12}{23}+\frac{-12-6}{20}=2.5$$

第五圖中之各動率,係因H=1所發生者;今如H=2.5,則各桿端動率,當為將第五圖乘以+2.5E所得

第六圖

第七圖

第八圖

之數如第七圖。再將第六，七兩圖相加，其結果當如第八圖，水平力H＝O，而水平撓度＝$\frac{9.46}{E} \times 2.5 =$

23.6/E。第八圖中勤率之註有"a"字者，係假設不能發生水平撓度而得者；其註有"h"字者，係因左右擺動而得者；其註有"t"字者，則爲其總勤率。以下各圖，仍用此種記號。

第 五 節　　水平載重所發生之勤率

第九圖

在桿件AE，加以水平載重，在A點爲6.72k/ft.漸增至E點爲30.24k/ft.如第九圖。求各桿端之

—34—

21996

動率。

　仍先將該架之D點頂住，使其不得發生水平撓度，再算求AE之定端動率，(註四)

$$F_{AE} = 5130 \quad K.ft.$$
$$F_{EA} = 2630 \quad K.ft.$$

然後用克勞氏法分配之，求其動率，如第十圖。再求H,

$$-H = \left(6.72 \times \frac{49}{2} + \frac{30.24 - 6.72}{2} \cdot \frac{49}{3}\right) + \frac{3054 - 3207}{49} + \frac{300 + 150}{40} + \frac{-160 - 80}{23} + \frac{88 + 44}{20}$$
$$= 360K,$$

將第五圖各動率乘以360，寫於第十圖各該端之下而加之，可得各端之真正動率，(圖小註以"t"字者)。請注意第六，七，八，三圖亦可寫在一起如第十圖。

第十圖

第六節　　沈座所發生之動率

　設EF，兩支座向下直沈，如第十一圖，求各桿端之動率。

第十一圖

(註四)欲知算F之一法，請參看註二之一文。

如D點不得發生水平撓度，則AB,BC之定端動率可用公式(1)，(2)算之：——

桿件AB兩端之相對撓度爲 $\dfrac{-3000}{E}-\dfrac{-1000}{E}=\dfrac{-2000}{E}$，

$\therefore F_{AB}=-K_{AB}\dfrac{D}{L}(1+C_{AB})=-21.52E\dfrac{-2000/E}{49.75}(1+.663)=1440$

$F_{BA}=-20.20E\dfrac{-2000/E}{49.75}(1+.707)=1384$

桿件BC兩端之相對撓度爲 $\dfrac{-1000}{E}$，

$\therefore F_{BC}=F_{CB}=-17.85E\dfrac{-1000/E}{55}(1+.675)=544$

其餘各桿件之均無相對撓度，故無定端動率。

第十二圖

用克勞氏法分配之，求其動率，如第十二圖。(此項動率在圖中以"a"字註之)。 D點所發生之

H常爲，

$$-H=\dfrac{-279-78}{49}+\dfrac{-185-92}{40}+\dfrac{165+82}{23}+\dfrac{-91-45}{20}=-10.3$$

今如該架上端ABCD可以自由左右擺動，則D點之H常等於零。故應將第五圖之動率乘上--10.3
而加之於第十二圖中之"a"動率。此項總動率在圖中以"t"字註之。

21998

第七節　氣溫變更所生之動率

設該架全部溫度變更，加添華氏10度(10° Fahrenheit)。求各桿端之動率。

如該架材料之伸縮係數(Coefficient of expansion)，係0.000,006/1°F，則各桿件之加長可算之如下：——

DC,　48.5 × .000,006 × 10 = 0.002910ft.

CB,　55.0 × .000,006 × 10 = 0.003300ft.

BA,　49.75× .000,006 × 10 = 0.002935ft.

設將D點頂住，不使其發生水平撓度，則各柱頭之水平撓度，可算之如下：——

DH,　無水平撓度。

CG,　C端向左發生撓度 = .002910ft,

BF,　B端向左發生撓度 = .006210ft,

AE,　A端向左發生撓度 = .003195ft.

所以CG,BF,AE三桿件所發生定端動率，可用公式(1),(2)算之：——(設E = 432,000,000%/sq.ft.)

$$F_{AE} = \frac{.009195}{49}(1+.278)(11.06 \times 432,000,000) = 1150 \quad K.ft$$

$$F_{EA} = \frac{.009195}{49}(1+.809)(3.80 \times .32,000,000) = 556 \quad K.ft.$$

....

....

至於AE,BF,CG,DH各桿件，亦因溫度而增長。因其長短之不同，其增長之度亦不同。故 AB, BC,CD,各桿件之兩端，亦將發生相對撓度，例如，

桿件AB,A端較B端高升：——

.000,006(49—40)10 = 0.00054　ft.

A,B兩端因此所發生之定端動率，可用公式(1),(2)算之：

$$F_{AB} = \frac{-.00054}{49.75}(1+.663)21.52 \times 432,000,000 = -168 \quad K.ft.$$

$$F_{BA} = \frac{-.00054}{49.75}(1+.707)20.20 \times 432,000,000 = -162 \quad K.ft,$$

桿件BC,CD亦可如法照算。將所得各定端動率寫於第十三圖，而用克勞氏法分配之。再算D點所應用之H，

$$-H = \frac{744+556}{49} + \frac{466+499}{40} + \frac{565+515}{23} + \frac{35+70}{20} = 102$$

將第五圖以102乘之(註以"h")而加之於第十三圖。其結果便爲各桿端因變溫所發生之其正動率

—— 37 ——

，（在圖中以"ℓ"字註之）。

第十三圖

第 八 節　直接應力及剪力 (Direct stress & shear) 所發生之動率

普通計算連架，均假設各桿件因直接應力所發生之變形 (Deformation) 為極小；即假設各桿件之長短均不變更。應用克勞氏法時，亦有此種之假設。實際則各桿件均有伸縮；遂發生各桿端第二次動率，(Secondary moment or moment due to direct stress)。如已知其伸縮之量（可由桿端動率求其直接應力，而得其伸縮量）則可求各桿件兩端之相對撓度，如第七節焉。既知其相對撓度，則其第二次定端動率，以及異正第二次動率等等，均可如第七節求之。惟此種第二次動率，多只為第一次所得動率之一小部分；故實用上可不必求之。

實際上，則第二動率又發生第二直接應力。第二直接應力又發生第三動率。如此相轉無窮。惟此種數目，愈轉愈小；工程設計者，絕無須費時於此也。

在普通連架中，各桿件之剪力撓度，(Deflection due to shear) 均遠不及動率撓度。故算求 K.C.F 等數時，即無須計算剪力撓度之影響。連架各桿件，因其剪力撓度所發生之動率，亦可用第七節之法算之。但其動率極小，可無須計算。

第 九 節　結　論

本文所論各間接應用法，皆本於第二節中之原理。其他各節，乃略為變動，舉例說明之。上列舉例均用一个單層架，如第一圖所示者。設該架不只一層，而各層均能發生水平撓度，則其算法略有不同，下文再為說明之。

第二卷第二期中"桿件各性質C.K·F·之計算法"一文應改正各點

第35頁第二行"此篇光用"應為"此篇先用"。

第六圖右端應添註"B"字左端"A"字。

第37頁第五行"$M = S_EK_{AB}$"應為"$M = S_EK_{BA}$"。

第39頁第(23)公式"$\int_A^B \frac{Mxdx}{EI}$"應為"$\int_A^B \frac{Mxdx}{LEI}$"。

第40頁表中第一列之"dx"均應改為"$\triangle x$"。

第42頁第六行"進而進之"應為"進而言之"。

工 程 估 價 （十三續）

杜 彥 耿

單 扇 橋 子 價 格 分 析 表

工料	闊	厚	長	數量	計合	價 格	洋松	柳安	柚木	備註
窗 梃	3寸	2寸	7尺3寸	2根	7.3尺	洋松每千尺$ 75 柳安每千尺$130 柚木每千尺$400	$ .53	$ .95	$ 2.92	
上 帽 頭	，，	，，	2尺8寸	1根	1.4尺	，，	$ .11	$ .18	$ .56	
中 帽 頭	，，	，，	，，	2根	2.8尺	，，	$ .21	$ .36	$ 1.12	
下 帽 頭	6寸	，，	，，	1根	2.7尺	，，	$ .20	$ .35	$ 1.08	
裹 圍 檔	2寸	，，	11尺	1根	3.7尺	，，	$ .28	$ .43	$ 1.48	
泱 子 線	1寸半	1寸	35尺	1根	4.4尺	，，	$ .33	$ .57	$ 1.76	
雕花板及手 巾篏花板	1尺半	，，	1尺8寸	2塊	5.0尺	，，	$ .38	$ .65	$ 2.00	
花 板	1尺 9寸	3分	3尺3寸	1塊	5.7方 尺	日松每方尺子.08 柳安每方尺.06 柚木每方尺.53	$ .46	$ .31	$ 3.03	
膠 夾 板	2尺	，，	2尺半	1塊	5.0方 尺	，，	$ .40	$ .30	$ 2.65	
木 匠 工				12工 14工 14工	每堂包工連頭$7.80 ，，　　$9.10 ，，　　$9.10		$ 7.80	$ 9.10	$ 9.10	每工以六 角半計算
輸 送							$ .06	$ .06	$ .0	
膠 水							$ .05	$ .05	$ .05	
四寸長鉸				2塊	1對	銅鉸鏈每對$ .70 鐵鉸鏈每對 .15	$ .15	$ .15	$ .70	連螺絲
釘							$ .30	$ .30	$ .30	
白片玻璃	20寸		38寸	1塊	7.6方 尺	每方尺$.50	$ 3.80	$ 3.80	$ 3.80	連油灰等
木料損蝕加 20%							$ 2.34	$ 3.34	$13.28	
鋸 匠 工				2工	每堂 $1.20		$ 1.20	$ 1.20	$ 1.20	每工以六 角計算
彫 花 工				1堂	每堂 $6.00		$ 6.00	$ 6.00	$ 6.00	
							$24.62	$28.18	$51.09	

— 40 —

22002

單扇窗堂子及檻窗板價格分析表

工料	闊	厚	長	數量	合計	價　格	洋松	柳安	楠木	備註
堂子梃	6寸	3寸	5尺9寸半	2根	17.3尺	洋松每千尺$ 75 柳安每千尺$ 130 楠木每千尺$ 400	$ 1.30	$ 2.25	$ 6.92	
堂子帽頭	”	”	3尺5寸	2根	10.2尺	”	$ .77	$ 1.34	$ 4.12	
窗檻板	8寸	1寸半	3尺半	1塊	3.5尺	”	$ .26	$ .46	$ 1.40	
凹線	2寸	1寸	3尺3寸	1根	5.4尺	”	$ .41	$ .70	$ 2.16	
木匠工						2 工 每堂包工連飯$1.30 2 工 ” $1.30 3 工 ” $1.95	$ 1.30	$ 1.30	$ 1.95	
輸送							$ .06	$ .06	$ .06	
釘							$ .20	$ .20	$ .20	
鐵蝴掬					4只	每只$ .20	$ .80	$ .80	$ .80	
木料損做加20%							$ 2.19	$ 3.80	$11.68	
鋸匠工					半工	每堂$ .30	$ .30	$ .30	$ .30	
							$ 7.59	$11.21	$47.14	

單扇橢子價格分析表

工料	闊	厚	長	數量	合計	價　格	洋松	柳安	楠木	備註
窗梃	3寸	2寸	7尺3寸	2根	7.3尺	洋松每千尺$ 75 柳安每千尺$ 130 楠木每千尺$ 400	$ .55	$ .95	$ 2.92	
上帽頭	”	”	2尺8寸	1根	1.4尺	”	$ .11	$ .18	$ .56	
中帽頭	6寸	”	”	1根	2.7尺	”	$ .20	$ .35	$ 1.08	
下帽頭	”	”	”	1根	2.7尺	”	$ .20	$ .35	$ 1.08	
芯子	1寸半		8、尺	1根	2.0尺	”	$ .15	$ .26	$ .80	
剒剧板	2尺3寸	1寸半	2尺3寸	1塊	7.6尺	”	$ .57	$ .99	$ 3.04	
浜子線	1寸半	1寸	3 4尺	2根	8.5尺	”	$ .70	$ 1.11	$ 3.00	
木匠工						5 工 每堂包工連飯$3.25 6 工 ” $3.90 6 工 ” $3.90	$ 3.30	$ 3.90	$ 3.90	每工以六角半計算
輸送							$ .06	$ .06	$ .06	
膠水							$ .05	$ .05	$ .05	
四寸長鉸				2塊	1對	銅鉸鏈每對$ .70 鐵鉸鏈每對$ .15	$ .15	$ .15	$ .70	連螺絲
釘							$ .30	$ .30	$ .30	
白片玻璃	12寸		16寸	6塊	11.5方尺	每方尺$ .50	$ 5.75	$ 5.75	$ 5.75	連油灰等
木料損做加20%							$ 1.98	$ 3.35	$ 9.98	
鋸匠工					1工	每堂$ .60	$ .60	$ .60	$ .60	每工以六角計算
							$14.67	$18.35	$33.82	

— 41 —

22003

單扇玻璃長窗價格分析表

工料	尺寸 闊	厚	長	數量	合計	價格	洋松	柳安	柚木	備註
窗 梃	3寸	2寸	7尺3寸	2根	7.3尺	洋松每千尺$75 柳安每千尺$130 柚木每千尺$400	$ .55	$ .95	$ 2.92	
上 帽 頭	"	"	2尺8寸	1根	1.4尺	"	$ .11	$ .18	$ .56	
下 帽 頭	6寸	"	"	1根	2.7尺	"	$ .20	$ .35	$ 1.08	
芯 子	1寸半	"	12尺半	1根	3.1尺	"	$ .23	$ .40	$ 1.24	
浜子線	1寸半	1寸	40尺	2根	10.0尺	"	$ .75	$ 1.30	$ 4.00	
木 匠 工					4工 5工 5工	每堂包工連飯$2.60 $3.25 $3.25	$ 2.60	$ 3.25	$ 3.25	每工以六角半計算
輸 送							$ .06	$ .06	$ .06	
膠 水							$ .04	$ .04	$ .04	
四寸長鉸				2塊	1對	銅鉸鏈每對$.70 鐵鉸鏈每對$.15	$ .15	$ .15	$ .70	連螺絲
釘							$ .30	$ .30	$ .30	
玻 璃	18寸		12寸	8塊	17.3方尺	每方尺$.50	$ 8.65	$ 8.65	$ 8.65	連油灰等
木料損蝕加20%							$ 1.47	$ 2.54	$ 7.84	
鋸 匠 工					1工	每堂$.60	$ .60	$ .60	$ .60	每工以六角計算
							$15.71	$18.77	$31.24	

單扇玻璃窗價格分析表

工料	尺寸 闊	厚	長	數量	合計	價格	洋松	柳安	柚木	備註
窗 梃	3寸	2寸	5尺3寸	2根	5.3尺	洋松每千尺$75 柳安每千尺$130 柚木每千尺$400	$ .40	$ .69	$ 2.12	
上 帽 頭	"	"	2尺8寸	1根	1.3尺	"	$ .10	$ .17	$ .52	
下 帽 頭	6寸	"	"	1根	2.7尺	"	$ .20	$ .37	$ 1.08	
芯 子	1寸半	"	10尺	1根	2.5尺	"	$ .19	$ .33	$ 1.00	
木 匠 工					4工 4工 4工半	每堂包工連飯$2.60 $2.60 $2.93	$ 2.60	$ 2.60	$ 2.93	每工以六角半計算
輸 送							$ .06	$ .06	$ .06	
榫頭白油							$ .04	$ .04	$ .04	
三寸長鉸				2塊	1對	銅鉸鏈每對$.35 鐵鉸鏈每對$.08	$ .08	$ .08	$ .35	連螺絲
白片玻璃	8寸		18寸	9塊	13方尺	每方尺$.50	$ 6.50	$ 6.50	$ 6.50	連油灰等
木料損蝕加20%							$ .71	$ 1.25	$ 3.78	
鋸 匠 工					半工	每堂$.30	$ .30	$ .30	$ .30	每工以六角計算
							$11.18	$12.39	$18.68	

單扇門堂子及門頭線價格分析表

工料	闊	厚	長	數量	合計	價格	洋松	柳安	柚木	備註
堂子梃	6寸	3寸	7尺半	2根	22.5尺	洋松每千尺$75 柳安每千尺$130 柚木每千尺$400	$1.69	$2.93	$9.00	
堂子帽頭	,,	,,	3尺半	1根	5.3尺	,,	$.40	$.69	$2.12	
豎門頭線	4寸	1寸	7尺半	4根	10.0尺	,,	$.75	$1.30	$4.00	
橫門頭線	,,	,,	3尺半	2根	2.3尺	,,	$.17	$.30	$.92	
門頭線墩子	6寸	,,	7寸	4塊	1.2尺	,,	$.09	$.16	$.48	
木匠工					2工 3工 3工	每堂包工連飯$1.30 $1.95 $1.95	$1.30	$1.95	$1.95	
輸送							$.06	$.06	$.06	
釘							$.04	$.04	$.04	
鐵鉸搊					4只	每只$.20	$.80	$.80	$.80	
木料損蝕加20%							$2.48	$4.30	$13.22	
鋸匠工					1工	每堂$.60	$.60	$.60	$.60	
							$8.38	$13.13	$33.19	

單扇玻璃窗價格分析表

工料	闊	厚	長	數量	合計	價格	洋松	柳安	柚木	備註
窗梃	3寸	2寸	5尺3寸	2根	5.3尺	洋松每千尺$75 柳安每千尺$130 柚木每千尺$400	$.40	$.69	$2.12	
上帽頭	,,	,,	2尺8寸	1根	1.3尺	,,	$.10	$.17	$.52	
下帽頭	6寸	,,	,,	1根	2.7尺	,,	$.20	$.37	$1.08	
芯子	1寸半	,,	12尺半	1根	3.1尺	,,	$.23	$.40	$1.24	
木匠工					6工 6工 7工	每堂包工連飯$3.90 $3.90 $4.55	$3.90	$3.90	$4.55	每工以六角半計算
輸送							$.06	$.06	$.06	
榫頭白油							$.04	$.04	$.04	
三寸長鉸					2塊 1對	銅鉸鏍每對$.35 鐵鉸鏍每對$.08	$.08	$.08	$.35	連螺絲
白片玻璃					14.6方尺	每方尺$.50	$7.30	$7.30	$7.30	連油灰等
木料損蝕加20%							$.74	$1.30	$3.97	
鋸匠工					半工	每堂$.30	$.30	$.30	$.30	每工以六角計算
							$13.35	$14.61	$21.53	

22005

單扇玻璃窗價格之分析表

工料	尺寸 濶	厚	長	數量	合計	價格	結洋 洋松	柳安	柚木	備註
窗梃	3寸	2寸	5尺3寸	2根	5.3尺	洋松每千尺$ 75 / 柳安每千尺$130 / 柚木每千尺$400	$ .40	$ .69	$2.12	
上帽頭	"	"	2尺8寸	1根	1.3尺	"	$ .10	$ .17	$ .52	
下帽頭	6寸	"	"	1根	2.7尺	"	$ .20	$ .35	$1.08	
芯子	1寸半	"	9尺	1根	2.2尺	"	$ .17	$ .30	$ .92	
木匠工					3工 / 3工半	每堂包工連飯$1.95 / $1.95 / $2.28	$1.95	$1.95	$2.28	每工以六角半計算
輸送							$ .06	$ .06	$ .06	
榫頭白油							$ .04	$ .04	$ .04	
三寸長鉸				2塊	1對	銅紋結每對$.35 / 鐵紋結每對$.08	$ .08	$ .08	$ .35	連螺絲
白片玻璃	12寸		18寸	6塊	13.0方尺	每方尺$.50	$6.50	$6.50	$6.50	連油灰等
木料損蝕加20%							$ .70	$1.21	$3.71	
鋸匠工					半工	每堂$.30	$ .30	$ .30	$ .30	每工以六角計算
							$10.50	$11.65	$17.88	

單扇百葉窗價格分析表

工料	尺寸 濶	厚	長	數量	合計	價格	結洋 洋松	柳安	柚木	備註
窗梃	3寸	2寸	5尺3寸	2根	5.3尺	洋松每千尺$ 75 / 柳安每千尺$130 / 柚木每千尺$400	$ .40	$ .69	$2.12	
上帽頭	"	"	2尺8寸	1根	1.3尺	"	$ .10	$ .17	$ .52	
下帽頭	6寸	"	"	1根	2.7尺	"	$ .20	$ .37	$1.08	
百葉板	3寸	1寸	2尺3寸	20塊	11.3尺	"	$ .85	$1.47	$4.52	
猶探棒	1寸	"	4尺半	1根	.4尺	"	$ .03	$ .05	$ .16	
木匠工					13工 / 14工 / 14工	每堂包工連飯$8.45 / $9.10 / $9.10	$8.45	$9.10	$9.10	
輸送							$ .06	$ .06	$ .06	
榫頭白油							$ .04	$ .04	$ .04	
三寸長鉸				2塊	1對	銅紋結每對$ .08	$ .08	$ .08	$ .08	連螺絲
木料損蝕加20%							$1.26	$2.20	$6.72	
鋸匠工					2工	每堂$1.20	$1.20	$1.20	$1.20	
鐵羊眼					20副	每10副$.15	$ .30	$ .30	$ .30	
鐵曲尺					4塊	每塊$.20	$ .80	$ .80	$ .80	
							$13.77	$16.53	$26.70	

22006

單 扇 榻 子 價 格 分 析 表

工　料	尺　寸 圓	厚	長	數量	合計	價　格	津松	柳安	柚木	備註
窗　梃	3寸	2寸	7尺3寸	2根	7.3尺	洋松每千尺$ 75 柳安每千尺$130 柚木每千尺$400	$ .55	$ .95	$ 2.92	
上 帽 頭	"	"	2尺8寸	1根	1.4尺	"	$ .11	$ .18	$ .56	
中 帽 頭	"	"	"	2根	2.8尺	"	$ .21	$ .36	$ 1.12	
下 帽 頭	6寸	"	"	1根	2.7尺	"	$ .20	$ .35	$ 1.08	
裏 圈 檔	2寸	"	11尺	1根	3.7尺	"	$ .28	$ .48	$ 1.48	
派 子 線	1寸半	1寸	35尺	1根	4.4尺	"	$ .33	$ .57	$ 1.76	
雕花板及手巾條花板	1尺半	"	1尺8寸	2塊	5.0尺	"	$ .38	$ .65	$ 2.00	
花　板	1尺9寸	3分	3尺3寸	1塊	5.7方尺	白楊每方尺$.08 柳安每方尺$.06 柚木每方尺$.53	$ .46	$ .34	$ 3.03	
膠 夾 板	2尺	"	2尺半	1塊	5.0方尺	"	$ .40	$ .30	$ 2.65	
木 匠 工					18工 20工 20工	每堂包工連飯$11.70 " $13.00 " $13.00	$11.70	$13.00	$13.00	每工以六角半計算
輸　送							$ .06	$ .06	$ .03	
膠　水							$ .05	$ .05	$ .05	
四寸長鉸				2塊	1對	鋼鉸鏈每對$.70 載鉸鏈每對$.15	$ .15	$ .15	$ .70	連螺絲
釘							$ .30	$ .30	$ .30	
白片玻璃	20寸		38寸	1塊	7.6方尺	每方尺$.50	$ 3.80	$ 3.80	$ 3.80	連油灰等
木料損蝕加20%							$ 2.34	$ 3.34	$13.28	
膨 花 工					1堂	每 堂 $5.00	$ 5.00	$ 5.00	$ 5.00	
鋸 匠 工					2工	每 堂 $1.20	$ 1.20	$ 1.20	$ 1.20	每工以六角計算
							$27.52	$31.08	$53.99	

（待續）

22007

經濟住宅之三

大房子
22100立呎
陽台
700 立呎
荷共
22800立呎

此種西班牙式之設計，非常美麗，寬大之起居室，十分舒適；室中有木筋平頂及大料，頗饒古趣。

剛磚換蓋同一平面圖，形成英國堆氏式風格。

尺 寸

大房子：三十八呎寬，四十四呎深，全部尺寸為三十九呎寬四十五呎深，平頂高度為八呎。

22008

經濟住宅之四

七個大間及浴室廚房等

美觀與經濟

　　上圖係一所西班牙式之住宅，頗適合我人居住。屋面蓋以捲筒瓦，起伏如鱗狀，靈巧雅緻，不染俗調。且屋前臨園地，從臥室步出陽台，滿目青翠，彷彿置身仙境。室中裝飾又純粹現代化，廚房之佈置，碗碟櫥之安放，以及電話櫥之設備等，莫不盡設計之能事。

22009

經濟住宅之五

這所平屋內含五個大間全屋的構造成一個曲尺形環抱著前面的園子是很夠味的

此屋設計已極盡簡單的能事但屋內起居室臥室廚房都很舒適前面更有一闊大的陽台不論春冬盛暑邀宜闔家人促膝談心享敘天倫的樂事

— 48 —

22010

GARDEN PLOT PLAN

FOUNDATION PLAN

SECTION A-A
SECTION B-B
SECTION C-C
SECTION D-D
SECTION E-E
SECTION F-F
SECTION G-G

A Residence.

22011

GROUND FLOOR PLAN
总 图

PORCH

TERRACE

DINING ROOM

LIVING ROOM

BREAKFAST RM

HALL

STUDY

KITCHEN

LAUNDRY

AUCOLA

GARAGE

A Residence.

22012

WEST ELEVATION 西面样

EAST ELEVATION 東面样

SOUTH ELEVATION
南面样

A Residence.

22013

SECTION A—A

SECTION B—B

A Residence.

22014

中國石公司宴建築界

中國石公司，於三月二十五日，假座大東酒樓，宴請本市建築界；到江長庚謝秉衡杜彥耿等五十餘人。卽席由該公司陶桂林君起稱：『今天承諸君寵臨，不勝榮幸；此間陳列之各式樣品，均係採自山東省青島市之硤山，顏色鮮麗，精瑩奪目，此種石料，固天賦我人之富源，昔日埋藏地下，無人顧問，今竟製成器物，可供建築界採用矣。

滬上建築界所需大理石，向由國外輸入，根據海關報告，每年達七百萬至八百萬之鉅，而經營斯業者，均屬東鄰商人，諒在座諸君均能知之。鄙人與該商往來，因營業上之關係，亦殊密切，自九一八以後，鑒於彼邦軍閥之專橫，不顧國際信義，竟以武力奪我國土，不敢不盡棉薄，於商業上予以抵制，擺被暴斂，乃有上海石品製造股份有限公司之發起。經一呼而參加發起者，有三十餘人之多，當推桂林爲籌備主任，王岳峯陳士範杜彥耿朱禎祥四君爲籌備委員。負責進行，設籌備處於四川路六號。而正在定機器覓廠址，積極進行之時，一二八滬變突起，迨和議告成，我人固有之事業，均已受重大打擊，安有餘力以圖新企業之發展，故石品公司之議，以是暫止。

但我人雖遭受此種刺戟，仍不稍氣餒，固無日不在企圖實現也。前年秋鄙人因事往青島，經友人之介，紹得國燒君華孫，承邀赴硤山參觀採石礦及石工廠，見礦中採得之石料與製成之石品，石質甚佳，色采精美，殊覺欣喜，舊國中竟有如是佳妙之石料，實出於意料也。

遂請姚君擴充資本，在滬設立分廠，鄙人卽加入爲股東，被推爲董事。分廠出品之首先採用者，爲滬安寺路二十二層大廈，百樂門舞廳，及正在建築中之百老匯十八層大廈等，營業敗額幾達百萬元，此實鄙自告慰者也。

此番來滬設立分廠，本擬小試，不意竟得中外建築師與工程師之愛用，故廠中初置鋸機僅一架，經逐漸擴充，現已增爲五架；惟尚不敷應用，須更事擴展，途有增資本額爲五十萬元之決議。經議決後，各股東均踴躍攤認，不旋踵而足額。

桂林曾購於增股中留額十萬元，以待滬地建築界之參加，甚盼在座諸君，曁上海石品股份有限公司原發起人，仍本初衷，踴躍加入，則公司前途，當更有希望矣。

關於石質之豐富優美，鄙人頃已言之，惟徒有天然之物料，而無人爲之經營，則待令貨棄於地，設經營之人員，均係專門人才，且辦事莫不精明強幹，如總經理姚華孫君，處理一切事務，井井有序。於初辦石公司之前，曾費三年之推考與研究，方從事粗辦，其辦事審慎，於此可見一斑。廠中所聘技師，亦均屬富有經驗之老手。故事業之發展，自可預期也。

更有一端，足以稱道者，卽吾人在滬組織分廠之順而不得其法，亦終無良善之收穫。今中國石公司之辦事人員，均係專門人才……

22015

利進行，得力於孝大超先生者甚多。李君係本市市府現任官員，因
鑒於我國國有石料之佳，與辦事人之勤懇，故力予提倡也。倘盼我
建築界同仁，賜予參加股份，時賜南針，俾資遵循，則幸甚矣。」
繼陶君演講者，有姚華孫李大超邵達人杜彥歐等，辭長從略。

高恩路五層大廈

上海高恩路五層大廈三棟(3 "Mayfair" Apt. Houses)。全部
泗汀工程，衛生器具及電氣工程，均由美益水電工程行承裝。

節錄上海房產業主公會報告譯文

上海房產業主公會，於三月二十三日下午五時半，假座博
物院路二十號亞洲文會，舉行年會，由斯巴克君主席(Mr.
N.S.Sparke)（本屆委員二十五人，華人有黃廷芳，金季
言二君）茲將該公會報告詳文刊登如左，以備參閱。

在上次年會開會時，鄙人對于上海自來水公司之水表制及水費
之注意。在四月間自來水公司制定試驗式之新水費表，呈請上海工
部局核准後，即于五月一日施行。此項新制表施行未久，委員會即
蒙接多數會員之報告，對于依據新水價所徵收之巨額水表，表示不
滿。在東北兩區房租較低之區域，業主所受之痛苦尤甚。本委員會
對于現在自來水公司所徵收之水費，認為實在太高，且經向自來水
公司及工部局所組織之水費審查會聲明反對，在會前曾發出通告，
徵求租金與水費所成之比例之資料，各會員皆踴躍答覆。鄙人茲欲
利用此機會，表示感謝各會員所供給之資料，經委員會予以整理後
，當經于開會時提出，作為參考之資料。依鄙人預料，水費問題不

久即可圓滿解決，將來水費亦定能減低也。

在去年年初，本委員會對于公共租界，法租界，上海市內劃分
工業及住宅之區域問題，認為有研究之價值。當經分函各區當局會
，討論此事。本委員會根據討論之結果，當經分函各區當局，詢問
有無進行或實行分區計劃之意。各區當局之答覆，大概上可認為滿
意。因此事為諸君之所注意，鄙人爰就所接得之答覆，作簡要之報
告：擴公共租界之管理，此問題曾經該局歷次鄭重考慮；但
工部局除擴根據洋涇浜地皮章程外，對于界內房屋之建築使用，無權
限制。故實行分區制度，不能一致。但工部局深知割區問題之重要
，故本會如有意見提出，該局願予接受。法租界當局之答覆，則謂
自一九二〇年起已實行割區計劃；在一九二八年又採用擴張之計劃
，並將區域之闊樣于復函內附送一份。惟據法公董局復稱，割分住
宅區域頗感困難，蓋因房屋建築式樣不能一致。惟法公董局現正繼
續努力製定新章，增進建築物之材料。至上海市政府之復函，尤堪
欣忭。據上海市政府復函，分區制度現已進行計劃，俟有成議，當
即徵求本會意見。其實分區制度非特于業主有利，對于全市居民亦
有裨益；倘各區當局對于此項計劃有意使其實現，本會當予以全力
之贊助，

此外另有一重要事件，引起委員會深切之注意，即上海市政府
所施行之地價稅是也。委員會對于此事，曾予以嚴重之考慮，並經
致函領事團之答覆，此事已着手交涉。對于
交涉之進行情形，陳述意見。在過去之十二月中，本埠忽發現
一有組織之減租運動，本委員會對于此事現正靜觀其發展。組織此
項減租運動之人，實屬不能洞知業主之苦衷。如此項運動繼續發展

22016

，必生嚴重之結果。此項減租運動，除影響業主外，對于抵押品之價值，必生不利之影響，而上海之金融組織亦將被其搖動。據聞南京及漢口，亦有減租之運動，所擬之章程，經南京市政府及湖北省政府核准。依照章程，南京之房產租價之淨額，不得高過產價百分之十四，漢口之房屋租價之淨額，不得高過產價百分之十二。惟上海業主如能淨收入此歡額，想必皆額手相慶矣。

本年一月初，市政府土地局會函各駐滬領事，謂該局及財政局呈請，將在上海市政府管轄區域內所有未曾升科，或納稅及無方相鄰地之業主不請求升科者，則無論何人均可聲請升科云云。此項法令，營局如果嚴屬實行，事態殊屬嚴重。且與淞浦局合同違反，而業主亦必蒙不利之結果。蓋依照淞浦合同規定，徵收地價辦法，項灘地荒地河浜等相鄰之業主，有優先升科之權利。如逾此期間，並定于一九三四年一月一日實行，自同年一月一日起二個月內，此單之地，國有荒地灘地或公浜，一併收歸市有；業經行政院核准，上海市政府所管轄區域，既漫無限制，將來中國當局或有將此項法令，在公共租界及法租界內試行，則結果必致糾紛無已，無待鄙人煩言。蓋依照向來慣例，有記錄可查者，楊為公允，並有聲明不服機關。若依照向土地局致領事團之函，所謂升科事件之主權，完全操之于中國土地局，此點為鄙人深信，諒無錯誤。是以委員會深望領事團對于升科問題，能予以精密審查之也。

一種為最出色。該廠以推廣營業起見，由華籍經理林伯鑄君於庚陸以銘二君代邀建築界，於四月四日假座北四川路新亞酒樓大廳宴集，到陶桂林陳芝陳士範杜彥耿等三十餘人，席間由林伯鑄江長庚陶桂林陸以銘李酒及士伊葛等相繼演說，詞長不錄。

雜訊一束

威海衛路八層公寓 上海威海衛路馬霍路口，將建八層高之公寓，圖樣現由德和洋行設計繪製。聞該公寓下層闢作店面，上層全係公寓，每層大門進屋，劃分二個公寓，不若現有公寓之攏統龐雜云。

邁而西愛路四層公寓 上海邁而西愛路國泰影戲院後面，正在建造之峻嶺寄廬外口，將建四層高之公寓，下層沿馬路一帶，作為店面，上層為公寓，聞設計者為公和洋行，將於四月十五日左右，開始投標。

外灘中國銀行將翻建新屋 上海仁記路外灘中國銀行總行房屋，聞將翻建，建築圖樣現由陸謙受建築師會同公和洋行建築師計擬。

中國通商銀行新屋 上海福州路江西路口，中國通商銀行新屋，現正由康益洋行打樁，房屋工程業已由陶桂記營造廠獲得建造權，共計造價洋七十三萬元；水電，鋼窗，鋼架等工程，均不在內。設計者為新瑞和洋行。

廣東銀行新屋 上海江西路寧波路口之廣東銀行新屋，係由李錦沛建築師設計，張裕泰營造廠承造，打樁工程在進行中。

大陸商場加高一層 上海南京路大陸商場，本為七層，現加高一層，業已勤工，定四個月內完成，由莊俊建築師設計，褚綸記營造廠承造云。

精藝木行

滬市用機器構置門窗者，本僅中國造木公司一家，精藝木行為新興者之一，所用機器，如鋸機，刨機，榫頭，緊眼及製造膠夾板各種機器，全在滬地訂造，無一向國外購辦者。該廠在滬西周家橋，出品如各種膠夾板門，極合現代公寓之需；而尤以精細美術地板

工部局工務處控哈同夫人

—為南京路河南路口傾圮壓簷牆事—

上海南京路河南路口，哈同夫人業產市房，於三月二十日下午六時半風雨中，壓簷牆自七七呎高處傾圮，磚瓦墜下，傷及三行人。此段原為極熱鬧之街衢，未肇巨禍，尚屬幸事。查該屋係一八九八年由愛爾德洋行建造，迄今已三十六年，中經數度修葺；其門面約距今十年左右時，曾大加改飾，洗石子之牆面與壓頂，亦於此時更裝。

公共租界工部局工務處長哈伯對壓簷牆傾圮事，根據工部局營造章程第二十條「若工務處長對一所房屋或一處牆壁不滿，得有權控騙法院，藉以解決。」之規定，控業主哈同夫人於英領署公堂，工部局代理人高易律師；工部局工務處長哈伯四月三日開庭初審。工部局代理人高易律師；工部局工務處長哈伯四月三日開庭初審。工部局代表德利建築師，均到庭。由推事馬立師審訊。

伯，曾往南京路察視一二五、一一七、一一九、一二一、一二九、一三一、一三三、一四一，一四一甲；一四一乙房屋之壓簷牆，發現均呈圮毀危象，於馬路行人及出入該屋之人，諸多危險。不久以前，（三月二十日）該處壓簷牆，倒塌路上之事，諒已為貴推事所聞悉。肇禍之翌日，工部局即行函告哈同夫人，並告以其他部份之牆亦有隨時傾圮危象。

工部局工務處長哈伯氏，認該屋現狀，亟應設施工作，以抵於安全地位。」

原告代理律師陳述至此，哈伯氏即至洋人席上陳稱：『余乃工部局工務處長，於三月二十八日，根據章程第二十條，對哈同夫人提起控訴。

三月二十日壓簷牆倒塌，壓於工部局路上；事後，余前往察看該戲房屋，見墻頭木已呈腐爛，大料頭子亦有腐象，考其致爛之由，則因簷際水落管滲漏之故。余意必須除去屋上重過，因中間瓦

閱庭後，先由高易律師陳稱：『依據工部局章程第二十條規定，該局對任何房屋之牆壁，認為呈現危險狀態時，可向法院訴諸控訴人工部局工務處長哈

判令應行途徑，以解決環境之審要。此案控訴人工部局工務處長哈

之屋面重量特鉅。關於此點，業主未曾遵行，故不能滿意。」

至，推事顧德利建築師曰：「曾否接得此項訓令？」

德利建築師答稱：「余等於三月二十一日接得工部局通知，隨

即飭搭羅笆，並命支撐屋頂，以維現狀。凡每一屋頂大料，均經予

以支撐。

余曾察視五所房屋之屋頂大料，凡屋頂之重要部份，均屬完好

，大料頭子雖呈腐象，然亦不致傾圮。

若工務處長欲將中國瓦除去，自可照辦，惟屋中現有人居住，

設因取下屋瓦而雨水滲入，則房客將必起反對。

總之，工部局指示如何做法，哈同夫人於可能範圍內，固極願

接受工部局之任何意思也。」

馬立師推事擬改期三日再審。哈伯繼謂：「現在僅於大料下加

以支撐，而房屋全部則未保護週全。此點乃屬專門學術中之難題，

顧欲與德利建築師共同商討之。」

德利建築師稱：「若工務處長必欲將屋瓦撤去，固自可照辦，

惟屋上必須裝嚣臨時遮蓋物。」

原告律師高易，要求堂上判令，務將屋瓦取除，並改期星期五

續審。

馬推事當准所請，改星期五下午二時半續審。

該案於四月六日開庭續審，馬立斯推事判令哈同夫人將房屋危

險添份修至工部局認為妥善之程度。

續審開庭後，首由原告律師高易起稱：「上次堂上曾命將屋上

瓦片取下，黃被告現已遵照進行。」

繼由哈伯陳稱：「曾於昨晨重赴該屋察視，發現屋頂木材不妥

之處甚多，又前面大部牆垣亟應拆除，另有柱子二根亦須換新。此

外於修理工作進行時，或尚有其他必須修理之處發現，現因房屋有

人居用，故未能周詳察視。至於屋瓦，則已見工人開始取下矣。」

高易律師當起詢哈伯：「君所陳各點，是否必須修築安全地位

乎？」哈伯答曰：「然。」

哈同夫人之全部房屋顧問德利建築師起稱：「若堂上命令如何

修理，願遵照辦安。」旋卽退庭。

至此，馬立斯推事卽宣判曰：「此次工部局根據營造章程第二

十條控訴哈同夫人一案，被告應卽將應修部份，依照工部局之意旨

修理，願遵照辦理。」旋卽退庭。

上海第二特區法院函詢承攬習慣

本會接江蘇上海第二特區地方法院來函，徵詢上海承攬習慣，

經向同業間詳加調查，並與上海市營造廠業同業公會召集聯席會議

，加以討論，業已具復，茲發表往來兩函於後：

來函

逕啓者：本院受理祥和木行與胡祥記營造廠為票款關係聲請

假扣押一案。據聲請人陳稱：「按照上海承攬習慣，工料一併承攬

者，定作人對于屋宇所有權之取得，必俟房屋建築完成造價付清後

，承攬人交付鑰匙點交屋宇為條件，在鑰匙未交付前，其所有權仍

屬于承攬人」等語。關於此項習慣，是否屬實，本院無從懸揣，相

應請查明，卽日見覆，以資參考，實紉公誼。此致

　　　　　　　　　　上海建

　　　　　　　　　　築協會

　江蘇上海第二特區地方法院啓三月二十七日

復函

逕復者：接奉貴院第二七二九號公函，為祥和木行與胡祥記

營造廠為票款關係聲請假扣押一案，關於聲請人所陳述，定作人取

得屋宇所有權，必俟房屋建築完成造價付清後，由承攬人點交屋宇

為條件之所謂承攬習慣，是否屬實，承託查明據復等情，敬悉。曾向建築界分別關查外，並經本會與上海市營造廠業同業公會，召開聯席會議，討論結果，認為未有前例可援。依據決議，主張『材料商如被營造廠拖欠債款，似可請求向屋宇定作人止付造價，並畢辦債權人登記，以資分別攤還，不敷欠項，則仍向承攬人追償之。』查此項主張，尚切實際，用敢附陳，仰祈賜督，為禱。本會自接奉大函後，即進行調查並召集同業商討，因須將結果發表於本會出版之建築月刊，與建築界將來之糾紛，關係頗鉅，故不厭求詳，致遲多日。尚希鑒諒，毋任盼荷！此致上海第二特區地方法院　　上

海市建築協會謹啓四月七日

建築材料價目表
磚　瓦　類

貨　名	商　號	大　　小	數量	價　目	備　註
空　心　磚	大中磚瓦公司	12″×12″×10″	每千	$250.00	車挑力在外
〃　　　〃	〃　〃　〃	12″×12″×9″	〃　〃	230.00	
〃　　　〃	〃　〃　〃	12″×12″×8″	〃　〃	200.00	
〃　　　〃	〃　〃　〃	12″×12″×6″	〃　〃	150.00	
〃　　　〃	〃　〃　〃	12″×12″×4″	〃　〃	100.00	
〃　　　〃	〃　〃　〃	12″×12″×3″	〃　〃	80.00	
〃　　　〃	〃　〃　〃	9¼″×9¼″×6″	〃　〃	80.00	
〃　　　〃	〃　〃　〃	9¼″×9¼″×4½″	〃　〃	65.00	
〃　　　〃	〃　〃　〃	9¼″×9¼″×3″	〃　〃	50.00	
〃　　　〃	〃　〃　〃	9¼″×4½″×4½″	〃　〃	40.00	
〃　　　〃	〃　〃　〃	9¼″×4½″×3″	〃　〃	24.00	
〃　　　〃	〃　〃　〃	9¼″×4½″×2½″	〃　〃	23.00	
〃　　　〃	〃　〃　〃	9¼″×4½″×2″	〃　〃	22.00	
實　心　磚	〃　〃　〃	8½″×4⅛″×2½″	〃　〃	14.00	
〃　　　〃	〃　〃　〃	10″×4⅞″×2″	〃　〃	13.30	
〃　　　〃	〃　〃　〃	9″×4⅜″×2″	〃　〃	11.20	
〃　　　〃	〃　〃　〃	9″×4⅜″×2¼″	〃　〃	12.60	
大　中　瓦	〃　〃　〃	15″×9½″	〃　〃	63.00	運至營造場地
西班牙瓦	〃　〃　〃	16″×5½″	〃　〃	52.00	〃　　〃
英國式灣瓦	〃　〃　〃	11″×6½″	〃　〃	40.00	〃　　〃
脊　　瓦	〃　〃　〃	18″×8″	〃　〃	126.00	〃　　〃
瓦　　筒	義合花磚瓦筒廠	十　二　寸	每只	.84	
〃　〃　〃	〃　〃　〃　〃	九　　　寸	〃　〃	.66	
〃　〃　〃	〃　〃　〃　〃	六　　　寸	〃　〃	.52	
〃　〃　〃	〃　〃　〃　〃	四　　　寸	〃　〃	.38	
〃　〃　〃	〃　〃　〃　〃	小　十　三　號	〃　〃	.80	
〃　〃　〃	〃　〃　〃　〃	大　十　三　號	〃　〃	1.54	
青水泥花磚	〃　〃　〃　〃		每方	20.98	
白水泥花磚	〃　〃　〃　〃		每方	26.58	

22021

水泥類

貨名	商號	標記	數量	價目	備註
水泥		象牌	每桶	$ 6.25	
水泥		泰山	〃	〃 6.25	
水泥		馬牌	〃	〃 6.30	

木材類

貨名	商號	說明	數量	價格	備註
洋松	上海市同業公會公議價目	八尺至卅二尺再長照加	每千尺	洋八十四元	
一寸洋松	〃 〃 〃		〃 〃	〃八十六元	
寸半洋松	〃 〃 〃		〃 〃	八十七元	
洋松二寸光板	〃 〃 〃		〃 〃	六十六元	
四尺洋松條子	〃		每萬根	一百二十五元	
一寸四寸洋松一號企口板	〃		每千尺	一百〇五元	
一寸四寸洋松副號企口板	〃		〃 〃	八十八元	
一寸四寸洋松二號企口板	〃		〃 〃	七十六元	
一寸六寸洋松一頭號企口板	〃		〃 〃	一百十元	
一寸六寸洋松副頭號企口板	〃		〃 〃	九十元	
一寸六寸洋松二號企口板	〃		〃 〃	七十八元	
一二五四寸一號洋松企口板	〃		〃 〃	一百三十五元	
一二五四寸二號洋松企口板	〃		〃 〃	九十七元	
一二五六寸一號洋松企口板	〃		〃 〃	一百五十元	
一二五六寸二號洋松企口板	〃		〃 〃	一百十元	
柚木（頭號）	〃 〃 〃	僧帽牌	〃	五百三十元	
柚木（甲種）	〃 〃 〃	龍牌	〃	四百五十元	
柚木（乙種）	〃 〃 〃	〃 〃	〃	四百二十元	
柚木段	〃 〃 〃	〃 〃	〃	三百五十元	
硬木	〃 〃 〃	〃 〃	〃	二百元	
硬木（火介方）	〃 〃 〃	〃 〃	〃	一百五十元	
柳安	〃 〃 〃	〃 〃	〃	一百八十元	
紅板	〃 〃 〃	〃 〃	〃	一百〇五元	
抄板	〃 〃 〃	〃 〃	〃	一百四十元	
十二尺三寸六八皖松			〃	六十五元	
十二尺二寸皖松	〃 〃 〃		〃	六十五元	

22022

貨　　名	商　號	説　明	最數	價　格	備　註
一二五四寸柳安企口板	上海市開業公會公議價目		每千尺	一百八十五元	
一寸六寸柳安企口板	＂　＂　＂		＂　＂	一百八十五元	＂
二寸建松片	＂　＂　＂		＂　＂	六十元	
一丈字印建松板	＂　＂　＂		每丈	三元五角	
一丈足建松板	＂　＂　＂		＂　＂	五元五角	
八尺寸甌松板	＂　＂　＂		＂　＂	四元	
一寸六寸一號甌松板	＂　＂　＂		每千尺	五十元	
一寸六寸二號甌松板	＂　＂　＂		＂　＂	四十五元	
八尺機鋸杭松板	＂　＂　＂		每丈	二元	
九尺機鋸甌松板	＂　＂　＂		＂　＂	一元八角	
八尺足寸皖松板	＂　＂　＂		＂　＂	四元六角	
一丈皖松板	＂　＂　＂		＂　＂	五元五角	
八尺六分皖松板	＂　＂　＂		＂　＂	三元六角	
台松板	＂　＂　＂		＂　＂	四元	
九尺八分坦戶板	＂　＂　＂		＂　＂	一元二角	
九尺五分坦戶板	＂　＂　＂		＂　＂	一元	
八尺六分紅柳板	＂　＂　＂		＂　＂	二元二角	
七尺俄松板	＂　＂　＂		＂　＂	一元九角	
八尺俄松板	＂　＂　＂		＂　＂	二元一角	
九尺坦戶板	＂　＂　＂		＂　＂	一元四角	
六分一寸俄紅松板	＂　＂　＂		每千尺	七十三元	
六分一寸俄白松板	＂　＂　＂		＂　＂	七十一元	
一寸二分四寸俄紅松板	＂　＂　＂		＂　＂	六十九元	
俄紅松方	＂　＂　＂		＂　＂	六十九元	
一寸四寸俄紅白松企口板	＂　＂　＂		＂　＂	七十四元	
一寸六寸俄紅白松企口板	＂　＂　＂		＂　＂	七十四元	
俄麻栗光邊板	＂　＂　＂		＂　＂	一百二十五元	
俄麻栗毛邊板	＂　＂　＂		＂　＂	一百十五元	
一二五，四寸企口紅板	＂　＂　＂		＂　＂	一百四十元	
六分一寸俄黃花松板	＂　＂　＂		＂　＂	七十三元	
一寸二分四分俄黃花松板	＂　＂　＂		＂　＂	六十九元	
四尺俄條子板	＂　＂　＂		每萬根	一百十元	

22023

油 漆 類

貨 名	商 標	標 記	裝 量	價 格	備 註
AAA上上白漆	開林油漆公司	雙斧牌	二十八磅	九元五角	
AA上上白漆	〃 〃 〃	〃 〃 〃	〃	七元五角	
A 上 白 漆	〃 〃 〃	〃 〃 〃	〃	六元五角	
A 白 漆	〃 〃 〃	〃 〃 〃	〃	五元五角	
B 白 漆	〃 〃 〃	〃 〃 〃	〃	四元七角	
AA二白漆	〃 〃 〃	〃 〃 〃	〃	八元五角	
K 白 漆	〃 〃 〃	〃 〃 〃	〃	三元九角	
KK 白 漆	〃 〃 〃	〃 〃 〃	〃	二元九角	
A 各 色 漆	〃 〃 〃	〃 〃 〃	〃	三元九角	紅黃藍綠黑灰棕
B 各 色 漆	〃 〃 〃	〃 〃 〃	〃	二元九角	〃 〃 〃
銀硃調合漆	〃 〃 〃	〃 〃 〃	五介侖	四十八元	
〃 〃 〃 〃	〃 〃 〃	〃 〃 〃	一介侖	十元	
白及紅色調合漆	〃 〃 〃	〃 〃 〃	五介侖	二十六元	
〃 〃 〃 〃	〃 〃 〃	〃 〃 〃	一介侖	五元三角	
各色調合漆	〃 〃 〃	〃 〃 〃	五介侖	二十一元	
〃 〃 〃 〃	〃 〃 〃	〃 〃 〃	一介侖	四元四角	
白及各色磁漆	〃 〃 〃	〃 〃 〃	〃 〃	七元	
硃紅磁漆	〃 〃 〃	〃 〃 1	〃 〃	八元四角	
金銀粉磁漆	〃 〃 〃	〃 〃 〃	〃 〃	十二元	
銀硃磁漆	〃 〃 〃	〃 〃 〃	〃 〃	十二元	
銀硃打磨磁漆	〃 〃 〃	〃 〃 〃	〃 〃	十二元	
白打磨磁漆	〃 〃 〃	〃 〃 〃	〃 〃	七元七角	
各色打磨磁漆	〃 〃 〃	〃 〃 〃	〃 〃	六元六角	
灰色防銹調合漆	〃 〃 〃	〃 〃 〃	〃	二十二元	
紫紅防銹調合漆	〃 〃 〃	〃 〃 〃	〃	二十元	
鉛丹調合漆	〃 〃 〃	〃 〃 〃	〃	二十二元	
甲種清嗶呢士	〃 〃 〃	〃 〃 〃	五介侖	二十二元	
〃 〃 〃 〃	〃 〃 〃	〃 〃 〃	一介侖	四元六角	
乙種清嗶呢士	〃 〃 〃	〃 〃 〃	五介侖	十六元	
〃 〃 〃 〃	〃 〃 〃	〃 〃 〃	一介侖	三元三角	

货　　名	商　　號	標　記	裝量	價　　格	備　　註
黑嘜呢士	開林油漆公司	雙箭牌	五介侖	十二元	
,, ,, ,,	,, ,, ,,	,, ,, ,,	一介侖	二元二角	
烘光嘜呢士	,, ,,	,, ,, ,,	五介侖	二十四元	
,, ,, ,,	,, ,,	,, ,, ,,	一介侖	五元	
白牌純亞蔴仁油	,, ,,	,, ,, ,,	五介侖	二十元	
,, ,, ,,	,, ,,	,, ,, ,,	一介侖	四元三角	
紅牌熟胡蔴子油	,, ,,	,, ,, ,,	五介侖	十七元	
,, ,, ,,	,, ,,	,, ,, ,,	一介侖	三元六角	
乾　　液	,, ,,	,, ,, ,,	五介侖	十四元	
,, ,, ,,	,, ,,	,, ,, ,,	一介侖	三元	
松　節　油	,, ,,	,, ,, ,,	五介侖	八元	
,, ,, ,,	,, ,,	,, ,, ,,	一介侖	一元八角	
乾　　漆	,, ,,	,, ,, ,,	廿八磅	五元四角	
,, ,, ,,	,, ,,	,, ,, ,,	七磅	一元四角	
上白塡眼漆	,, ,,	,, ,, ,,	廿八磅	十元	
白塡眼漆	,, ,, ,,	,, ,, ,,		五元二角	

五　金　類

货　　名	商　　號	數量	價　　格	備　　註
二二號英白鐵	新仁昌	每箱	六七元五角五分	每箱廿一張重四二〇斤
二四號英白鐵	同前	每箱	六九元〇二分	每箱廿五張重量同上
二六號英白鐵	同前	每箱	七二元一角	每箱卅三張重量同上
二二號英瓦鐵	同前	每箱	六一元六角七分	每箱廿一張重量同上
二四號英瓦鐵	同前	每箱	六三元一角四分	每箱廿五張重量同上
二六號英瓦鐵	同前	每箱	六九元〇二分	每箱卅三張重量同上
二八號英瓦鐵	同前	每箱	七四元八角九分	每箱卅八張重量同上
二二號美白鐵	同前	每箱	九一元〇四分	每箱廿一張重量同上
二四號美白鐵	同前	每箱	九九元八角六分	每箱廿五張重量同上
二六號美白鐵	同前	每箱	一〇八元三角九分	每箱卅三張重量同上
二八號美白鐵	同前	每箱	一〇八元三角九分	每箱卅八張重量同上
美　方　釘	同前	每桶	十六元〇九分	

貨　　名	商　號	數　量	價　　格	備　　　　　　註
平　頭　釘	同　前	每　桶	十八元一角八分	
中國貨元釘	同　前	每　桶	八元八角一分	
半號牛毛毡	同　前	每　捲	四元八角九分	
一號牛毛毡	同　前	每　捲	六元二角九分	
二號牛毛毡	同　前	每　捲	八元七角四分	
三號牛毛毡	同　前	每　捲	三元五角九分	

本會服務部

專爲

本刊讀者
營造廠
建築師

謀利益

本會定期舉行第二屆徵求會員大會

本會第十次執監聯席會議議決，定期舉行第二屆徵求會員大會，推定陳松齡應與華杜彥聯為籌備委員，負責進行。旋經小組委員首次籌備會議，茲誌議決案如后：一、指派小組委員分頭進行案。（乙）總隊長陶桂林，總參謀庸另組，逐行籌徵求隊。（決議）（甲）小組委員會冊渴景賢，總幹事杜彥聯。並籌組徵求隊二十二隊，指定陳藻芝，陳士範，絲泉通，邵大寶，孫傳水，陶桂松，江長庚，謝秉衡，渴景賢，陶桂林，盧松華，王岳峰，

蔡和璋，陸以銘，朱鴻圻，應與華，陳松齡，殷信之，孫維明，吳仁安，劉藥生，杜彥耿等，担任隊長。二、徵求日期案。（議決）五月一日至五月三十一日。三、徵求大會之印刷品及其他事宜案。（決議）由總幹事辦理之。（另有推舉隊長會議紀錄在後）

國內磁磚產銷狀況之調查

國際貿易局前函本會，詢問瑪賽克磁磚及釉面牆磚之產銷狀況，當經分別調查，茲將結果，統計如後。

（一）國貨瑪賽克磁磚及釉面牆磚之生產能力，實銷數量，（上述二點根據規模最大之益中興業報告）以及國貨與外貨之售價比較，列為下表：

品名	種類	等級	每月出產能力	每月平均銷量	售價比較		
			益中興業	益中興業國貨	國貨	日貨	西貨
瑪賽克瓷磚	3"×3"	精選	三〇〇方丈	五〇〇方丈	每方丈三•〇〇元	六•〇〇元	八•〇〇元
	同前	普通	二〇〇方丈	三〇〇方丈	三•〇〇元	六•〇〇元	八•〇〇元
	同前	精選	三〇〇方丈	五〇〇方丈	每方丈三•〇〇元	六•〇〇元	八•六五元
釉面牆磚	6"×6"	普通	二〇〇方丈	三〇〇方丈	每打六•四三元	六•〇〇元	八•六三元
	同前		二〇〇方丈	一五〇方丈	六•四三元	六•〇〇元	七•〇〇元
	同前		一〇〇方丈	六〇方丈	每打八•六六元		八•一七元

（二）國內建築物，每年需用磁磚及牆磚量，約四萬餘方丈。

（三）各國貨廠商出品，已足供國內之需用，惟日貨較為光澤。

（四）外貨磁磚及牆磚，每年進口總額達四萬餘方丈。

（五）國貨磁磚之質料，與外貨相等，惟牆磚則外貨積極傾銷，致國貨銷路大受影響，各廠不得不限制生產者，如廣州佛山，湖南長沙等處，亦有十餘家，

（六）國貨磁磚及牆磚製造廠，除上海之益中興業二公司外，尚有唐山之啟新，香港之大明，其他規模較小。

22027

（七）關於舶外貨之商行，除懷昌，圖闊，恆大，美和等洋行外，尚有日比野洋行，及淡海洋行。

會員殷信之為建築師拒交圖說事函

請指示

本會會員殷信之君為建造津埠回力球場工程，被建築師拒付圖說，請指示應付辦法事，致函本會，經本會援引美國前例，備函作復。茲錄往來兩函於后：

殷君來函

逕啟者：敝會員於客歲秋間，曾標建津埠回力球場工程，承攬之初，即與該場當局正式簽訂契約。關於該項工程之樓圖設計，係由意人包內梯建築師全權辦理。敝會員以我業通常慣例，無論任何工程，經訂約以後，應由建築師交出即需之圖說，俾得接圖索驥，進行建築，因即援例，以書而照該建築師，請將該圖說迅予擲下。詎意該建築師竟否認上項慣例，嚴加拒絕，且措辭不遜，類多詆毀。因特專函奉詢，畢竟該建築師應否於訂約後拒交急需圖說，倘懇賜予指示，俾便遵循辦理。附陳敝會員與建築師往來函件，並所懇核為幸。專此。謹上上海市建築協會 會員殷信之敬啟。

本會復函

啟者：接讀大函，為天津回力球場工程師將建築大樣延不交付，致礙工作進行事。查此果在工程師應負其全責，前美國本薛凡尼亞州Edwards與Hall之糾紛，其情形正復相同；若建築師於契約期間內未將圖樣交出，實負有經濟上重大危險之責任。茲將該州高等法院判詞，節譯於後，以備參閱。

「建築師延未交付圖樣，實足使建築工程蒙受損失。建築師之圖樣及施工圖，必須與工程之進行相一致。一建築師須知詳細放大圖樣在何時應即交出，非有充外理由，依法不能因等候圖樣，而將人工，材料，及工程均告延宕，否則彼必須負價之責。業主將建築計劃交於建築師及工程師之手，彼必須確實施行，如告失敗，即負其責。建築師若將圖樣，說明書，詳細放大圖樣，不能隨工作之進展而交付：業主或營造商因此所受之損失，可要求賠償者也。」

本刊為郵局悞遞交涉經過

本刊於每期出版後，對於定戶，均儘先付郵，容以郵局貽悞，時有散失，曾迭與郵政管理局商籌改善，業經該局函復，略謂：「除已傷所屬，特加注意外，嗣後如仍有該月刊未到情事，應請詳細開明收件人姓名及地址寄來，以便激查，並向前途抄單點交可也」云云。本刊已決定於按期寄發時，將收件人姓名住址抄單點交，以便或有遺失時，進行交涉，而免推諉。至定戶諸君如欲避免遺失，以預繳掛號郵費，較為妥善。

為繳納水泥加稅之責任問題復達商

律師

本會於三月二十七日接達商英法律師來函，為繳納水泥加稅之責任問題，請示意見：當即備函具復。茲錄來去二函譯文於後。

來函

主席先生台鑒，啟者。茲有一華人建築商與法工部局因水泥加稅涉訟事，就詢 先生，敬睛賜教。查敝當事人（華人建築商）與法工部局簽訂承造契約後，不數日（上年十二月六日）而中國國民政府即下令將每搏水泥加稅六角。查敝律師知上海慣例，（

　　復函　　啟者。接准來函，為華人建築商與法工部局因簽約後增加水泥統稅，發生涉訟事。查本會對此，前曾聯合請求中國國民政府財政部吹囘成命，旋接覆文，略謂，該稅仍由消費者負納義務，建築商不負其責。茲將譯文附上，以備參閱。又最近美國加利福尼州上訴院關於 Westberg 與 Whittiken 涉案之判決，亦謂建築商為業主之代理人，所有用以建築由材料商供給之材料及其造價費用等，業主個人自須負其全責，業在材料商之賬上亦用代理人之名義記賬者也。觀此可不辯自明矣！（並附財政部批覆契文稿一件。）

二屆徵求推舉隊長會議記

第二屆徵求大會選舉隊長會議，於四月五日下午五時半，在本會會所舉行。出席者：陳松齡，孫德水，杜彥庚，應與華，陶桂林，陳壽芝，陶桂松，陸以銘，劉銀生，孫維明，謝秉衡，陳士範（杜代），張振聲。一、杜彥聯報告籌備情形云：根據三月二十一日第十次執監會議決議，產生第二屆徵求會員大會籌備會，推定陳松齡應與華杜彥聯三委為籌備委員，已於上月二十八日召集首次籌備會議，推選陶桂林委員為總隊長，湯景賢委員為總參謀，杜彥聯委員為總幹事，江長庚謝秉衡陳壽芝陸以銘等二十二人為徵求隊長；並議定五月一日開始徵求，期限一個月。二、總隊長陶桂林表示，本人因外埠有事，時須離滬，恐難勝任，請辭總隊長名義！另推建築界聲望較孚之江裕生老先生担任總隊長，襲效良張組光兩先生担任副總隊長，請付公決。本人則甚願以會員資格努力奔走。三、江長庚委員即發表意見謂：陶委員所提推舉張效良君等任正副總隊長，查三位均為非本會會員，恐於會章或有未妥，陶委員熱心實務，久著勞績，應請担任，毋庸歉辭。四、經討論之下決取消前議二十二徵求隊之制，改為按現有會員數分隊，每一會員担任一隊長，另推四總隊長統率之。五、推陶桂林江長庚謝秉衡陸以銘四君為四總隊長，每分計洋一圓。六、此次徵求分數目標，決議定為二萬分，每分計洋一圓。七、開始徵求日期，準定五月一日。八、下次集期，定本月二十七日。時間臨時通知，地點本會。章程及入會志願書等，均屆時分發。

22029

上海市營造廠業同業公會，委託本刊，按期增闢專欄，發表該會會務消息，以便傳播，即自本期開始，尚希讀者注意。

營造廠業採辦處月結報告表 民國念三年三月底造

計　開

一　該公會代借某金　　　　　計洋柒千元

一　該各廠定銀　　　　　　　計洋叁千〇五十九元

一　該大陸銀行　　　　　　　計洋貳千貳百叁拾元〇七角

一　該新業廠灰款(四月二日付出)　計洋九百四十二元七角

一　該梅　記　　　　　　　　計洋六百四十五元

一　該　上年用餘　　　　　　計洋貳千柒百拾柒元〇八分

一　該公會交來拆息　　　　　計洋叁拾貳元

以上共計該洋壹萬六千六百念六元四角八分

一　存各廠往來　　　　　　　計港八千六百五十元〇九角〇五厘

一　存泰和定銀　　　　　　　計洋壹千六百元

一　存潘爲山　　　　　　　　計洋叁百念元

一　存　記梳手　　　　　　　計洋四千八百五十一元

一　存暫　記　周正常　　　　計洋四拾元

一　存暫　記　　　　　　　　計洋壹百叁十八元

一　存義昌莊支票　　　　　　計洋壹千壹百九十一元

一　存現　款　　　　　　　　計洋六十九元〇六分一厘

以上共計存洋壹萬六千九百五十九元九角六分六厘

22030

存該相抵結餘洋叁百叁拾叁元四角八分六厘

進

頭號灰七千五百六十八挑一角

二號灰八百九十六挑七角

共計灰八千四百六十四挑八角

售

頭號灰七千五百六十八挑八角

二號灰八百九十六挑一角

共計灰八千四百九十六挑七角

結餘石灰毛利洋八百五十九元三角六分六厘

計付洋　　**扯價**

付洋壹萬○○十三元一角七分三厘　　一元三角二分三厘

付洋九百八十五元五角七分六厘　　一元○九分九厘一毫二

付洋當萬○九百八十七元四分九厘　　扯價十二元九角九分三厘五毫

計入洋　　**扯價**

入洋常萬○八百念七元一分　　一元四角三分○七毫

入洋壹千○三十元○五厘　　一元一角四分九厘一毫

入洋壹萬壹千八百五十八元一分五厘　　扯價十四元○○八厘八毫

一支生財　　計洋五拾三元九角二分

一岁房金（內砌顕拾元）　　計洋壹百拾五元

一支房捐　　計洋念八元

一支電話　　計洋九元一角七分

一支電燈　　計洋壹元一角七分

一支伙食　　計洋四拾八元一角三分

一支車力　　計洋壹百叁拾五元

一支薪水　　計洋拾元○三角二分

一支零用　　計洋三十九元一角七分

一支什項　　計洋叁元

一支請願警　　計洋柒拾叁元

以上共計支洋五百念五元八角八分

條支相抵結餘洋叁百叁拾叁元四角八分六厘

柔和的春風吹到樓頭，從剪刀墨水漿糊稿件粉披的桌上，墨頭向外放去，篇見白雲輕移，春煮蓬勃，「新」與「進」的力，油然地佔據了我們的心靈。翻翻一本一本尺往的月刊，看看一頁一頁的內容，雖則都是心血與腦汁的結晶，但希望案頭雜亂的文稿與圖樣，更加精來新穎地雜進正在編製中的新刊。美麗生動的春天，我們願建築月刊和她一樣。

以供採擇參考。旋承讀者紛函賓美，要求繼續刊載，本期又選登了三種。這種圖樣顧神壑一般居住幸福，並決定以後按期選刊三四種。追積至相當成數，擬彙印單行本問世。

本期譯著欄，除長篇仍繼登外，朗琴君的「中國之變遷」已續完；林同棪君的「克勞氏連架計算法」及「桿件各性質C，K，F之計算法」二文，有連續性的，可參照閱讀。

本期起關「進行中之建築」一欄，專刊各種建築工程進行中之攝影，使閱者如置身工場，得親摩工作情形，以資借鏡，此乃廠讀者的要求而增闢者。百老匯大廈為上海進行中之一大工程，高凡十八層，雄偉狀麗，顏為建築界重視，本刊就其工程的各階段攝成照片，以要讀者；現在先把從打椿起至目前此之各影，製版發表，幸勿等閑視之。

其他插圖名幅，亦屬不易名得，各具有建築上的新穎價值。

本刊鑒於社會一般的需要，住宅建築，搜頁氣清著用，特於上期住宅欄發表「經濟住宅」建築圖樣二幅，

下期稿件已在印製中者，有萊斯德建築工業學校及峻嶺寄廬全套圖樣。前者將建於上海虹口攝籃橋，規模極大。後者建於上海邁而西愛路，其面樣，配景圖及建築章程，已於本刊第一卷第一期至第三期中分別刊登。

•

近來，常接各方來函，詢問本刊叢書出版日期，熱忱甚感！不過同人以月刊編務已極忙碌，故於叢書進行，未免耽遲，一俟出版，當於本刊露布。

預 定

全　年	十 二 冊	大 洋 伍 元
郵　費	本埠每冊二分,全年二角四分;外埠每冊五分,全年六角;國外另定	
優　待	同時定閱二份以上者,定費九折計算。	

建 築 月 刊

第 二 卷 · 第 三 號

中華民國二十三年三月份出版

編輯者　上 海 市 建 築 協 會
　　　　南 京 路 大 陸 商 場

發行者　上 海 市 建 築 協 會
　　　　南 京 路 大 陸 商 場

　　　　電話　九 二 〇 九

印刷者　新 光 印 書 館
　　　　上海聖母院路聖達里三一一號

　　　　電話　七 四 六 三 五

版權所有 · 不准轉載

投 稿 簡 章

1. 本刊所列各門,皆歡迎投稿。翻譯創作均可,文言白話不拘。須加新式標點符號。譯作附寄原文,如原文不便附寄,應詳細註明原文書名,出版時日地點。

2. 一經揭載,贈閱本刊或酌酬現金,撰文每千字一元至五元,譯文每千字半元至三元。重要著作特別優待。投稿人却酬者聽。

3. 來稿本刊編輯有權增刪,不願增刪者,須先聲明。

4. 來稿概不退還,預先聲明者不在此例,惟須附足寄還之郵費。

5. 抄襲之作,取消酬贈。

6. 稿寄上海南京路大陸商場六二〇號本刊編輯部。

22033

22034

研討實業問題的基本要籍

實業界一致推重商業月報

商業月報於民國十年創刊迄今已十有三
年資望深久內容豐富討論實際印刷精良
致銷數鉅萬縱橫國內外故爲實業界一致
推重認爲討論實業問題刊物中最進步之
雜誌解決並推進中國實業問題之唯一貢
助

實業界現狀　解決中國實業問題請讀
君如欲發展本身業務瞭解國內外
「商業月報」應立即訂閱

全年十二冊　報費國內三元　（郵費在內）
　　　　　　　　　外五元

出版者　上海市商會商業月報社
地址　上海天后宮橋　電話四〇一二六號

22035

22036

22037

22039

馥記營造廠

本厂承造各埠建築達數十處都千萬餘金舉畢如下備資參考

南京總理陵墓之碑亭

廣州中山紀念堂之像座

本　埠　工　程

- 公交四四像上海公寓公七七中公　劉公餘辦公寓頭
- 和通行式線海添和陸共二層樓寓事　顧
- 大念住儲牛與祥麵粉廠　顧頭
- 詳工屋市宅蓄皮廠　顧頭
- 德學二層市宅會館　白利南路
- 嗎大念行宅儲牛與祥麵粉廠顧頭
- 顧及住宅　浦東
- 房　諭東
- 工程房　徐匯
- 館及　宋馬路
- 麵路格白廠　生諦
- 路南利白　波宋童賣路
- 路豐光　白克路
- 院母寶院　國富門路
- 梅諦　浦東馬波路
- 亞帶塔路

外　埠　工　程

- 總障財中宋新美中淺　三部工程
- 逼亡歐中領國軍　二部企業
- 陵府部紀郡村領銀軍　公墓
- 產士辦念宮合事銀船　第公士堂
- 堂邸作社墅行　堂邸
- 行場　南
- 南
- 南震南處南　京京州京京門京島

事務所
上海四川路三十○三號五
電話一二三○五九七

總工廠
上海戈登路三五五號七
電話四三五九七

本埠分廠
- 虹口　跑馬路　南京路
- 光復路　四行寺谷
- 公順行　二念門虎丘
- 和屋　層大渢頭
- 祥大層渢頭島

外埠分廠
- 南京　廣州　寧宜路路
- 青島

The Robert Dollar Co.,
Wholesale Importers of Oregon Pine
Lumber, Piling and Philippine Lauan.

美商

大來洋行

本行專售大宗洋松椿木及
菲律濱柳安烘乾企口板等

各種裝修如門窗等以及考究器具請
貴主顧須要認明大來洋行獨家經理
之菲律濱柳安有 R.D.CO. 標記者爲最優
美並請勿貪價廉而採購其他不合用
之劣貨統希注意爲荷

貴主顧注意爲荷
　　　　　大來洋行木部謹啓

22042

22043

英商吉星洋行

建築上用之

各種油漆及凡立水

偉大之建築。內部之壯觀。仰油漆之裝裘者。十居其九。惟欲求良成績。則須採用適當油漆。此點建築界恆視爲極重要之問題。

敝行爲世界最大油漆製造廠。凡建築上所用之油漆，硬漆，水膠粉，木光油，凡立水，以及各種理想中之新式油漆。莫不經驗宏當。研究精到。可稱並世無四。凡此種種材料。分爲次第等級。俾從選擇。價格低廉。無論數量多寡。承蒙通知。立即發奉。謹察下列種種用法！

刷法　流法　浸法　滾法　噴法　乾法

敝行之研究化驗室。嘗爲建築界解決種種特別油漆問題。不一而足。此種隨事應付之能力。隨時可以爲君服務。備即將君之困難問題寄至下列地址。以便研究奉覆也。

英商吉星洋行油漆服務部

電話一六一〇一二至三　上海江西路六號

香港——上海——天津

22044